ENGLISH EPISCOPAL ACTA
XII

EXETER 1186–1257

ENGLISH EPISCOPAL ACTA

I. LINCOLN 1067–1185. Edited by David M. Smith. 1980.

II. CANTERBURY 1162–1190. Edited by C. R. Cheney and Bridget E. A. Jones. 1986.

III. CANTERBURY 1193–1205. Edited by C. R. Cheney and E. John. 1986.

IV. LINCOLN 1186–1206. Edited by David M. Smith. 1986.

V. YORK 1070–1154. Edited by Janet E. Burton. 1988.

VI. NORWICH 1070–1214. Edited by Christopher Harper-Bill. 1990.

VII. HEREFORD 1079–1234. Edited by Julia Barrow. 1993.

VIII. WINCHESTER 1070–1204. Edited by M. J. Franklin. 1993.

IX. WINCHESTER 1205–1238. Edited by Nicholas Vincent. 1994.

X. BATH AND WELLS 1061–1205. Edited by Frances Ramsey. 1995.

XI. EXETER 1046–1184. Edited by Frank Barlow. 1996.

XII. EXETER 1186–1257. Edited by Frank Barlow. 1996.

ENGLISH EPISCOPAL ACTA
XII

EXETER 1186–1257

EDITED BY

FRANK BARLOW

Published for THE BRITISH ACADEMY
by OXFORD UNIVERSITY PRESS

Oxford University Press, Walton Street, Oxford OX2 6DP

Oxford New York
Athens Auckland Bangkok Bombay
Calcutta Cape Town Dar es Salaam Delhi
Florence Hong Kong Istanbul Karachi
Kuala Lumpur Madras Madrid Melbourne
Mexico City Nairobi Paris Singapore
Taipei Tokyo Toronto

and associated companies in
Berlin Ibadan

© The British Academy, 1996

All rights reserved. No part of this publication may be reproduced,
stored in a retrieval system, or transmitted, in any form or by any means,
without the prior permission in writing of The British Academy

British Library Cataloguing in Publication Data
Data available

ISBN 0-19-726145-0

Phototypeset by J&L Composition Ltd, Filey, North Yorkshire
Printed in Great Britain
on acid-free paper by
Bookcraft (Bath) Ltd.
Midsomer Norton, Avon

CONTENTS OF VOLUMES XI & XII

LIST OF PLATES	vii
PREFACE	ix
MANUSCRIPT SOURCES CITED	xi
PRINTED BOOKS AND ARTICLES CITED, WITH ABBREVIATED REFERENCES	xiii
OTHER ABBREVIATIONS	xxv
EDITORIAL METHOD	xxvii

VOLUME XI

INTRODUCTION
The diocese of Exeter	xxix
The bishops	xxxii
The bishop's staff and household	liv
The bishop's 'chancery'	lxxviii
The acta	lxxxii
Format, script and sealing	lxxxv
The internal features of the acta	xci
Dating the acta	xcviii

THE ACTA
Leofric nos. 1–2	1
Osbern FitzOsbern nos. 3–10	3
William de Warelwast nos. 11–27A	9
Robert I nos. 28–50	28
Robert I *or* II nos. 51–55	47
Robert II nos. 56–75	50
Bartholomew nos. 76–142A	63

VOLUME XII

John the Chanter nos. 143–180	133
Henry Marshal nos. 181–216A	165
Simon of Apulia nos. 217–225	198

William Brewer nos. 226–315	208
Richard Blund nos. 316–327	282

APPENDICES

1. Itineraries of the Bishops of Exeter 1046–1257	291
2. Fasti	301
INDEX OF PERSONS AND PLACES	323
INDEX OF SUBJECTS	351

LIST OF PLATES
(*between page xcvi and xcvii*)

I. ACTA OF BISHOPS OSBERN AND WILLIAM DE WARELWAST (nos. 7, 15, 22)
II. ACTA OF BISHOPS ROBERT I AND ROBERT II (nos. 29, 33, 64)
III. ACTA OF BISHOPS ROBERT II AND BARTHOLOMEW (nos. 73, 87, 118)
IV. SEALS OF BISHOPS OSBERN, ROBERT I AND BARTHOLOMEW; COUNTERSEAL OF BISHOP ROBERT II (nos. 7, 33, 118, 73)
V. ACTA OF BISHOPS JOHN THE CHANTER AND HENRY MARSHALL (nos. 167, 172, 187, 208)
VI. ACTA OF BISHOPS SIMON DE APULIA AND WILLIAM BREWER (nos. 219, 253, 297)
VII. ACTA OF BISHOP RICHARD BLUND (nos. 321, 325)
VIII. SEAL AND COUNTERSEAL OF BISHOP JOHN THE CHANTER; COUNTERSEAL OF BISHOP WILLIAM BREWER; SEAL OF BISHOP RICHARD BLUND (nos. 166, 312, 325)

PREFACE

The foundations of this collection of some 360 acta were laid by George Oliver (1781–1861), who lived and worked in St Nicholas's priory in Exeter from 1807 until his death. In his *Monasticon Diocesis Exoniensis* (1846, with an Additional Supplement in 1854) and his *Lives of the Bishops of Exeter and a history of the cathedral* (1861) he printed 41 of the charters offered here. He took about 11 from Dugdale's *Monasticon*, but the rest he found himself in the Exeter archives. His texts are of variable reliability. T. G. Holt SJ gives a sympathetic account of him in his 'George Oliver, Antiquary, from his letters', *TDA* 119 (1987) 53–65. Not to be overlooked (but in fact strangely neglected) is a list of between 40 and 50 episcopal charters, among others in the custody of the treasurer of Exeter in 1258 × 80, printed by F. C. Hingeston-Randolph in 1889 in his rather chaotic edition of Bishop Bronescombe's register, pp. 289–93. In 1907 the great Oxford scholar, R. L. Poole, reported on the manuscripts of the bishop and the dean and chapter (*HMCR var. collect.* iv) and listed most, and printed a few, of the episcopal deeds then existing in the cathedral archives. In 1937 Dom Adrian Morey, in three appendices to his *Bartholomew of Exeter*, printed for the first time 20 of that bishop's acta and 2 that had appeared before, as well as calendaring 11 others. Then in 1947 H. P. R. Finberg provided in *EHR*, from the Russell cartulary, 13 charters (10 hitherto unpublished) relating to Tavistock abbey. His texts are impeccable. Meanwhile, and subsequently, Exeter episcopal acta were appearing in various publications, mostly editions of monastic cartularies.

When the British Academy's project was launched, David W. Blake and Audrey M. Erskine were recruited for the diocese of Exeter. The former was to edit the acta of Bishops Leofric to Robert II, the latter those of Bishops John to Richard Blund, with Bartholomew shared. David Blake, a pupil of mine at the University of Exeter, wrote a thesis for the degree of MA entitled, 'The church of Exeter in the Norman period', which he presented in 1970. In this excellent work he fully investigated the history, organization and life of the diocese, church and bishops between 1050 and 1161, and transcribed a good number of illustrative documents, including 32 episcopal acta, with a notice of a further 11. He continued to work in this field for a time and published some articles based on his thesis. My colleague, Audrey Erskine, lecturer in palaeography in the University and Cathedral Archivist, was, of course, well equipped and well placed to edit the bishops' deeds.

Unfortunately, towards 1986, both decided that they could no longer continue with the *EEA* project; and in 1987 I took over. Both very kindly provided me with their collections of transcripts, facsimiles and other material. Accordingly, my tasks were to check and revise all the 'inherited' texts against the manuscripts or facsimiles, to set up the missing texts, to add to the corpus, to edit and annotate, and to provide an introduction and all other necessary furniture. All this I have tried to do.

An editor is a magpie, stealing treasures from everywhere. Not all my 'victims' and 'accomplices' are fully acknowledged in my notes. Archivists, curators and librarians have been without exception helpful, and I would like to thank especially Angela Doughty, Margery Rowe, Caroline North, Robin Bush, Frances Neale and Arthur Owen. My former colleague, Nicholas Orme, who is closely connected with the cathedral, has informed me of all acta which have come to his notice. And so have my fellow editors. Barbara Harvey has most kindly checked some references for me in Oxford as has Martin Snape at Durham. Oliver Padel and the Rev. Mr W. M. M. Picken have read the Cornish acta, especially to check placenames, and their help in this particularly difficult field and with some other matters has been invaluable. The former has also given me unstinted assistance as regards the Arundell archive at Truro and the Launceston priory cartulary.

I was persuaded to undertake the work by my old friend Christopher Cheney. His successor as Chairman of the British Academy Episcopal Acta Committee, Christopher Brooke, another old friend, has urged me on whenever he detected signs of faltering, and, by reading and criticizing my edition in draft and in proof, has improved it in many respects. The General Editor, David Smith, has answered all my calls for help and has much eased my labours. Finally, I have greatly enjoyed and profited from the company of my fellow members of the British Academy Committee at our meetings in Cambridge and of my fellow editors at our periodic reunions at York.

MANUSCRIPT SOURCES CITED

Auxerre, Archives dép. de Yonne: H. 1406: *286A*
Avranches, Bibl. de la Ville: 210: *2*
Barnstaple, DRO: B1/4927: *207A*
Bristol Museum: Seyer book of deeds, Latimer's Calendar, 20, no. 309 (? lost): *139*
Caen, Archives dép. de Calvados: H. fonds du Plessis-Grimault, non classé, Cartulaire, vol. ii: *180*
Cambridge,
— Corpus Christi Coll.: 111: *13*
— King's Coll. mun.: SJP 20–1: *33*; 26–7: *96*; 29: *96, 158*; 33–4: *97*; 36, 41: *95*
Canterbury, D. & C. Archives and Libr.: Chartae Antiquae (C.A.): C 115/9: *11*; 115/50: *143*; 115/33: *56*; 115/36: *76*; 115/58: *181*; 115/87: *226*; 115/109: *316*; 115/142: *217*; C 117: *3, 11, 28*; C 137: *31*
— Sede Vacante Scrapbook, I: 51(i): *186*
— Reg. A: *3, 11, 28, 56, 76, 143, 181, 217, 226, 316*
Chichester, Diocesan Record Office: Liber E: *185*
Dublin, Trinity College Library, mss. E. 5.15: *126, 209–11, 220–1, 223, 299–301, 303, 306–9*
Durham, D. & C. mun. misc. ch. 6587: *76A*
Eton College mun.: ECR 1/3: *171*; 1/4: *172*; 1/32: *53, 171–2, 288*
Exeter, D. & C. Libr.: Martyrologium Exoniense, ms. 3518: passim; The Exeter Book: *8*; D. & C. mun.: 282: *75*; 303: *195*; 523: *58*; 600: *254*; 610: *148*; 611: *148* n.; 702: *247*; 801: *87*; 802: *86*; 814: *151*; 817: *193*; 1014: *258*; 1129: *191*; 1147: *253*; 1159: *60*; 1288: *237*; 1314: *104*; 1381: *321*; 1397: *208*; 1398: *149*; 1407: *82*; 1485: *249*; 1502: *255*; 1804: *64*; 1823: *289*; 1830: *219*; 1942: *257*; 2062: *2*; 2075: *32*; 2081: *207*; 2082: *187*; 2084: *248*; 2085: *245*; 2088: *297*; 2088a: *297*; 2528: *25*n.; 2571: *98*; 2577: *190, 252, 320*; 2917: *190, 248, 252*; 2923: *190, 252, 320*; 3625: *84, 88, 189, 250*; 3672: *25, 60, 148–53, 160*n., *191–3, 219, 258–9, 278–9, 289–90*; 6672: *225*; VC/3238: *198*; 3239: *251*; 3274: *254*
— Devon Record Office (DRO): 312 M/TY 16: *49*; 312 M/TY 57: *50*; 332 A/PF/2 add.: *262*; 1003: *185*; Bishops' registers 1: *16, 51–2, 74, 89–93, 136, 154–7, 170, 182, 185, 194–7, 208, 212, 225, 241, 243, 246, 265–6, 286, 290, 319, 326*; register 2: *57, 144*; register 3: *289–90*; register 4: *173, 188, 234–5, 244, 287*; register 12 pt 2: *256, 260*; D/84/19: *72, 174*; DD/6052: *311*; DD/60507: *312*; DD/60508: *299* n.; DD/60514: *310*; DD/60748: *299* n., *302, 305, 309, 311–13, 327*; ED/M/1: *4* n.; ED/MAG/1, 2: *98*; ED/PP/1: *22*; ED/PP/2; *22* n.; ED/PP/4: *118*; ED/PP/5: *119*; ED/PP/6: *166*; ED/PP/7: *42, 167*; ED/PP/8, 9: *168*; ED/SN/1: *7*; W 1258 M/D 80/1: *130*; W 1258 M/D 80/2: *174*; W 1258 M/D 84/3: *26, 48, 70–2, 128–32, 134–5, 174–5, 291–2*; W 1258 M/D 84/19: *72, 291–2*; W 1258 M/G/4/6: *238*; loans: Courtenay cartulary (Lord Devon): *237*: Otterton cartulary (Lord Coleridge): *206, 283–5*; Mun. book 53 A: *43, 94, 261*; Pearse box 33/1: *242*; Seymour collect. deposit 1392 M: *68*
Forde abbey, Geoffrey Roper Esq. cartulary: *105–6, 163*
Hatfield House: 315: *2*
London, BL: Add. mss. 14250: *19*; 70510: *233*; Add. charters 5957: *324*; 13970: *315*; 19063–4: *206*n.; 19605: *123*; 29000: *134*
— Cotton, charter II/11: *147, 239–40*; ms. Claud. D x: *30*; Cleop. A vii: *137–9, 176, 293, 296*; Cleop. E i: *3, 11, 28, 76*; Faust. A iv: *77*; Julius D ii: *235A*; Otho D iii: *125*; Tib. D vi: *81*; Vesp. E xxv: *124*; Vesp. F xv: *18, 113*; Vit. D ix: *4–8, 34, 99–102, 159–60, 199, 225, 263*; Vit. E xv: *103, 141*
— Egerton 3031: *123–4*; 3667: *114*

— Harley 3660: *79, 146, 183, 315*; 3688: *115*; 6974: *19–20, 118, 169*; — roll A3: *11*
— Woolley charter XI. 25: *217A*
— Guildhall Library: St Paul's Cathedral mss. Liber A (W.D.1): *201*; 25124/16: *325*
— Lambeth Palace: 415: *145, 177*; 719: *17, 17A, 40, 110A, 110B, 111, 201A, 201B, 201C, 216A, 217B, 268–76*; 1212: *184*
— Lincoln's Inn: Hale 87: *4, 8*
— Public Record Office (PRO): C 84/1/46: *362A*; C 115 K1/6679: *108*; /6681: *109*; K2/6683: *36–7, 107–8*; L1/6689: *108*; C 146/5509: *229*; /6412: *12*; E 163/26/I[6]: *202, 218, 280, 323*; E 164/2: *110;/12: 110;/19: 126, 209–11, 220–3, 299, 301, 303–4, 306–11, 327*; /20: *38, 54, 164*; E 315/60: *122*; SC 1/2 no. 184: *267*
Longleat: Marquess of Bath: ms. 39: *264*
'Maynard' Tavistock cartulary (lost): *128, 133*
Norwich, RO: D. & C. Norwich Reg. xii: *219A*
Oxford, Bodleian Libr.: Eng. hist. a.2, xv: *15*; James 23: *1, 19n., 20, 22–3, 27A, 41–2, 44, 46, 120, 142A*; loan: Trinity College ms. 85: *281–2*; Rawl. B 408: *38, 54, 164*; Tanner 342: *19–20, 169*; Top. Devon C 16: *250*
— Christ Church library: Eynsham cartulary: *103*; Oseney cartulary: *141*
— Merton College: roll 5525: *83*

Paris, Archives nationales: F. 21833: *33, 227–8*; L.875 no. 29: *33*; nos. 49, 50: *227*; L.967, no. 90: *29*; L.1351, 1352, 1353: *12*; L. 10072: *206, 283*; L. 10078, 5, no. 14: *29, 183–4, no. 6: 29*
— Bibl. nationale: ms. lat. 2433: *66, 116, 165, 203–5*; 5441: *280A*; 8562: *76B–D, 80*; 10087: *203–5*
Rouen, Archives dép. de la Seine-Maritime: G 4053: *55*
— Bibl. municipale: Y.44 (ms. 1193): *55*
Saint-Lô, Archives dép. de la Manche: H 12812 (lost): *203*; ser.II, fonds d'Otterton (lost): *206, 283*
San Marino, Calif. Huntington Libr.: HAD 2260: *78*
Sens Cathedral: Pontigny archive, H. 3: *286B*; H. 11: *286C*
Taunton, Somerset RO: DD/SAS SX 133: *65, 85*
Truro, Cornwall RO: Arundell Collection: (temporary numbers) ARB 64/9: *73*; 64/11: *140*; 140/1232: *314*; 146/1406/1–2: *170*
— Royal Institution of Cornwall: St Aubyn mun., HA/2/53: *298*
Wells, D. & C. mun.: Reg. I: *9, 178–9, 213–5, 224, 318*; Reg. III: *178–9, 213–4, 230–2, 318*
Westminster Abbey: W.A.M. 17312: *216*
Worcester, Cathedral Libr.: A 3 (Liber Pensionum): *141*; A 4 (Reg.I): *141–2*

PRINTED BOOKS AND ARTICLES CITED, WITH ABBREVIATED REFERENCES

Adam de Domerham	T. Hearne, ed., *Historia de rebus gestis Glastoniensibus* (Oxford 1727).
Anglia Sacra	H. Wharton, ed. 2 pts. (1691).
Anglo-Norman Studies	R. Allen Brown, ed. vols. I–XI; M. Chibnall, ed. vols. XII–
Anglo-Saxon Writs	F. Harmer, ed. (Manchester 1952).
Annales Monastici	H. R. Luard, ed. 5 vols. (RS 1864–9).
Ann. Dunst.	*Annales de Dunstaplia* in *Ann. Monast.* iii.
Ann. Marg.	*Annales de Margam* in *Ann. Monast.* i.
Ann. Plympton.	F. Liebermann, ed. *Ungedruckte Anglo-Normannische Geschichtsquellen* (Strassburg 1879).
Ann. Theok.	*Annales de Theokesberia* in *Ann. Monast.* i.
Ann. Waverley	*Annales de Waverleia* in *Ann. Monast.* ii.
Ann. Wigorn.	*Annales de Wigornia* in *Ann. Monast.* iv.
Ann. Wint.	*Annales de Wintonia* in *Ann. Monast.* ii.
Anselm	*Opera Omnia*, ed. F. S. Schmitt, 6 vols. (Edinburgh 1940–61).
Arnulf of Lisieux	*The Letters of*, ed. F. Barlow (Royal Hist. Soc., Camden 3s, 61, 1939).
Barlow, F.	*An Introduction to the Devonshire Domesday* (Alecto Historical Editions 1991).
	Durham Jurisdictional Peculiars (Oxford 1950).
	'John of Salisbury and his brothers', *JEH* 46 (1995) 95–109.
	'Leofric [of Exeter] and his times', *The Norman Conquest and Beyond* (1983) 113–28.
	The English Church 1000–1066 (2nd edn 1979).
	The English Church 1066–1154 (1979).
	Thomas Becket (1986).
	Thomas Becket and his Clerks (The friends of Canterbury Cathedral; the William Urry memorial trust, 1987).
Barlow, F. *et al.*	*Winchester in the early Middle Ages* (Winchester Studies, ed. M. Biddle, i, Oxford 1976).
Barron, O.	'Our oldest families: the Berkeleys', *The Ancestor* 8 (1904) 73–81.
Bath Cartulary	W. Hunt, ed., *Two chartularies of the priory of St Peter at Bath* (Somerset Record Soc. 7, 1893).
Battle Abbey, chronicle	E. Searle, ed. (OMT 1980).
Bearman, R.	see *Redvers family charters*
Beaulieu cartulary	S. F. Hockey, ed. (Southampton Record Soc. 17 1974).
Besse, J.-M.	*Abbayes et prieurés de l'ancienne France*, vii *Province ecclésiastique de Rouen* (Paris 1914).
Birch	W. de Gray Birch, *Catalogue of Seals in the British Museum* i (1887).
Black Book	see *Liber Niger*.

Blair, J.	'Saint Beornwald of Bampton', *Oxoniensia* xlix (1984) 47–55.
	Bampton Deanery (Bampton Research Paper 2, 1988).
Blake, D. W.	'Bishop Leofric', *TDA* 106 (1974) 47–57.
	'Bishop William Warelwast', *TDA* 104 (1972) 15–33.
— 'Church of Exeter'	'The church of Exeter in the Norman period' (unpubl. Exeter Univ. MA thesis, 1970).
Blois, Peter of	*Epistolae, MPL* 207 1–560.
Book of Fees (Testa de Nevill)	pt. i, 1198–1242 (HMSO 1921).
Brett, C.	'John Leland and the Anglo-Norman Historian', *Anglo-Norman Studies* XI (1989) 59–76.
Brett, M.	*The English Church under Henry I* (Oxford 1975).
Breve Chronicon Exoniense	in *Ordinale Exoniense* i pp. xix–xxiii.
Brooke, C. N. L.	'John of Salisbury and his World', *The World of John of Salisbury*, ed. M. Wilks (Oxford 1984) 1–20.
	The Church and the Welsh Border (Woodbridge 1986).
	see also *Gilbert Foliot*, *John of Salisbury*.
Browne, A. L.	'The tenants of the Exeter archdeaconry in the thirteenth century', *TDA* 75 (1943) 101–20.
Bruton and Montacute cartularies	Anon., ed., *Two cartularies of the Augustinian priory of Bruton and the Cluniac priory of Montacute* (Somerset Record Soc. 8, 1894).
Buckfast abbey records	A. Staerk, ed., *Monumenta Bulfestrensia: Ancient Monuments of Buckfast Abbey . . . Norman period* (Kain-les-Tournai 1914).
	Monuments de l'Abbaye Celtique de Bulfestria ou Buckfast, période Savinienne (same place and date).
Buckland cartulary	F. W. Weaver, ed., *A cartulary of Buckland priory . . .* (Somerset Record Soc. 25, 1909).
C & S	see *Councils and Synods*.
Cal. Pap.	*Entries in the Papal Registers relating to Great Britain and Ireland*, ed. W. H. Bliss, i (HMSO 1894).
Canonsleigh cartulary	Vera C. M. London, ed., *The cartulary of Canonsleigh Abbey (Harleian MS no. 3660), a calendar* (Devon and Cornwall Record Soc. ns 8, 1965).
Carisbrooke cartulary	S. F. Hockey, ed., *The cartulary of Carisbrooke Priory* (I. of Wight Record Ser. 2, 1981).
Carpenter, D.A.	*The Minority of Henry III* (1990).
CDF	J. H. Round, ed., *Calendar of Documents preserved in France . . .* (HMSO 1899).
Celle, Peter of	*Epistolae, MPL* 202 405–636.
	Tractatus de Disciplina Claustrali, ibid. 1101–46.
Chambers, R. W. *et al.*	*The Exeter Book of Old English Poetry* (1933).
Chanter, J.F.	*The Bishop's Palace, Exeter, and its Story* (1932).
	The Custos and College of the Vicars Choral of the Choir of the Cathedral Church of St Peter, Exeter (Exeter 1933): *Exeter Architectural Soc. Trans.* 3s. 5 pt. 1 1–52.
Cheney, C. R.	*English Bishops' Chanceries, 1100–1250* (Manchester 1950).
	From Becket to Langton (Manchester 1965).
	Innocent III and England: Päpste und Papsttum 9 (Stuttgart 1976).
Cheney, M. G.	*Roger bishop of Worcester, 1164–79* (Oxford 1981).

Cheney and Cheney	C. R. and Mary Cheney, eds., *The Letters of Pope Innocent III (1198–1216) concerning England and Wales* (Oxford 1967).
Cherry, J.	'The lead seal matrix of Peter, bishop of Chester', *The Antiquaries Journ.* 65 (1985) 472–3.
Chichester, Acta of the bishops of	H. Mayr-Harting, ed. (CYS 56, 1964).
Chichester, High Church, cartulary	W. D. Peckham, ed. (Sussex Record Soc. 46, 1946).
Chope, R. P.	'Hartland Abbey', *TDA* 58 (1927) 49–112. *The Book of Hartland* (Torquay 1940).
Chrodegang, The enlarged Rule of	A. S. Napier, ed. (EETS 150, 1916).
Chronicon Angliae, 1328–1388	ed. E. M. Thompson (RS 1874).
Chron. Maj.	see Matthew Paris.
Churchill, I. J.	*Canterbury Administration*. 2 vols. (1933).
Clay, C.T.	'Notes on the chronology of the early deans of York', *The Yorkshire Archaeological Journ.* 34 (1939) 361–78.
Clay, R. M.	*The Mediaeval Hospitals of England* (1909).
Close Rolls, Calendar of	i (1227–31), ii (1231–4), v (1242–7), x (1256–9) (HMSO 1902–32)
Coggeshall	*Radulphi de Coggeshall Chronicon Anglicanum*, ed. J. Stevenson (RS 1875).
Colker, M. L.	'The Life of Guy of Merton by Rainald of Merton', *Mediaeval Studies* 31 (1969) 250–61.
Collinson, J.	*The History and Antiquities of the county of Somerset.* 3 vols. (Bath 1791).
Collison, M. P. D.	'The Courtenay cartulary from Powderham castle, Devon' (Unpubl. Exeter Univ. MA thesis. 2 vols. 1972).
Colvin, H. M.	*The White Canons in England* (Oxford 1951).
Conner, P. W.	*Anglo-Saxon Exeter: a tenth-century cultural history* (Studies in Anglo-Saxon History, ed. D. Dumville iv, Woodbridge 1993).
Cooke, K.	'Donors and daughters: Shaftesbury abbey's benefactors, endowments and nuns, c. 1086–1130', *Anglo-Norman Studies* XII (1990) 29–45.
Councils and Synods	*Councils and Synods, with other documents relating to the English Church*; i *A.D. 871–1204*, ed. D. Whitelock, M. Brett and C. N. L. Brooke, 2 parts; ii, *1205–1313*, ed. F. M. Powicke and C. R. Cheney, 2 parts (Oxford 1964–81).
Courtenay cartulary	see Collison.
Crawford collection	A. S. Napier and W. H. Stevenson, eds., *The Crawford collection of early charters and documents now in the Bodleian library* (Oxford 1895).
CRR	*Curia Regis Rolls*; ii (1201–3), iv (1205–6), vii (1213–15, 1196–9), xii (1225–6), xiii (1227–30), xiv (1230–2) (HMSO 1929–61).
CYS	Canterbury and York Soc.
Dancey, C. H.	'The Crypt church, Gloucester, sometimes called St Mary of South Gate', *Trans. of the Bristol and Gloucestershire Archaeological Soc.* 26 (1903) 293–307.
Davidson, J. B.	'On some ancient documents relating to Crediton minster', *TDA* 10 (1878) 237–54.

	'On some further ancient documents relating to Crediton minster', *TDA* 14 (1882) 247–77.
DB	*Domesday Book seu Liber Censualis.* 4 vols. (1783–1816); *Devonshire Domesday* (Alecto Historical editions, 1991).
DCNQ	*Devon and Cornwall Notes and Queries.*
Dean, R. J.	'Elisabeth abbess of Schönau and Roger of Ford', *Modern Philology* 12 (1944) 48–54.
Delisle, L.	*Rouleaux des Morts du IXe au XVe siècle* (Soc. de l'Histoire de France, 1866).
Denton, J. H.	*English Royal free chapels, 1100–1300* (Manchester 1970).
Depoin, J. (ed.)	See *St-Martin-des-Champs*
Diceto, Ralf de	*Radulphi de Diceto opera historica*, W. Stubbs, ed. 2 vols. (RS 1876).
Dickinson, J. C.	*The Origins of the Austin canons and their Introduction into England* (1950).
DNB	*Dictionary of National Biography*, eds. L. Stephen and S. Lee, 63 vols. (1885–1900).
Doble, G. H.	*The Saints of Cornwall*: pt 5, *Saints of mid-Cornwall* (Oxford 1970).
Doubleday, J.	*Collection of Seals* (BL, Students' Room, Dept. of MSS.)
Douglas, A. D.	'Frankalmoin and jurisdictional immunity: Maitland revisited', *Speculum* 53 (1978) 26–48.
Dufour-Malbezin, A.	'Inventaire des actes épiscopaux originaux antérieurs à 1220, conservés aux Archives Nationales (L408–L963)' in *Apropos des actes d'évêques: Homage à Lucie Fossier*, ed. M. Parisse (Nancy 1991).
Dugdale, W. & Dodsworth, R.	*Monasticon Anglicanum.* 3 vols. (1655–73). See also *Mon. Ang.*
Duggan, A.	*Thomas Becket, a textual history of his letters* (Oxford 1980).
Duggan, C.	'Richard of Ilchester', *Trans. Royal Hist. Soc.* 5s. 16 (1966) 1–21.
	Twelfth century Decretal Collections (Univ. of London hist. studies 12, 1963).
Eadmer	*Historia Novorum in Anglia*, ed. M. Rule (RS 1884).
Early Yorkshire Charters	i (1914), ed. W. Farrer,.
Easterling, R.	'List of civic officials of Exeter in the twelfth and thirteenth centuries', *TDA* 70 (1938) 455–94.
Ecton, J.	*Thesaurus Rerum Ecclesiasticarum* (3rd edn. 1763).
EEA	*English Episcopal Acta.*
EETS	Early English Text Society.
EHR	*English Historical Review.*
English Historical Documents, ii	ed. D. C. Douglas and G. W. Greenaway (Oxford 2nd edn. 1981).
Epistolae Cantuarienses	W. Stubbs, ed., *Chronicles and Memorials of Richard I*, ii (RS 1865).
Erskine, A. M.	'Bishop Briwere and the reorganization of the chapter of Exeter cathedral', *TDA* 108 (1976) 159–71.
	The accounts of the Fabric of Exeter cathedral, 1279–1326 (Devon and Cornwall Record Soc. 24, 1981).
Erskine, A. M., V. Hope, L. J. Lloyd	*Exeter cathedral: a short history and description* (Exeter 1988).
Exon Dday	see *DB* vol. iv.

Eynsham abbey cartulary	H. E. Salter, ed., i (Oxford Hist. Soc. 49, 1907).
Eyton, *Itinerary*	R. W. Eyton, *Court, Household and Itinerary of King Henry II* (1878).
Faider, P. and P. van Sint, eds.	*Catalogue des Manuscrits conservés à Tournai* (Gembloux 1950).
Fasti Ecclesiae Anglicanae	J. Le Neve and T. D. Hardy, eds. 3 vols. (1854).
— ed. D. E. Greenway	*John Le Neve: Fasti Ecclesiae Anglicanae 1066–1300* (Univ. of London: Institute of Hist. Research, 1968–).
Feudal Aids	i, *Bedford to Devon* (HMSO 1899).
Finberg, H. P. R.	'Abbots of Tavistock', *DCNQ* 22 (1942–6) 159–62, 174–5, 186–8, 194–7.
	'Church and State in twelfth-century Devon. Some documentary illustrations', *TDA* 75 (1943) 245–7.
	Tavistock Abbey (1951, repr. 1969).
	'Uffculm', *Devonshire Studies*, ed. W. G. Hoskins and Finberg (1952) 59–77.
Flanagan, M. T.	*Irish society, Anglo-Norman settlers, Angevin kingship* (Oxford 1989).
'Florence' of Worcester	B. Thorpe, ed., *Chronicon ex Chronicis*. 2 vols. (Eng. Hist. Soc. 13, 1848–9).
Flores Historiarum	ed. H. R. Luard. 3 vols. (RS 1890).
Franklin, M. J.	'The bishops of Winchester and the monastic revolution', *Anglo-Norman Studies* XII (1990) 47–65.
Gasquet, F. A.	*Henry III and the Church* (1905).
GEC	Cokayne, *The complete Peerage of England, Scotland, Ireland* etc. (rev. edn, 1910–59).
Gerald of Wales	J. S. Brewer, J. F. Dimock, G. F. Warner, eds., *Giraldi Cambrensis Opera*. 8 vols. (RS 1861–91).
Gervase of Canterbury	W. Stubbs, ed., *Opera Historica*. 2 vols. (RS 1879–80).
Gervers, M., ed.	*The Cartulary of the Knights of St John of Jerusalem in England: secunda camera: Essex* (Records of Social and Economic History, ns 6, Oxford 1982).
Gesta Abbatum Monasterii S. Albani	*a Thoma Walsingham . . . compilata*. 3 vols. ed. H. T. Riley (RS 1867–9).
Gesta Regis	W. Stubbs, ed., *Gesta Regis Henrici Secundi Benedicti abbatis*. 2 vols. (RS 1867).
Gesta Stephani	K. R. Potter and H. R. C. Davis, eds., (2nd edn. OMT 1976).
Gibson, F.W.	*History of the Monastery of Tynemouth*.
Gilbert Foliot: Letters and Charters of	A. Morey and C. N. L. Brooke, eds., (Cambridge 1967).
Glastonbury, The Great Chartulary of	A. Watkin, ed. (Somerset Record Soc. 3 vols. 59, 63–4, 1947–56).
Gloucester Cartulary	W. H. Hart, ed., *Historia et Cartularium Monasterii Gloucestriae* (RS 1863).
Godstow Register	A. Clark, ed., *The English Register of Godstow Nunnery near Oxford* (EETS, os. 3 vols. 129–30, 142, 1905–11).
Golding, B.	'Robert of Mortain', *Anglo-Norman Studies* XIII (1991) 119–44.
Goodman, A. W.	*Chartulary of Winchester Cathedral* (1927).
Goulding, R. W.	*Records of the charity known as Blanchminster's Charity* etc. (Louth 1898).

Green, J. A.	*English Sheriffs to 1154* (PRO Handbooks, 24, 1990). 'Financing Stephen's War', *Anglo-Norman Studies* XIV (1992) 91–114.
Graham, Rose	'An appeal for the church and buildings of Kingsmead priory *c.* 1218', *The Antiquaries Journal* xi (1931) 51–4.
Grosjean, P.	'Vie de S. Rumon; vie, invention et miracles de S. Nectan', *Analecta Bollandiana* 71 (1953) 380–414.
Guilloreau, L.	'Chartes d'Otterton', *Revue Mabillon* v (1909).
Haines, R. M.	'A confraternity document of St Mary Magdalene's Hospital, Liskeard', *Bulletin of the Institute of Historical Research, London,* 45–6 (1972–3) 128–35.
Handbook	*Handbook of British Chronology,* ed. E. B. Fryde, D. E. Greenway, S. Porter, I. Roy (Royal Hist. Soc., 3rd edn 1986).
Harmer, F. E. ed.	*Anglo-Saxon Writs* (1952).
Harvey, B.	*Westminster Abbey and its Estates in the Middle Ages* (1977).
Henderson, C.	'The ecclesiastical history of the 109 western parishes of Cornwall', *Journ. of the Royal Institute of Cornwall,* ns II, pt 3 (1935) pt. 1, 1–104; pt. 4 (1936) pt. 2, 105–210; III, pt. 2 (1938) 211–382; pt. 4 (1960) 383–497.
Henderson, G.	'*Sortes Biblicae* in twelfth-century England: the list of episcopal prognostics in Cambridge, Trinity College MS. R.7.5', *England in the Twelfth Century: Medieval England IV* (Harlaxton Symposium) ed. D. Williams (Woodbridge 1991) 113–35.
Henry of Huntingdon	*Historia Anglorum,* ed. T. Arnold (RS 1879).
Herman	'De Miraculis S. Mariae Laudunensis', *MPL* clvi 961–1018.
Hicks, F. W. P.	'The consecration of St Augustine's abbey, Bristol', *Trans. of the Bristol and Gloucestershire Archaeological Soc.* 55 (1933) 257–60.
Higham, R. A.	'Excavations at Okehampton castle, Devon', *Devon Archaeological Soc. Proc.* 35 (1977) 3–42. 'The excavation of a Saxon cemetery and part of the Norman castle at North Walk, Barnstaple', ibid. 44 (1986) 75–81. 'The origins and documentation of Barnstaple castle', ibid. 74–81.
Historiae Dunelmensis scriptores tres	J. Raine ed. (Surtees Soc. 9, 1839).
Historiola	see Hunter, J.
HMCR	*Reports of the Historical Manuscripts Commission.*
HMSO	H.M. Stationery Office.
Hockey, S. F.	'The house of Redvers and its monastic foundations', *Anglo-Norman Studies* V (1983) 146–52. And see *Beaulieu*.
Holdsworth, C. J.	*Another stage . . . a different world: Ideas and people around Exeter in the twelfth century* (Inaugural lecture, Exeter University 1979). 'Baldwin of Forde, Cistercian and archbishop of Canterbury', *Friends of Lambeth Palace Library* (Annual Report 1989) 13–31. 'Cistercians (The) in Devon', *Studies in Medieval History presented to R. Allen Brown,* ed. C. Harper-Bill *et al.* (Woodbridge 1989) 179–91. 'Hartland Abbey', *Dict. d'Histoire et de Géographie Ecclésiastiques* xxiii (Louvain 1990) 430–3. 'John of Ford and English Cistercian writing, 1167–1214', *Trans. Royal Hist. Soc.* 5s 11 (1961) 117–36.

BOOKS AND ARTICLES CITED xix

Holt and Mortimer	Holt, J. C. and R. Mortimer, eds. *Acta of Henry II and Richard I* (List and Index Soc. 21, 1986).
Hooker	*The description of the citie of Excester, by John Vowell alias Hoker, . . .* , eds. W. J. Harte, J. W. Schopp, H. Tapley-Soper (Devon and Cornwall Record Soc. 3 pts 1919–47).
Hoskins, W. G.	*Devon* (1954).
Howden, Roger of	W. Stubbs, ed., *Chronica Rogeri de Hovedene*. 4 vols. (RS 1968–71). See also *Gesta Regis*.
HRH	D. Knowles, C.N.L. Brooke, V.C.M. London, *The Heads of Religious Houses: England and Wales 940–1216* (Cambridge 1972).
Hugh the Chanter	C. Johnson, revised M. Brett, C. N. L. Brooke, M. Winterbottom, eds., *The History of the Church of York* (OMT 1990).
Hunter, J. ed.	'Historiola de primordiis episcopatus Somersetensis', *Ecclesiastical Documents* (Camden Soc. 8, 1840).
Hurry, J. B.	*Reading Abbey* (1901).
Hylle cartulary	R. W. Dunning, ed. (Somerset Record Soc. 68, 1968).
Innocent III	*Selected Letters of Pope Innocent III*, eds. C. R. Cheney and W. H. Semple (NMT 1953). And see Cheney.
J-L	*Regesta pontificum Romanorum . . . ad annum 1198*, ed. Ph. Jaffé, 2nd ed. S. Loewenfeld *et al*. 2 vols. (Leipzig 1885–8).
Joce, T. J.	'Exeter roads and streets', *TDA* 75 (1943) 121–33.
John of Salisbury	*The Letters of*: eds. W. J. Millor, H. E. Butler, C. N. L. Brooke. 2 vols.: i (NMT 1955), ii (OMT 1979).
Johnson, C. and H. Jenkinson	*English Court Hand, 1066–1500* (Oxford 1915).
Kemp, B. R.	'The Churches of Berkeley Hernesse', *Trans. of the Bristol and Gloucestershire Arch. Soc.* 87 (1968) 96–110.
Kennett, White	*Parochial Antiquities* etc. 2nd edn. 2 vols. (Oxford 1818).
Ker, N. R.	*English Manuscripts in the century after the Norman Conquest* (1960).
Keynes, S.	'Regenbald the Chancellor (*sic*)', *Anglo-Norman Studies* X (1988) 185–222.
King, E.	'The anarchy in King Stephen's reign', *Trans. Royal Hist. Soc.* 5s 34 (1984) 133–53.
Knowles, D.	*The episcopal colleagues of Archbishop Thomas Becket* (Cambridge 1951).
Knowles, D. and Hadcock, R. N.	*Medieval Religious Houses [1] England and Wales* (2nd edn. 1971).
Laing	*Collection of Seals* (BL, Students' Room, Dept. of Mss.).
Langston, J. N.	'Priors of Lanthony by Gloucester', *Trans. of the Bristol and Gloucestershire Archaeological Soc.* 63 (1942) 1–144.
Langton, archbishop Stephen	*Acta*, ed. K. Major (CYS 50, 1950).
Laon, cathedral	see Herman.
Launceston priory cartulary	P. L. Hull, ed. (Devon and Cornwall record Soc. 30, 1987).
Lawrence, C. H.	*St. Edmund of Abingdon* (Oxford 1960).
Léchaudé d'Anisy, A. L.	*Les anciennes Abbayes de Normandie* ii (Caen 1834).
Lega-Weekes, E.	*Some Studies in the Topography of the Cathedral Close, Exeter* (Exeter 1915).
Leland, John	*Collectanea*, ed. T. Hearne (1770).

Le Neve	*Commentarii de Scriptis Britannicis*, ed. A. Hall (1709). *The Itinerary*, ed. L. Toulmin Smith. 6 vols. (1906). see *Fasti*.
Leofric Missal	F. E. Warren, ed. (Oxford 1883).
Lewes, St Pancras, cartulary	W. Budgen and L. F. Salzman, eds. *Cartulary of the priory of St Pancras, Lewes: Wilts, Devon and Dorset portions* (Sussex Record Soc. 52, 1943).
Liber Niger	*Liber Niger Scaccarii* etc. ed. T. Hearne. 2 vols. (2nd edn. 1771).
Liebermann, *Ungedruckte*	F. Liebermann, *Ungedruckte anglo-normannische Geschichtsquellen* (Strassburg 1879).
Lloyd, J. E.	*A History of Wales*. 2 vols. (3rd edn. 1939).
Loders cartulary	'Cartulaire de Loders: prieuré dépendant de l'abbaye de Montebourg', ed. L. Guilloreau, *Revue Catholique de Normandie* 18 (1908–9); also 1 vol. (Evreux 1908).
Logan, F. D.	*Excommunication and the Secular Arm in Medieval England* (Toronto 1968).
London, St Paul's cartulary	M. Gibbs ed., *Early charters of the Cathedral Church of St Paul, London* (Royal Hist. Soc. Camden 3s. 58, 1939).
Mack, R. P.	'Stephen and the Anarchy, 1135–1154'. *British Numismatic Journ.* 35 (1966) 38–112.
Macray, W. D., ed.	*Chronicon Abbatiae de Evesham* (RS 1863).
Malmesbury, William of	*De Gestis Pontificum Anglorum*, ed. N.E.S.A. Hamilton (RS 1870).
Map, Walter	*De Nugis Curialium*, ed. M. R. James, rev. C. N. L. Brooke and R. A. B. Mynors (OMT 1983).
Marrier, M.	*Monasterii Regalis Sancti Martini de Campis . . . historia* (Paris 1636).
Martin, W. Keble	'A short history of Coffinswell', *TDA* 87 (1955) 165–90.
Martyrologium Exoniense	Exeter, D. & C. ms. 3518.
Materials for the History of Thomas Becket	J. C. Robertson, ed. vols 1–6; J. B. Sheppard ed. vol. 7 (RS 1875–85).
Matthew, D. J. A.	*The Norman Monasteries and their English Possessions* (Oxford 1962).
Matthew Paris	*Chronica Majora*, ed. H. R. Luard. 7 vols. (RS 1874–84). *Historia Minor/Anglorum*, ed. F. Madden. 3 vols. (RS 1866–9).
Mayr-Harting, H.	'Master Silvester and the compilation of early English decretal collections', *Studies in Church History* ii (1965) 186–96.
Milis, L.	*L'Ordre des Chanoines Reguliers d'Arrouaise* (Bruges 1969).
Missenden abbey cartulary	J. G. Jenkins, ed. (Bucks Archaeological Soc., records branch, 2, 1938).
Mon. Ang.	W. Dugdale, *Monasticon Anglicanum*, ed. J. Caley, H. Ellis and B. Bandinel. 6 vols. in 8 (1817–30, 1846).
Mon. Exon.	G. Oliver, ed., *Monasticon diocesis Exoniensis* (Exeter 1846); *Additional supplement* (1854).
Morey, A.	*Bartholomew of Exeter* (Cambridge 1937).
— and C. N. L. Brooke	See *Gilbert Foliot*.
Mortimer, R.	'The charters of Henry II: what are the criteria for authenticity?', *Anglo-Norman Studies* XII (1990) 119–34.
MPL	J.-P. Migne, ed., *Patrologiae cursus completus*, (ser. latina). 221 vols. (Paris 1844–64).

Napier and Stevenson	See *Crawford Collection*
NMT	Nelson's Medieval Texts.
North, J. J.	*English hammered Coinage* I (2nd ed. 1980).
NPS	*New Palaeographical Soc.: Facsimiles of Ancient Manuscripts* etc. Ed. E. M. Thompson *et al.* 1st ser. 2 vols. (1903–12) 2nd ser. (1913, 1932).
Offler, H. S., ed.	*Durham Episcopal Charters, 1071–1152* (Surtees Soc. 179, 1968).
Oliver, *Lives*	G. Oliver, *Lives of the bishops of Exeter and a History of the cathedral* (Exeter 1861). See also *Mon. Exon.*
OMT	Oxford Medieval Texts.
Ordericus Vitalis	*The Ecclesiastical History*, ed. M. Chibnall, 6 vols. (OMT 1968–80).
Ordinale Exoniense	J. N. Dalton, ed. ii (Henry Bradshaw Soc. 38, 1909).
Orme, N. I.	'Indulgences in the diocese of Exeter, 1100–1536', *TDA* 120 (1988) 15–32.
— 'Kalendar Brethren'	'The Kalendar Brethren of the City of Exeter', *TDA* 109 (1977) 153–69.
	'The history of Brampford Speke', *TDA* 121 (1989) 53–86.
	'The medieval clergy of Exeter cathedral: 1. The vicars and annuellars', *TDA* 113 (1981) 79–91; '2. The secondaries and choristers', *TDA* 115 (1983) 79–100.
— ed.	*Nicholas Roscarrock's Lives of the Saints: Cornwall and Devon* (Devon and Cornwall Record Soc. 35, 1992).
— ed.	*Unity and Variety: a history of the Church in Devon and Cornwall* (Exeter 1991).
— and M. Webster	*The English Hospital 1070–1570* (Yale UP 1995).
Oseney abbey cartulary	H. E. Salter, ed., iv (Oxford Hist. Soc. 97, 1934).
Papsturkunden in England	W. Holtzmann, ed. 3 vols. (Abhandlungen der Gesellschaft der Wissenschaften zu Göttingen phil.-hist. Kl.N.F. 25, 1930–1; 3 Folge 14–15, 1935–6; 3 Folge 33, 1952).
Patent Rolls, Calendar of	(HMSO, 1901–).
Patterson, R. B.	'Robert fitzHarding of Bristol', *Haskins Soc. Journ.* i (1989) 109–22.
Phillipps, T.	'List of charters in the cartulary of St Nicholas at Exeter', *Collectanea Topographica et Genealogica* i (1834).
PN Devon	J. E. B. Gover, A. Mawer, F. M. Stenton, *The Place-names of Devon*. 2 pts. English Place-name Soc. 8–9, 1931–2.
Poole, R. L.	*The Exchequer in the twelfth century* (1912).
— ed.	*HMCR, var. collect.* iv.
Powicke, F. M.	*King Henry III and the Lord Edward.* 2 vols. (Oxford 1947).
	The Thirteenth Century, 1216–1307 (The Oxford History of England, 1953).
PR	*Pipe Rolls*: publications of the Pipe Roll Soc.
Price, C., ed.	*Liber Pensionum prioratus Wigorn*' (Worcester Hist. Soc. 1925).
Radford, U.	'The deans of Exeter', *TDA* 87 (1955) 1–24.
Reading abbey cartularies	B. R. Kemp, ed., (Royal Hist. Soc. Camden 3s. 31, 1986).
Red Book of the Exchequer	H. Hall, ed. 3 pts (RS 1897).
Redvers family charters	R. Bearman ed., *Charters of the Redvers family and the earldom of Devon (1090–1217)* (Devon and Cornwall Record Soc. xxxvii, 1994).

Reg. Bronescombe	F. C. Hingeston-Randolph, ed., *The Registers of Walter Bronescombe and Peter Quivil, bishops of Exeter, with some records of the episcopate of Bishop Thomas de Bytton* ... (London & Exeter 1889).
Reg. Grandisson	Id., ed., *The Register of John de Grandisson ... with some account of the episcopate of James de Berkeley.* 3 pts (London & Exeter 1894–9).
Reg. Lacy	Id., ed., *The register of Edmund Lacy ... and some account of the episcopate of John Catrik* (London & Exeter 1909); ed. G. R. Dunstan, *The Register of Edmund Lacy ... Registrum Commune.* 5 pts. (Devon and Cornwall Record Soc. ns 7, 1963; 10, 1964; 13, 1967; 16, 1970; 18, 1972).
Reg. Quivil	See *Reg. Bronescombe.*
Reg. Stapledon	F. C. Hingeston-Randolph, ed., *The register of Walter de Stapeldon* ... (London & Exeter 1892).
Regesta	H. W. C. Davis, C. Johnson, H. A. Cronne, R. H. C. Davis, eds., *Regesta Regum Anglo-Normannorum 1066–1154.* 4 vols. (Oxford 1913–69).
Reichel, O.J.	*Devon Feet of Fines, I, 1196–1272* (Devon and Cornwall Record Soc. 6, 1912).
Richter, M. (ed.)	*Canterbury Professions* (CYS 67, 1973).
	'Professions of obedience and the metropolitan claims of St David's', *Journ. of the National Library of Wales* xv (1967–8) 197–214.
Robert of Torigni	*Chronica*, ed. R. Howlett, *Chronicles of the Reigns of Stephen, Henry II and Richard I* iv (RS 1889).
Rose-Troup, F.	*Exeter Vignettes* (History of Exeter Research Group 7, Manchester 1942).
	Lost Chapels of Exeter (History of Exeter Research Group 1, Exeter 1923).
	The Consecration of the Norman minster at Exeter, 1133 (Exeter 1932).
Rot. Litt. Claus.	T. D. Hardy, ed., *Rotuli Litterarum Clausarum in Turri Londin. asservati* (Record Commission 1833–44). See also *Close Rolls.*
Rot. Litt. Pat.	Id., ed., *Rotuli Litterarum Patentium in Turri Londinensi asservati, 1201–1216* (Record Commission 1835). See also *Patent Rolls.*
Rotuli Chartarum	Id., ed., *Rotuli Chartarum in Turri Londinesi asservati, 1199–1216* (Record Commission 1837).
Rouleaux des Morts	L. Delisle, ed., *Rouleaux des Morts du IXe au XVe siècle* (Soc. de l'Histoire de France 1866).
Round, J. H.	'Bernard the King's Scribe', *EHR* 14 (1899) 417–30.
	Feudal England (1895).
	'The rise of the Pophams', *The Ancestor* 7 (1903) 59–66.
	see *CDF*
Rowe, J.B.	'The Cistercian Houses of Devon, III Buckfast', *TDA* 8 (1876) 809–93.
Rowe, M. M. and J. Cochlin	'Evidence of the existence of St John's hospital, Exeter, in the late twelfth century', *DCNQ* 29 (1962–4) 211–14.
RS	*Rerum Britannicarum Medii Ævi Scriptores* (Rolls Series) (1858–97).
	Rolls Series: The Chronicles and Memorials of Great Britain and

	Ireland during the Middle Ages published under the direction of the Master of the Rolls (HMSO 1858–97).
St Frideswide priory cartulary	*Cartulary of the monastery of St Frideswide at Oxford*, ed. S.R. Wigram ii (Oxford Hist. Soc. 31, 1896).
St-Martin-des-Champs, *Recueil des chartes*	J. Depoin ed., *Recueil des chartes et documents de Saint-Martin-des-Champs, monastère Parisien* (Archives de la France monastique, xvi, 1913).
St Michael's Mount, cartulary	P. L. Hull, ed., *The Cartulary of St Michael's Mount* (Devon and Cornwall Record Soc. 5, 1962).
St Osmund, Register	W. H. Rich-Jones, ed. 2 vols. (RS 1883–4).
Saltman, *Theobald*	A. Saltman, *Theobald archbishop of Canterbury* (Univ. of London Hist. studies II, 1956).
Sanders, *Baronies*	I. J. Sanders, *English Baronies, 1086–1327* (Oxford 1960).
Sarum Charters	*Sarum Charters and Documents*, eds. W. Rich-Jones and W. D. Macray (RS 1891).
Searle, E.	'Battle Abbey and Exemption', *EHR* 83 (1968) 449–80. See also *Battle Abbey*.
Seymour, D.	*Torre Abbey* (Exeter 1977).
Soulsby, I. N.	'Richard fitzTurold, lord of Penhallam in Cornwall', *Medieval Archaeology* 20 (1976) 146–8.
Spear, D. S.	'Les archidiacres de Rouen au cours de la période ducale', *Annales de Normandie* 34 (1984) 15–50.
SSC	*Select Charters and other Illustrations of English Constitutional History*..., ed. W. Stubbs, 9th edn rev. H. W. C. Davis (Oxford 1921).
Stenton, F. M.	'Acta Episcoporum', *Cambridge Hist. Journ.* 3 (1929–31) 1–14.
Tardif, J.	*Archives de l'Empire: Monuments historiques* (Paris 1866).
Taylor, A. J.	'Belrem', *Anglo-Norman Studies* XIV (1992) 1–23.
TDA	*Transactions of the Devonshire Association (for the advancement of science, literature and the arts)*.
Thomas, W.	*A survey of the Cathedral Church of Worcester* (1736/7).
Thompson, A. Hamilton	'The jurisdiction of the archbishops of York in Gloucestershire', *Trans. of the Bristol and Gloucestershire Archaeological Soc.* 43 (1921) 85–180.
Thompson, S.	*Women Religious* (Oxford 1991).
Thorn, C. and F.	*Domesday Book: Devon*. 2 vols. (Chichester 1985).
Thorpe, B. (ed.)	*Diplomatarium Anglicum Ævi Saxonici* (1865).
Tournai MSS	P. Faider and P. van Sint, eds., *Catalogue des manuscrits conservés à Tournai*: vol. vi of *Catalogue Général des MSS des bibliothèques de Belgique* (Gembloux 1950).
Turner, R. V.	'Exercise of the King's Will in inheritance of baronies: the example of King John and William Briwerre', *Albion* 22 (1990) 383–401.
VCH	*The Victoria History of the Counties of England.*
Walker, D.	'The "honours" of the earls of Hereford in the twelfth century', *Trans. of the Bristol and Gloucestershire Archaeological Soc.* 79 (1960) 174–211.
Watkin, *Totnes*	H. R. Watkin, *Totnes priory and medieval town*. 3 vols. (1904–19).
Wendover	*Chronica Rogeri de Wendover*, ed. H. G. Hewlett. 3 vols. (RS 1886–9).

Westminster Abbey Charters, 1066–c.1214	E. Mason *et al.*, eds. (London Record Soc. 25, 1988).
Wood, C.	'Fraud and its consequences: Savaric of Bath and the reform of Glastonbury', *The Archaeology and History of Glastonbury Abbey. Essays in honour of the ninetieth birthday of C. A. Ralegh Radford*, eds L. Abrams and J. P. Carley (Woodbridge 1991) 273–83.
Worcester cathedral priory cartulary	R. R. Darlington, ed., *Register I* (PR Soc. 76 1968).

OTHER ABBREVIATIONS

archbp	archbishop
archdn	archdeacon
BL	British Library, formerly British Museum
BN	Bibliothèque Nationale, Paris
Bodl.	Bodleian Library, Oxford
bp	bishop
C.A.	Chartae Antiquae
CRO	Cornwall Record Office, Truro
D. & C.	Dean and Chapter
Dday	Domesday
dioc.	diocese
DRO	Devon Record Office, Exeter
HMSO	Her (His) Majesty's Stationery Office
mun.	muniments
om.	omit, omission
P. & C.	Prior and Convent
Pd	Printed
PR	Pipe Roll
PRO	Public Record Office, London
s. . . . ex	century, end of
in.	. . beginning of
med.	. . middle of

EDITORIAL METHOD

The charters have been edited in accordance with the directives which have been issued from time to time by the British Academy's Committee on Episcopal Acta and which are described in detail in most earlier volumes. The basic rule is that the charters are arranged firstly according to episcopate and then, within each episcopate, grouped according to recipient or most interested party, with these in alphabetical order. Finally, an attempt is made to put the charters in chronological order within the group.

The siglum A is invariably used for originals, BCD etc. for copies, listed as far as possible in chronological order. When the charter bears a date, this is given, after the caption, unadorned. When the date is supplied by the editor, it appears in brackets.

Most of the other practices are, like these, those currently in fashion.

JOHN THE CHANTER

143. Profession of obedience

Profession of due and canonical obedience and subjection to Archbishop Baldwin, the church of Canterbury and future archbishops. [5 Oct. 1186]

> A = Canterbury D. & C. C.A. C 115/50. No endorsement. Approx. 150 × 73 mm.; not sealed.
> B = Canterbury D. & C. register A (prior's register) fos. 243v–244r. s.xiv med.
> Pd (calendar) in Richter, *Canterbury Professions* no. 126

Ego Iohannes, ecclesie Exoniensis electus et a te, reverende pater Baldewine, sancte Cantuariensis ecclesie archiepiscope et totius Anglie primas, consecrandus antistes, tibi et sancte Cantuariensi ecclesie et successoribus tuis canonice substituendis debitam et canonicam obedientiam et subiectionem me per omnia exhibiturum profiteor et promitto, et propria manu subscribendo confirmo.[a]

[a] Followed by a rather peculiar (?autograph) cross, A

144. Alfred fitzSeric of Compton Gifford

Inspeximus and confirmation of Bishop Robert II's grant to Alfred (no. 57) of four ferlings and four acres of land, for a rent of eight shillings and royal service, and John's own grant of four acres of land in return for eight shillings rent. [1186 × 1190, ?1186/7]

> B = Exeter DRO, Bishops registers 2 (Stapledon) fo. 60v (inspeximus by bp Stapledon).
> Pd from B in *Reg. Stapledon* 112–13.

Omnibus Cristi fidelibus ad quos presens scriptum pervenerit I. divina miseratione dictus episcopus Exoniensis salutem in domino. Noverit universitas vestra nos cartam predecessoris nostri bone memorie R. de Cicestr' quondam Exoniensis episcopi inspexisse, ex cuius tenore accepimus iam dictum predecessorem nostrum concessisse et donasse Alurico filio Serici de Compton' et heredibus suis quatuor ferlingos terre et quatuor acras terre per gabulum[a] octo solidorum et per regalia servitia que ad easdem pertinent. Nos autem quod a predecessore nostro laudabiliter actum est ratum et gratum habentes, easdem terras, cum augmento quatuor acrarum quas ei donavimus, duas scilicet ex una parte gardini sui et alias duas ex alia parte eiusdem gardini, iure hereditario tenendas pro octo solidis reddendis pro omni servitio, memorato Alurico confirmamus. Hiis testibus: Gardino[b] priore de Brunimore, Galtero archidiacono Cornub', Ricardo et Bernardo et Saverico capellanis, magistro Reginaldo, magistro Iohanne et Gilberto Basset nepotibus nostris, magistro Milone, Hugone de Hillabona[c], Roberto London', et aliis.

[a] habulum B   [b] Hardino B   [c] ?Islabona B

In margin: 'homag''. This charter was exhibited to Bp Stapledon at Crediton on 1 April 1311, when William de Compton did homage to the bp for one third of a knight's fee: ibid. 112.

145. Archbishop Baldwin of Canterbury

Recites a letter he has written to Pope Urban III on behalf of Baldwin's proposal to found a college in honour of St Thomas [in the church of St Stephen, Hackington, Canterbury.]   [Nov. 1186 × March 1187]

B = Lambeth Palace ms. 415 (Ch. Ch. letter–collection) fo.5v. s. xiii in.
Pd from B in *Epistolae Cantuarienses*, ed. W. Stubbs, *Chronicles and Memorials of the Reign of Richard I*, ii (RS 1865) 20–21.

Reverendo patri et domino B. dei gratia Cantuariensi archiepiscopo, totius Anglie primati et apostolice sedis legato, I. eadem gratia Exoniensis episcopus salutem et debitum obedientis affectum. Sanctitatis vestre preces caritate pietatis[a] benigne suscepimus, quas iuxta rei seriem et tenorem propositi, prout sanius duximus, pro posse nostro secuti sumus. Litteras itaque parvitatis nostre summo pontifici ex parte nostra pro vobis dirigendas cum earum transcripto paternitati vestre transmittimus in hanc formam: Sanctissimo patri . . . [No. 177] . . . Valeat sanctitas vestra in perpetuum.

[a] *ms. stained*; plenas Stubbs

For this business see Stubbs, ibid. pp. xxxiii ff., C.R. Cheney, *EEA* II nos. 241–3, and below no. 177. The Christ Church monks seem, however, to have counted John among their friends. After 17 Jan. 1188 they wrote to the bps of Bath, Lincoln, Chichester and Exeter complaining of the archbp's tyrannical behaviour and appealing for help: *Epist. Cant.* 150–1.

146. Canonsleigh priory

Confirmation of a grant made by Henry de Barneville to the canons of half of the church of Hockworthy in perpetual alms.
[5 Oct. 1186 × c. June 1190]

B = BL ms. Harley 3360 (Canonsleigh cartulary) fos.76v–77r. s. xiv in.
Pd (calendar) from B in *Cartulary of Canonsleigh abbey* no. 147.

Omnibus sancte matris ecclesie filiis ad quorum audientiam presens scriptum pervenerit, Iohannes miseratione divina Exoniensis episcopus salutem in eo qui est salus. Universitatem vestram scire volumus nos cartam Henrici de Bernevile attrectasse et inspexisse. Ex qua perpendimus iamdictum Henricum de Bernevile dedisse et concessisse et carta sua confirmasse deo et ecclesie sancti Iohannis evangeliste de Legh' et canonicis ibidem deo servientibus pro anima sua et pro animabus amicorum suorum in perpetuam elemosinam medietatem ecclesie de Hockeworthi; et hoc petitione et assensu Rogeri fratris sui, in eadem ecclesia tunc persone. Unde ne hec donatio aliquatenus de cetero revocari posset in dubium, carte nostre auctoritate et sigilli nostri inpressione confirmamus. Hiis testibus: Waltero archidiacono Cornub', Thoma precentore, magistro Henrico de Lond', [fo. 77r] Waltero capellano, magistro Reginaldo, Iohanne persona, magistro Milone, Gilberto Basset, Aluredo custode, magistro Roberto de Hanc, et aliis.

Date: Gilbert Basset, the bp's nephew, is not yet archdn.
For Hockworthy and the Barneville family, see *Cartulary* xxvi–xxvii, and for other documents concerning this transaction ibid. nos. 144 ff.

147. Crediton minster

Grant to the minster, for the community's bread, of all his tithes of hay and mills from his manor of Crediton, on condition that they be held for life by his clerk, Miles, canon of Crediton, in return for an annual rent of twenty pence payable to the common fund.
[3 June 1190 × 1 June 1191]

B = BL Cotton charters II/11 (19). s. xv.
Pd from B in J. B. Davidson, 'On some further ancient documents relating to Crediton minster', *TDA* xiv (1882) 255–6.

Omnibus sancte matris ecclesie filiis ad quos presens scriptum pervenerit, Iohannes divina miseratione Exoniensis episcopus salutem in vero salutari. Noverit universitas vestra quod nos, ob venerationem sancte crucis et ad preces dilectorum filiorum nostrorum canonicorum Criditon' ecclesie, concessimus et donavimus eidem ecclesie*a* et eisdem canonicis decimam totius feni nostri et omnium molendinorum nostrorum manerii de Criditon' in puram et perpetuam elemosinam ad panem commune*b* eiusdem `ecclesie´ inperpetuum. Ita tamen quod dictorum canonicorum unanimi consensu predictas decimas feni et molendinorum concessimus magistro Miloni, clerico nostro et eiusdem ecclesie canonico, de prenominatis canonicis nomine commune quoad vixerit tenendas, solvendo inde annuatim viginti denarios in duobus terminis, scilicet ad natale domini decem denarios et in festo sancti Iohannis babtiste decem denarios. Defuncto vero prefato Milone, sepedicte decime ad panem commune plenarie et quiete redibunt. Et ut hec nostra concessio omni tempore rata et inconcussa permaneat*c*, ne malignantium versutiis*d* infirmari vel temeraria cuiusquam presumptione de cetero possit in irritum revocari, nos ipsam presentis pagine auctoritate et sigilli nostri appositione dignum duximus corroborare. Hiis testibus: Gilberto archidiacono Toton', magistro Petro Picot*e*, magistro Reginaldo, magistro Alexandro*f*, magistro Willelmo de Axem*uth*, Roberto London', Serlone de Peinton', Stephano de Boseham, Ricardo persona, Willelmo Vincelin', Ricardo de Croylande, Iohanne Lambrict', Ricardo de Aldintone, Nicholao de Helleston', Henrico capellano, Rogero camerario, Roberto dispensatore, et aliis.

a ecclesie *repeated* B *b* conmune B *c* permanead B *d* versusciis B
e Picoc B *f* magistra Alexendro B

The date is limited by the promotion of the bp's nephew, Gilbert Basset, to the archdeaconry of Totnes after the death of Bernard. Miles was dead by 11 April 1214: *Rot. Litt. Pat.* 113. Mr Alexander may just possibly be Alexander of Wales, Archbp Thomas Becket's sometime clerk.

148. Exeter: cathedral chapter

Grant to the chapter in perpetual alms of the church of Ashburton, saving to the nuns of Polsloe the annual pension granted by bishop Bartholomew (no. *121). [1186 × 1191]

> A = Exeter D. & C. ms. 610. Endorsed, contemp.: Cartha de ecclesia de Aspernatona; s.xv: Aysshperton'. Approx. 150 × 95 + 25 mm. Sealing on tag; turn-up, 3 slits; no tag or seal.
> B = Exeter D. & C. ms. 3672 (cartulary) p. 207. s.xv in.
> Pd from A in Oliver, *Lives* 412–13.

Omnibus fidelibus ad quos presens scriptura pervenerit, I., divina miseracione Exoniensis ecclesie minister humilis, salutem in auctore salutis. Noverit universitas vestra quod ego, divino intuitu et reverencia beatorum apostolorum Petri et Pauli necnon contemplacione et honore Exoniensis ecclesie ad cuius curam et sollicitudinem deo annuente sum vocatus, in puram et perpetuam elemosinam concessi et dedi dilectis michi in Cristo filiis capitulo Exon' ecclesiam de Asperneton' cum omnibus pertinenciis suis, salva monialibus de Polslowe annua pensione quam predecessor meus bone memorie B. episcopus eis donavit et confirmavit. Quod ut ratum et inconcussum permaneat, presenti scripto et sigilli mei apposicione confirmavi. Hiis testibus: Galtero Cornub', Rogero Bernestapel'[a] archidiaconis, Henrico de London', magistro Reginaldo, Galtero, Henrico, Ricardo capellanis, magistro Willelmo et magistro Milone clericis, Willelmo Lumbardo, Roberto Waluensi[b], Aluredo custode, Stephano et Galtero clericis, et multis aliis.

[a] Bernastapolie B   [b] Walu'si A; Walue'si B

The grant may have been even more encumbered than appears. From a possibly related chapter grant we learn that the bp had desired it to grant to Richard Brewer (a nephew of the great Angevin servant William Brewer and cousin of the future bp of Exeter) the whole profit they obtained from the church, viz. 20s., and anything more that he could get from it, subject to a payment of 1 lb of incense on the vigil of St Peter and St Paul. This pension was to allow him participation in their commons and give him full fraternity in their society until he should be admitted to full commons (?elected a canon), when the pension would cease. D. & C. ms. 611; 3672 p. 206; *HMCR var. collect.* iv 56 no. 611. See also below no. 180. This seems to have been the first foothold the Brewer family obtained on the cathedral. The bp's charter was kept in the cathedral treasury in 1258 × 80. As it was entered twice in the inventory, there may have been two: *Reg. Bronescombe* fo. 135r (p. 290).

The surname of the witness Robert (cf. no. 153's *Waluesi*) may possibly represent *Walensi*, i.e. Welsh. John *Walensis* in no. 190 appears as *Waluesis* in no. 153. F. Rose-Troup, *Lost Chapels of Exeter* 19, believed, perhaps correctly, that the surname of this Exeter family was 'Strange', i.e. foreigner.

149. Exeter: cathedral chapter

Grant in perpetual alms, with the consent of the parson, William Lombard, of the church of St Issey in his manor of Pawton to the common fund of the cathedral church. The number of prebends is not to be increased.

[1187 × 1191]

A = Exeter D. & C. ms. 1398. Endorsed, contemp.: Donatio Iohannis episcopi de ecclesia de Egloscr'; s.xv med.: ad augmentacionem prebend'. Approx. 185 × 215 + 38 mm. Sealing on tag; turn-up, 3 slits; bit of tag, no seal.
B = Exeter D. & C. ms. 3672 (cartulary), pp. 118–19. s.xv in.
Pd from A by Oliver, *Lives* 112.

Omnibus fidelibus ad quos presens scriptura[a] pervenerit, Iohannes, dei gratia Exoniensis ecclesie minister, salutem in vero salutari. Noverit universitas vestra quod nos, divino intuitu et pro honore Exoniensis ecclesie, ad cuius honestatem et promotionem summopere providendam sicut debemus summam gerimus devotionem, eidem ecclesie ad commune meliorationem et servicii sustentationem in perpetuam elemosinam concessimus et donavimus ecclesiam de Egloscruc in Cornubia, in manerio nostro de Poltona, cum capellis et ceteris omnibus pertinentiis suis, libere et plenarie et integre perpetuo possidendam. Hanc autem donationem nostram assensu Willelmi Lumbardi, tunc persone eiusdem ecclesie, fecimus, qui eam, quantum ad ipsum pertinebat, commune Exoniensis ecclesie simpliciter et absolute conferri et assignari desideravit et postulavit. Ob hoc autem nullo tempore numerus prebendarum augebitur, sed annuente domino per augmentum commune decor domus dei ampliabitur et que ad divina pertinent competentius adimplebuntur. Et ut hec rata semper et inconcussa permaneant, presenti scripto et sigilli nostri appositione ea confirmavimus. Hiis testibus: Galtero archidiacono Cornub', Thoma archidiacono Barnastapol', magistro Iohanne thesaurario, Bernardo precentore, magistro Baldwino, Pagano capellano, Radulfo de Hospitali, magistro Roberto de Hanca, Ricardo Briwerre, Turstino, Petro Picot, Petro filio Ricardi, Alano de Furnell'.

a scriptum presens B

This charter was in the cathedral treasury in 1258 × 80: *Reg. Bronescombe* fo. 136r (p. 291).

Ralf de Hospitali, dean of the collegiate church of St Mary, Stafford (*EEA* II no. 312), resigned his Exeter prebend on 4 Aug. 1207 in favour of the royal clerk Henry archdn of Stafford (*Rot. Litt. Pat.* 75). He was a royal clerk by 1166: *Materials for the History of Thomas Becket* v 421, cf. 429, and served as a royal itinerant justice in 1170 and 1185 (Eyton 135, 265–6). For the Devon family, which may have taken its name from the Hospital of St John at Newnham Barton in Chudleigh (*PN Devon* ii 379), and anglicized its name to Spittle, see Collison, *Courtenay cartulary* nos. 51–2; *Book of Fees* ii 783.

For Richard Brewer see no. 148.

150. Exeter: cathedral chapter

Notification of the admission and institution of Mr Michael de Buketon to a perpetual vicarage in Colyton church, on the presentation of Robert de Buketon, his uncle, the parson, subject to an annual pension of eight marks to the parson. [?1189 × March 1190]

B = Exeter D. & C. ms. 3672 (cartulary) pp. 47–8. s.xv in. In margin: Ordinatio vicar' de Colinton', and, in another hand: vacat ista composicio per aliam posteriorem.

Omnibus sancte matris ecclesie filiis ad quos presens scriptura pervenerit, Iohannes, dei gratia Exoniensis episcopus, eternam in domino salutem. Ad commu[p. 48]nem omnium notitiam volumus pervenire nos, ad petitionem et presentationem dilecti filii nostri Roberti de Beketon', persone ecclesie de Colinton', dilectum filium nostrum magistrum Michaelem de Beketon', nepotem ipsius R., ad perpetuam vicariam ipsius ecclesie de Colinton' recepisse, ipsumque in ecclesia eadem perpetuum vicarium canonice instituisse, sub annua pensione octo marcarum argenti memorato R., prefate ecclesie persone, singulis annis ad duos terminos perpetuo persolvenda, in pascha videlicet quatuor marcas, ad festum sancti Michaelis quatuor marcas. Ut autem hec nostra concessio firma et inconvulsa perseveret, eam presentis scripti attestatione et sigilli nostri appositione duximus roborandam. Hiis testibus: domino B. Cantuariensi archiepiscopo, Roberto abbate de Forde, magistro Petro Blesum, magistro Silvestro de Brudon', magistro Radulfo de sancto Martino, magistro W. de sancta Fide, magistro Reginaldo de Redmora, fratre Iohanne de Forde, Martino camerario, W. subcamerario, et multis aliis.

All the witnesses, except the abbot and monk (probably the next abbot) of Forde and perhaps Reginald of Redmoor, are archbp Baldwin's men. The occasion may be the Canterbury diocesan synod (Sept. 1189 × March 1190) attended by most of these clerks (*EEA* II no. 304, although probably spurious), perhaps shortly after Richard's coronation. Early in 1190 the archbp, when about to leave on the Third Crusade with his clerk, Peter of Blois, his nephew, Joseph of Exeter, and Robert, his successor as abbot of Forde (the archbp and abbot were to die at Acre), appointed the bp of Rochester as his vicar-general, to act in temporalities on the advice of Robert de Buketon, canon of Hackington, and two others (ibid. no. 245). For John of Forde, see C. J. Holdsworth, 'John of Ford and English Cistercian writing', *Trans. R. Hist. Soc.* 5th ser. xi (1961) 117–36.

Robert of Buketon was in the 1180s a clerk of Bp Bartholomew (*Bukinton'*, nos. 98, 99, 106, 134), and later witnessed many of Archbp Baldwin's acta together with John of Exeter and Joseph, Devonians whom the archbp recruited for Canterbury. Robert's nephew, Mr Michael, a canon of Exeter and engaged in much property dealing in the city (D. & C. MS. 3672, pp. 298, 330, 334, 336), in ?1233 × 4 granted to his nephew Hamelin the tenement he had bought in Exeter from Andrew Terry (ibid. 334). About the same time he granted 20s. to the canons for the annual celebration of the obits of himself and John, parson of Farway, presumably a kinsman. Among the witnesses were Hamelin and William de Buketon (ibid. 334–5). And on 18 Aug. 1235 the D. & C. made an agreement with Richard Quinel and the other executors of his will. His obit was celebrated in the cathedral on 29 July, and John de Fareway's on 5 May (as for a canon) or 29 Apr. (calendar of the Vicars Choral). At some time he had granted the chapter £10 *p.a.* from Colyton church; and there was once a chapter charter 'de magistro Michaeli, qualiter receptus fuit in fraternitatem et societatem canonicorum': both listed *Reg. Bronescome* 292. The family surname, *Beketon'* (as here), more usually *Buketon'*, also *Becheton, Bekinton, Bukinton, Buckentone, Bykinton*, etc. (as in Canterbury acta), could represent Bicton or Bickington (Devon) or even Beckington (Som.). The first is the closest geographically to Colyton. And there was also an estate called *Bukedune* on the episcopal manor of Sidbury: *Reg. Bronescome* 293.

Colyton (St Andrew's), Honiton deanery, must be distinguished from Colaton Raleigh (St John the Baptist's), Aylesbury deanery. The former was appropriated to the D. & C., the latter to the deanery. The manor of Colyton was in 1086 royal demesne. Half a virgate of land belonged to the manorial church: *Exon Dday* 85. In the twelfth century estates in the manor were dower of Adeliza of Dunstanvill on her marriage to Thomas Basset, one of Henry II's justiciars, and the obit of Thomas Basset 'frater noster' was celebrated in the cathedral on 3 June. Her brother Philip married Egelina de Courtenay (Sanders, *Baronies* 28, 51–2, 91; Collison, *Courtenay cartulary* ii nos. 98–105). And it may be that the rectors of Colyton were related to the lords of the manor, either Dunstanvill or Basset. Bishop John's nephew, Gilbert, was surnamed Basset, and the importance of the Buketons could be due to these connections. For Mr Michael see also *HMCR var. collect.* iv 57 nos. 810–13; *EEA* III nos. 413–14; *Reg. Bronescome* fo. 136v (p. 292).

151. Exeter: cathedral chapter (Colyton church)

Confirmation of an agreement, originally made between Peter abbot of Quarr (c. 1150–c. 1176) and Peter archdeacon of Cornwall (?1158–71) re the chapel of Farwood and after the resumption of the dispute between the monks and the parson of Colyton, reimposed on the abbey, during its vacancy, by the Savigniac visitors, William abbot of Stratford Langthorn and William abbot of Buckfast, viz. that the abbey shall have all the spiritualities of Farwood, on condition that the abbot makes an annual payment of twelve shillings to the archdeacon, in the name of the church of Colyton, and that Colyton church shall have a ferding of land in the fee of Farwood. The twelve shillings has indeed been paid to M(ichael) vicar of Colyton. [?1189 × 1190]

A = Exeter D. & C. ms. 814. Endorsed (contemp.): Contra monachos de Forwode; Carta Iohannis episcopi Exon' recitationis de composicione facta; s.xiv: script'. Approx. 285 × 120 + 12 mm. Sealing on tags; turn-up, 3 + 3 slits; broken white wax seal and counterseal of the bp; tag for missing seal of abbot of Buckfast.
B = Exeter D. & C. ms. 3672 (cartulary) pp. 50–51. s.xv in.
Pd from A in *HMCR, Var. Coll.*, iv 55.

Universis sancte matris ecclesie filiis I., dei gratia Exoniensis episcopus, eternam in domino salutem. Universitati vestre notum facimus querelam inter ecclesiam de Culint'^{a} et fratres de Forwud'^{b} diu ventilatam, coram nobis fuisse terminatam hoc modo. Post multa et diuturna utriusque partis certamina venerabilis filius noster, W. abbas Bucfest'^{c}, ad nos veniens, literas sigillo suo et sigillo W. abbatis Strafford' signatas attulit in hec verba. Reverendo patri domino I. dei gratia Exoniensi episcopo frater W. Straford' et frater W. Bucf'^{c} dicti abbates salutem in salutis auctore. Missi a domino Savigniensi venimus nuper Quarrer' visitationis gratia. Suggestum est autem nobis inter cetera de lite que est inter monachos ipsos et personam ecclesie de Culint'*a* pro compositione infracta que olim facta fuerat super capella de Forwud'*b* inter abbatiam Quarr' et Petrum archidiaconum Cornubie; et quia pro certo didiscimus quod preter assensum et consilium conventus Quarr' gestum est super hiis quicquid hactenus factum est, decernimus, et ipsis monachis qui adhuc abbatis carent regimine in preceptis dedimus, ut omni contentione sopita, compositio rata et firma permaneat sicut olim cognoscitur facta. Bene valete. Forma vero composicionis, quam idem abbas Bucf' et Quarr' nobis attulit, hec est. Controversia, que vertebatur inter Petrum abbatem de Quarr' et magistrum P. archidiaconum Corn', tali est conventione sopita. Abbas et monachi de Quarr' omnes decimas et fructus et universas obventiones terre sue de Forwud'*b* libere et quiete iure perpetuo possidebunt, tali videlicet conditione quod abbas, nomine monasterii sui, predicto archidiacono, nomine ecclesie de Culint', xii solidos ad festum sancti Iohannis Baptiste annuatim persolvet, et ipsa ecclesia de Culint'*a* habebit unum ferdlingum terre in feudo de Forwud'*b* quem prius habuit et sicut prius habuit. Servicio autem capelle de Forwud'*b* non tenebitur, quia ipsa capella pro abbatis arbitrio aut cadet aut stabit. Verumtamen, si abbati placuerit, prefata ecclesia de Colint' ipsius abbatis familie de viatico et sepultura et consimilibus ministrabit. Quod si abbas maluerit, quelibet ecclesia ad ipsum ad eius libitum facere poterit. Monachus siquidem Quarr', nomine Rob'*d* medicus, et fratres de Forwud', mediante sepedicto abbate Bucf', hanc conventionem concedentes, magistro M., vicario Colint'*a* de xii solidis prememoratis coram nobis satisfecerunt. In cuius rei perpetuum testimonium ego et idem abbas Bucf' sigillos nostros apposuimus. Valete semper in domino.

a Colinton'B   *b* Forwode B   *c* Bucfestr' B   *d* Roberto B

The visitors sent to Quarr abbey by the abbot of Savigny are William abbot of Stratford Langthorn in Essex (occ. 1186 × 1197) and William abbot of Buckfast in Devon (occ. 1180 × c. 1199). The cell at Farwood, a Domesday manor near Colyton, seems to be otherwise unknown.

For Mr Michael de Buketon's position at Colyton see nos. 150, 192.

152. Exeter: cathedral chapter (Colyton church)

Notification to the official(s), deans and clerks of Exeter archdeaconry that, since the monks of Quarr and Farwood have made satisfaction to the church of Colyton, their lay servants and tenants of Farwood can be absolved if they will swear to submit in future to ecclesiastical justice. [?1189 × 1190]

B = Exeter D. C. ms. 3672 (cartulary) pp. 52-3.s.xv in. Headed: Contra monachos de Forwode.

I. dei gratia Exoniensis episcopus dilectis filiis offic', decanis et clericis archidiaconatus Exon' eternam in domino salutem. Universitati vestre notum facimus monachos Quarr', pro fratribus de Forwod', cum ipsis fratribus ecclesie de Colinton' in nostra presentia satisfecisse, unde volumus laicos famulos suos et tenentes de Forwode absolvi, si prefati laici se amodo parituros ecclesiastico iuri^a iuraverint. Valete.

^{a} viri B

Note the address to the official of the archn of Exeter. It suggests that the bp too may have had such an officer.

153. Exeter: cathedral chapter

Confirmation of the gift of Thomas and Peter fitzRichard to the church and chapter of St Peter of the land and the houses they and their father have built in the city, saving to the bishop an annual rent of two pounds of wax in the form of two candles to be rendered via the chapter on St Faith's day (6 Oct.). [1186 × 1191]

B = Exeter D. C. ms. 3672 (cartulary) p. 359. s. xv in.

Omnibus ad quos presens scriptum pervenerit Iohannes divina miseratione episcopus Exoniensis salutem in domino. Noverit universitas vestra nos ratam et gratam habere, quantum^a ad nos pertinet, donationem illam quam Thomas filius Ricardi et Petrus frater eius fecerunt ecclesie et capitulo Exoniensi de terra et domibus quas pater eorum et ipsi in civitate Exon' construxerunt, salvo nobis annuo redditu nostro et successoribus nostris duarum librarum cere, in duobus cereis decenter composite, in festo beate Fidis virginis per ipsum capitulum annuatim persolvendo. Quod ut ratum et inconcussum permaneat presenti scripto et sigilli nostri attestatione confirmamus. Hiis testibus: archidiacono Cornub', magistro Roberto de Aunc^b, Henrico cantore, Turstino, magistro Alveredo, magistro Petro Picot, Henrico de Melewys, magistro Gregorio, magistro Reginaldo, magistro Milone, magistro Galieno, Ricardo filio Drogonis, Iohanne Waluesi, Stephano de Boseham, Ricardo filio Pagani, Nycholao de Helleston', Willelmo Wynceln, et aliis.

^{a} quantam B ^{b} Aiiiii' B

Thomas, Peter (and Philip) fitzRichard were episcopal clerks and/or canons. They may well be members of the Reinfred dynasty. John *Waluesis* appears as *Walensis* in no. 190.

The property was adjacent to the precentor's house. The charter was in the cathedral treasury in 1258 × 80: *Reg. Bronescombe* fo. 135v (p. 291).

*154. Exeter: cathedral chapter

Concerning the church of Chudleigh. [1186 × 1191]

> Listed only in an inventory of charters in the cathedral treasury in 1258 × 80: *Reg. Bronescombe* fo. 135r (p. 291).

*155. Exeter: cathedral chapter

Concerning the church of ?Gidleigh. [1186 × 1191]

> Listed only in an inventory of charters in the cathedral treasury in 1258 × 80: *Reg. Bronescombe* fo. 136r (p. 291). But *Chideleg* may be a variant of *Chudeleg*, for it is doubtful if the chapter of Exeter had an interest in Gidleigh.

*156. Exeter: cathedral chapter

Ordinance (carta) *that commons are due only to the 24 canons of the old foundation.* [1186 × 1191]

> Listed only in an inventory of charters in the cathedral treasury in 1258 × 80: *Reg. Bronescombe* fo. 136r (p. 291): 'Carta . . . de communa debita tantum viginti quatuor canonicis antiquis.' This is evidence that supernumerary or honorary canons were being appointed.

*157. Exeter: cathedral chapter

(?) Grant of two acres of land in the manor of St Germans
[1186 × 1191]

> Listed only in an inventory of charters in the cathedral treasury in 1258 × 80: *Reg. Bronescombe* fo. 136r (p. 291).

158. Exeter: priory of St James

Inspeximus and confirmation of Bishop Bartholomew's confirmation of a composition made between Earl Richard of Devon and the monks concerning the church of Tiverton in the presence of Bishop Robert II and Bartholomew when archdeacon of Exeter. [c. 1185 × ?1187]

A = Cambridge, King's College, SJP 29 (2 W 11). Endorsed, s.xiii: Confirmatio Iohannis episcopi de Twivert'. Approx. 440 × 335 + 25 mm. Sealing on tag (3 slits); seal (repaired) and counterseal in ?green (brown varnished) wax.

Iohannes dei gratia Exoniensis episcopus omnibus ad quos presens scriptum pervenerit in domino salutem. Notum facimus universitati vestre quod dilectus filius noster Angerus, prior sancti Iacobi prope Exoniam, presentavit nobis cartam bone memorie Bartholomei quondam Exoniensis episcopi in hec verba: Omnibus . . . [no. 96] . . . Roberto de Mortuna. Nos autem predicti episcopi confirmationem ratam et inconcussam habentes, eam presenti scripto et sigillo nostro confirmamus. His testibus: Galtero archidiacono Cornub', Rogero archidiacono, Willelmo archidiacono Totonie, Radulfo vicearchidiacono Exon', Thoma precentore, Henrico London', Bernardo et Henrico et Ricardo capellanis, magistro Reginaldo, magistro Willelmo de Axam', magistro Iohanne et Gilleberto Basseth nepotibus nostris, magistro Milone, Hugone de Hillebona, Roberto London'.

159. Exeter: priory of St Nicholas

Inspeximus and confirmation of the grant by William fitzRalf and his wife Aubrey of the church of Cadbury to the priory, as accepted by bishop Bartholomew in full synod at Exeter (above, no. 101) and confirmed by their son and heir Walter. [1186 × 1190]

B = BL ms. Cotton Vit. D ix (cartulary of St Nicholas' priory) fo. 32r. s.xiii med. Rubbed and sometimes illegible.
Pd (calendar) from B by T. Phillipps in *Collectanea topographica et genealogica* i (1834) no. 25.

Omnibus Cristi fidelibus ad quos presens scriptum pervenerit, I., divina miseratione dictus episcopus Exoniensis, salutem in auctore salutis. Noverit universitas vestra nos diligenter inspexisse cartas Willelmi filii Radulfi et Albr'e uxoris eius, ex quibus manifeste perpendimus ipsos totum ius quod habuerant in ecclesia de Cadebiri, vel quod alicui conferre potuerant, contulisse monasterio sancti Nicholai Exon' et monachis ibidem deo servientibus, cum terris, decimis, domibus et omnibus obventionibus ad eandem pertinentibus pro amore dei et pro salute animarum omnium predecessorum et successorum suorum in puram et perpetuam elemosinam. Horum autem donationem [ratam] habuit predecessor noster B., bone memorie quondam episcopus Exoniensis, in pleno sinodo apud Exoniam, ipsos etiam monachos sancti Nicholai ad presentationem predicti Willelmi filii Radulfi et Albrede[a] uxoris sue in eandem elemosinam recepit. Walterus quoque filius Willelmi et heres donationem patris et matris sue gratam habens, eam carta sua corroboravit. Nos autem ex tantorum virorum scriptis fide concessis [donum]^b illorum rationabile volentes stabile et inconcussum permanere, ne de cetero presumptione aliqua revocari possit in irritum, illud scripti nostri auctoritate et sigilli nostri appositione [con]firmamus. Hiis testibus: Gardino priore de Brunnimora, Thoma precentore, [magistro Hen]rico London',^{c} Bernardo et Ricardo capellanis, magistro Reginaldo, magistro Willelmo de Axemuth, Gilberto Basseth,^{d} magistro Iohanne, magistro Iohanne, magistro Milone, magistro Nicholao de Lidford', et Ricardo et Roberto [filiis] eius,^{e} et multis aliis.

^{a} Albre B ^{b} *or* scriptum ^{c} *or* Roberto London' ^{d} ?Iberto Bassethe B
^{e} ?Roberto clericis B

Dated by Gilbert Basset; see no. 146.

160. Exeter: priory of St Nicholas

Permission to appropriate the church of Pinhoe to the use of hospitality, in accordance with a papal privilege, subject to the appointment of a chaplain to perform the services.   [28 July 1188 × 3 June 1190]

B = BL ms. Cotton Vit. D ix (cartulary of St Nicholas' priory) fos. 30r–v.s.xiii med.
C = ibid. fo. 30v, archbp Hubert's confirmation.
Pd (calendar) from B by T. Phillipps in *Collectanea topographica et genealogica* i (1834) no. 18; from C in *EEA* III no. 458 (Phillipps no. 19).

Omnibus sancte matris ecclesie filiis ad quos presens scriptum pervenerit, Iohannes, divina miseratione Exoniensis episcopus, eternam in domino salutem. Noverit universitas vestra nos monachis sancti Nicholai Exon' commorantibus ecclesiam de Pinho cum pertinentiis suis, quam rationabiliter possident, pio caritatis et religionis intuitu ita confirmasse ut liceat eis prefatam ecclesiam in hospitalitatis usum^a convertere, cum tale dictis monachis privilegium a summo pontifice sit indultum, dummodo idoneum eligant capellanum qui in ea assensu episcopali ministret, et ipsis monachis de temporalibus, nobis vero et successoribus nostris de spiritualibus respondeat. Et ut nostra confirmatio omni tempore rata et inconvulsa permaneat, ne de cetero vertatur in dubium aut alicuius temeraria presumptione revocari possit in irritum, eam tam scripti quam sigilli nostri munimine corroborandam dignum duximus.^{b} His testibus: Iohanne archidiacono Exon', Bernardo archidiacono Toton', magistro Gregorio, magistro Reginaldo, magistro Ada de Taleton', Gilberto Basseth, magistro Milone,

Serlone de Peinton', Gilberto Eborac', Iohanne Lambrich', Stephano de Foldam,[c] [fo. 30v] Henrico capellano, et aliis.

[a] usus C   [b] *no witnesses* C   [c] *?for* Boseham

The date is fixed by Bernard's short tenure of the archdeaconry of Totnes.

A charter of John Lambricht's concerning a piece of land outside East Gate is in Exeter D. & C. ms. 3672 p. 396. He witnesses several grants to Canonsleigh priory: *Canonsleigh cartulary* nos. 41–2, 44, 49, 157. Osmod wife of Lambrith is listed as an Exeter kalendar sister under Aug.: Orme, 'Kalendar Brethren' 165.

*161. Forde abbey

Confirmation of the church of Thorncombe, with its chapel of Holditch, to the monks, provided that after the death of Mr Miles a vicar shall be appointed with cure of souls. [Oct. 1186 (?Sept. 1189) × Nov. 1190]

Mentioned only in the pleadings in a case between William the Fleming and the abbot of Forde, Mich. term 16 John (1214), *re* the church of Holditch, of which William claimed the advowson and sought an assize of darrein presentment. Abbot [John] testified that the chapel pertained to the church of Thorncombe, the advowson of which belonged to the monks, and presented in evidence (*inter alias*) charters of Bp John, Archbp Baldwin (*EEA* II no. 274) and Archbp Hubert (*EEA* III no. 472).

'et inde profert [abbas] cartam Iohannis quondam episcopi Exoniensis in qua continetur quod ipse concessit in puram et perpetuam elemosinam ecclesie sancte Marie de Forde et monachis etc. ecclesiam de Tornecumb' et capellam de Holedich' cum omnibus pertinentiis suis liberas et quietas ab omni exactione episcopi Exoniensis et officialium suorum profuturorum in usus monacorum, salvo iure magistri Milonis, quod habet in ecclesia illa, sicut carta monachorum testatur. Abbas vero predicti monasterii tenetur post decessum magistri Milonis invenire idoneum vicarium qui predicte ecclesie serviat et cure animarum intendat.'

CRR vii 301–2; likewise *Mon. Ang.* v 382, *Mon. Exon.* 347–8.

The abbey had moved in 1141 to within the parish of Thorncombe.

The episcopal clerk Miles is described as 'of Thorncombe' in below nos. 171–2.

*162. Forde abbey

Testimony that on the presentation and petition of Abbot Robert and the convent he had admitted Mr Miles [?to the church] of Thorncombe with the chapel of Holditch and other pertinencies, saving an annual pension [?to the monks] of two marks. [1186 × 1190]

Mentioned only in the case of William the Fleming *v.* the abbot of Forde *re* the church of Holditch (see no. 161).

'Profert etiam [abbas] cartam Iohannis quondam episcopi Exoniensis in qua continetur quod ipse, ad presentationem et petitionem Roberti abbatis et conventus de Ford', recepit magistrum Milonnem [?ad ecclesiam] de Thornecumb' cum capella de Holedich' et aliis pertinentiis, solvendo singulis annis ii marcas nomine pensionis.'

For references, see no. 161, with which it is perhaps contemporary. Robert was abbot of Forde 1180–90.

163. Forde abbey

Inspeximus and confirmation of Bishop Bartholomew's grant of land to the monks in St Martin's lane for building a hospice.   [1186 × 1191]

B = Mr Geoffrey Roper, Forde Abbey, Chard, Dorset, ms. Forde abbey cartulary, fos. Devon 37r–v (pp. 333–4). s.xv in.

Omnibus Cristi fidelibus ad quos presens scriptum pervenerit I. dei gratia Exoniensis episcopus eternam in domino salutem. In communem omnium notitiam volumus devenire quod nos felicis memorie B. predecessoris nostri cartam inspeximus sub hac forma. B. dei gratia episcopus Exoniensis . . . [as above, no. 106 . . . p. 334] . . . Ricardo camerario. Nos autem memorati episcopi factum approbantes et ratum habentes, memoratam terram virgulti nostri, sicut prenotatum est, ecclesie beate Marie de Forda et eiusdem loci fratribus communimus, et hoc ut stabilitate gaudeat perpetua presentis pagine auctoritate et sigilli nostri appositione dignum duximus corroborare. Hiis testibus: magistro Gregorio, Reginaldo, Milone, Adam de Talaton', Iohanne Longo, Willemo Wincelm', Stephano de Boseham, Nicholao de Hellestun', Ricardo clerico de Aldinton', Roberto dispensatore, Rogero camerario, Elia clerico, Griffino, Giroldo (?), et multis aliis.

Mr Gregory (of York, no. 180), canon of Exeter, witnessed a charter of Geoffrey archbp of York, 1191 × 9: Round *CDF* 17 no. 62. Cf. below nos. 170, ?203.

164. Godstow abbey

Confirmation of Bishop Robert (I)'s grant to the nuns of twenty shillings annually from the church of Faringdon.   [1188 × 1191]

B = PRO E 164/20 (Godstow cartulary) fos. 44v–45r. s. xv in.
C = Bodl.ms. Rawlinson B 408 (Godstow cartulary, English version) fo. 52v. s. xv ex.
Pd from C in A. Clark, *The English Register of Godstow nunnery near Oxford* (Early English Text Soc., original ser. 129, 1905) i 166 no. 211.

Universis sancte matris ecclesie filiis ad quos presens scriptum pervenerit Iohannes dei gratia Exoniensis episcopus eternam in domino salutem. Noverit universitas vestra nos donationem et confirmationem R. bone memorie predecessoris nostri sanctimonialibus de Godestowe pio caritatis intuitu concessam de redditu viginti solidorum, de ecclesia de Farendon' annuatim percipiendorum ad festum sancti Michaelis, gratam et ratam habere, unde eam presentis scripti auctoritate et [fo. 45r] sigilli nostri munimine corroboravimus. Hiis testibus: Iohanne archidiacono Exon', magistro Reginaldo, magistro Milone, Roberto capellano nostro, Stephano de Boseham, Thoma sacerdote de Godestowe, Waltero diacono de eodem loco, et multis aliis.

165. Montebourg abbey (Loders/Axmouth priory)

Inspeximus and confirmation of Gilbert de Umfraville's grant of the chapel of St Leonard's 'Duna' (Rousdon/Down Ralph), with sixteen acres of land, in perpetual alms to the monks. [1186 × 1191]

> B = Paris, Bibl. Nat. ms. N.A. Lat. 2433 (L. Delisle's transcript made in 1847 of Loders cartulary, s.xiv in., destroyed in 1944) 404–5 no. 826/xliii, with reference to p. 46 of the cartulary.
> Pd from the lost cartulary by L. Guilloreau, 'Cartulaire de Loders: prieuré dépendant de l'abbaye de Montebourg', *Revue Catholique de Normandie*, xviii (1908–9) 75–6, no. 43; also in 1 vol. (Evreux 1908). Calendared *CDF* no. 897.

Omnibus sancte matris ecclesie filiis ad quos presens carta pervenerit, I., divina miseratione Exoniensis episcopus, salutem in domino. Noverit universitas vestra nos diligenter inspexisse cartam nobilis viri Gilleberti de Hunfrancvilla, ex cuius tenore perpendimus eundem Gillebertum concessisse et donasse pro anima patris sui et amicorum suorum capellam sancti Leonardi de Dona cum sexdecim acris terre et cum omnibus pertinentiis suis monachis sancte Marie Montisburgi in perpetuam elemosinam, sicut in [p. 405] carta iamdicti G. potest perpendi. Ut autem hec donatio cunctis temporibus rata et inconcussa permaneat, eam scripti nostri auctoritate et sigilli impressione confirmamus. Hiis testibus: Waltero archidiacono Cornub', Thoma cantore Exon', magistro Roberto de Gilforde, Henrico can[on]ico Lundon', Bernardo et Waltero capellanis, magistro Reginaldo, I. persona, magistro Milone, et multis aliis.

> Gilbert's charter is no. 825/xlii, pd no. 42 and *CDF* no. 893. The grant is on behalf of the souls of himself, his father and mother and his son Robert etc. He and his son had made a final concord (*cyrographum*) *re* the chapel before the king's justices which he hands over

to the monks. The vicar of the monks in the mother church of Axmouth will serve the church of St Leonard's on specified occasions.

166. Plympton priory

Exemplification and confirmation of bishop Bartholomew's confirmation of the grants of his predecessors, amounting to four pounds for one year from the prebend of every Exeter canon on his death or conversion to religion. [28 July 1188 × c. 3 June 1190]

A = Exeter, DRO ED/PP/6. Endorsed ?contemp.: I. episcopi de prebendis Exon'. Approx. 210 × 130 + 20 mm. Sealing on tag; turn-up, 3 slits; red wax seal and counterseal.
Pd from A in *Mon. Exon.* 138, no. xiii.

I. dei gratia episcopus Exoniensis omnibus ad quos presens carta pervenerit in Cristo salutem. Noverit universitas vestra quod Willelmus episcopus, quartus predecessor noster, sicut ex carta ipsius et ex testimonio multorum cognovimus, dedit et concessit ecclesie beati Petri Plimton' sexaginta solidos de prebenda cuiuscumque canonici Exoniensis ecclesie, sive defuncti sive ad ordinem religionis conversi. Hanc vero donationem successor ipsius bone memorie Robertus episcopus ratam habuit et carta sua confirmavit. Insuper de dono liberalitatis sue intuitu pietatis viginti solidos superaddidit, ut deinceps Plimton' ecclesia in obitu cuiuscumque canonici Exoniensis ecclesie, sive in conversione eius ad religionem, quattuor libras de prebenda ipsius canonici quattuor terminis quibus prebende reddi solent percipere debeat. Robertus vero secundus pie recordationis episcopus predictam donationem quattuor librarum ratam habuit et carta sua confirmavit. Bartholomeus quoque bone memorie episcopus successor eius prefatam donationem quattuor librarum ratam habuit et carta sua confirmavit. Nos vero que a predecessoribus nostris venerabilibus episcopis rite facta sunt perpetua stabilitate permanere volentes, memoratam donationem quattuor librarum Plimton' ecclesie presenti carta et impressione sigilli nostri ut inconcussa permaneat confirmamus. His testibus: Iohanne archidiacono Exon', magistro Rogero archidiacono Bardestap', magistro Ivone, magistro Bernardo, Gilleberto Basset, magistro Reginaldo, magistro Milone, M. priore Plimton', et Hugone et Roberto et Savarico canonicis, et multis aliis.

An amplification of bp Bartholomew's confirmation (no. 119).
Dated by archdn John and Gilbert Basset: see no. 146.

167. Plympton priory

Inspeximus and confirmation for the priory of bishop Robert I's charter notifying Robert Bevin's quitclaim of Stokeley, which William de Warelwast, with the consent of bishop William, had granted to the priory when he became a brother there. Also confirmation of the concord made between the canons and Robert de Lanceles before Hugh Bardolf and his fellows, royal justiciars. [28 July 1188 × June 1191]

> A = Exeter: DRO, ED/PP/7. Endorsed: Carta lxxxi; no. 1. Joh' episcopus de Stoccalega. Approx. 160 × 175 + 33 mm. Sealing on tag; turn up, 3 slits; damaged red wax seal and counterseal.
> Pd from A in *Mon. Exon.* 138, no. xii.

I. dei gratia Exoniensis episcopus universis Cristi fidelibus ad quos presentes littere pervenerint eternam in domino salutem. Noverit universitas vestra auctenticum scriptum pie memorie primi Roberti Exoniensis episcopi nobis in hec verba fuisse exhibitum. Robertus dei gratia Exoniensis episcopus [. . . above, no. 42 . . . Osberto de Hilion.] Quod igitur a prefato Roberto episcopo pie concessum et confirmatum est, nos eodem caritatis intuitu predicte ecclesie nostri scripti et sigilli auctoritate muniendo confirmavimus. Concessimus etiam concordiam inter canonicos Plimton' ecclesie et Robertum de Lanceles factam coram iusticiariis domini regis, scilicet Hugone Bardulf et sociis suis, et cartam et cyrographum coram eisdem iusticiariis composita presenti scripto et sigillo confirmando munivimus. His testibus: Rogero archidiacono Bardestap' et Iohanne archidiacono Exon', magistro Reginaldo Gupil, magistro Milone, magistro Petro.

> Hugh Bardulf, royal dapifer, and others held pleas in the west country in 1185 and 1188–9: Eyton 265, 291, 298.

168. Plympton priory

General confirmation of all possessions granted or confirmed to the canons by his predecessors, bishops William, Robert I and II and Bartholomew, with permission to appropriate St Kew. [1186 × 1188]

> A^1 = Exeter, DRO ED/PP/9. Endorsed ?contemp.: I. episcopus de ecclesiis nostris et quibusdam terris. Approx. 173 × 230 + 27 mm. Sealing on tag; turn up, 3 slits; repaired red wax seal and counterseal.
> A^2 = Exeter, DRO ED/PP/8. Endorsed ?contemp.: I. episcopus de ecclesiis nostris; s.xv: et de quibusdam terris. Approx. 147 × 260 + 15 mm. Sealing on tag; turn up, 3 slits; red wax seal and counterseal.
> Pd from A^2 in *Mon. Exon.* 138, no. xiv; pd here from A^1.

Iohannes dei gratia episcopus Exoniensis dilectis in Cristo fratribus Martino priori Plimton'[a] ecclesie et canonicis ibidem deo servientibus, salutem in domino. Iusta desideria vestra promto debemus favore prosequi, et, ne super possessionibus vestris in posterum aliquo modo possitis perturbari, vestre quieti et indempnitati sollicite providere. Inde est quod ecclesiam beatorum apostolorum Petri et Pauli, in qua divino mancipati estis obsequio, sub Exoniensis ecclesie et nostra protectione suscepimus, et possessiones omnes in ecclesiis, terris et decimis, quas pie memorie Willelmus et Robertus primus et Robertus secundus et Bartholomeus episcopi predeccesores nostri dederunt vel confirmaverunt, concedimus et confirmamus. In quibus has propriis nominibus duximus exprimendas: ecclesiam de Landeho cum terris, decimis, libertatibus et omnibus pertinentiis suis, ita ut, decedentibus eiusdem ecclesie clericis, prebende eorum in ecclesie vestre usus et vestros cedant; et in civitate Exon' domum et ortos Acellini archidiaconi, que Willelmus episcopus emit et vobis in elemosinam dedit; et domum quandam et terram que fuit Clarumball'[b] in vico australi; et terram Lulcacumb', quam Hugo de Saucei assensu Willelmi episcopi vobis dedit; terram quoque de Stokeleia, de Exoniensi episcopo tenendam ad quartam partem servicii unius militis; et terram quam Ancatillus presbiter de Sancto Petro, assensu B. episcopi, de feudo Exoniensis episcopi emit in australi platea Exon' de heredibus Algari Bule et vobis dedit, cum domo quadam quam idem A. super eandem terram construxit, ita quod pro memorata terra annuatim episcopo Exoniensi duos solidos per quatuor anni terminos persolvetis; terram quoque quam emistis assensu B. episcopi de Wimundo aurifabro et suis heredibus, de qua etiam per annum quatuor denarios episcopo Exoniensi reddetis; et ecclesiam sancte Marie de Sideham[c], et ecclesiam de Avetona[d], et ecclesiam de Uggaburg', et ecclesiam de Dena, et ecclesiam de Elstincton'[e]; in Cornubia vero ecclesiam sancti Antonini martiris cum decimis, terris, libertatibus suis et omnibus pertinentiis suis; ecclesiam quoque sancti Iusti martiris cum omnibus pertinentiis suis; et ecclesiam de Lanhern'; et ecclesiam de Tamerton'; et ecclesiam de Bokelande[f] Gwidonis; ecclesiam de Stoches[g] Nicholai de Pola; et ecclesiam de Beritestowa[h]; et in Cornubia ecclesiam de Macra cum earundem omnibus pertinentiis, salvo per omnia debito servitio predictarum ecclesiarum et iure diocesani episcopi. Et ut hec rata et inconcussa permaneant, ne de cetero presumptione aliqua revocari possint in irritum, scripti nostri auctoritate et sigilli nostri impressione confirmamus. His testibus: Galtero archidiacono Cornub', Henrico Lond'[i], Galtero et Ricardo et Bernardo capellanis nostris, magistro

Reginaldo, magistro Iohanne et Gilleberto Basset nepotibus nostris, magistro Milone^j, Roberto de London'^{k}, Hugone de Hillabona, et plerisque aliis.

^{a} Plinton' A² ^{b} Claremball' A² ^{c} Sidaham A² ^{d} Avatona A²
^{e} Elstington' A² ^{f} Boklanda A² ^{g} Stokes A² ^{h} Biritestowa A²
^{i} Land' A² ^{j} Milo A² ^{k} Landon' A²

Dated by Gilbert Basset (see no. 146) and Prior Martin.
    This actum is an expansion of bp Bartholomew's (no.118). It can be compared with Henry II's general confirmatory charter, *Mon. Ang.* vi 53–4, *Mon. Exon.* 135 no. iii, dated by Eyton *c*. Feb., Mar. 1158. This reveals that the church of St Mary of Sydenham (Marystowe) was given to the priory by Fulk fitzAnsger and Adeliza his wife, for whom see above, no. 41. Hugh de Saussey (*Saucei*) was a Reviers vassal: *Redvers family charters*. Anscatil, priest of St Peter's (?Exeter), witnesses with Bp Bartholomew a charter of Alan de Fourneaux in 1173 × 86: see above p. lxvii n. 40. Plympton surrendered the church of Ilsington to bp John Grandisson, who transferred it to Ottery: *Reg. Grandisson* i 137 n. 1, 133–7.

*169. Prior Joel and the convent of Plympton

Confirmation to Prior Joel (1188–1202) and the convent of the rural deanery of Plympton. A clerk presented by them to the archdeacon of Totnes and admitted by him to the cure of the deanery shall not subsequently be rejected by the bishop or his officials   [1188 × 91]

Mentioned only in a privilege of Pope Celestine (?III, 1191–8), extracted by Tanner (and Hutton) from the lost Plympton cartulary: Bodl. ms. Tanner 342 fo. 177v; BL ms. Harl. 6974 (Matthew Hutton's Notebook) fo. 29v.
    (fo. 21, no. 4, fo. 22) Privilegium Coelestini papae de ecclesiis et possessionibus ecclesiae Plympton. — ex concessione etiam et confirmatione episcoporum et capituli Exon. . . . Volumus etiam ut decanatus Plympton, sicut ab antiquo solet et autentico scripto bonae memoriae I. Exoniensis episcopi plenius et melius testatur, ecclesiae de Plympton remaneat, ita scilicet ut clericus per te et successores tuos et canonicos archidiacono Tottoniae, qui pro tempore fuerit, praesentetur et curam decanatus per eum suscipiat — quod episcopus vel eius officiales repellendi illos, qui per vos fuerint praesentati, nullam prorsus habeant potestatem. — Tempore Ioelis prioris.
    A later extract, both mss. ibid., runs, 'fo. 31, Hugo [de Augo] archidiaconus [Tottoniae] de decanatu [de Plimpton ad praesentationem Ricardi prioris] Godefrido tradito.'
    Richard prior of Plympton was elected in 1160; archdn Hugh died on 23 May 1162.
    Gilbert Basset, archdn of Totnes (1190–1207), in a sealed writ addressed to all parsons and vicars in his archdeaconry and witnessed by, *inter alios*, Mr Ivo and Mr Miles, recognized that the deanery of Plympton was in the jurisdiction of the church and prior of Plympton: *Mon. Exon.* 138 no. xv.

170. Plympton priory

Inspeximus and confirmation of a composition made between the canons and John Sor before the royal justiciars re the advowson of the church of St Just (in Roseland). John Sor and his heirs shall have the presentation. But the clerk presented shall pay annually to the canons, during the lifetime of the present vicar, Alfred, half a mark of silver, thereafter one mark.

[1188 × ?1189]

> A = Truro CRO ARB 146/1406/2. No medieval endorsement. Approx. 230 × 185 + 17 mm. Sealing on tag; turn-up, 4 slits; no tag or seal.
> B = Ibid. 146/1406/1 (Prior Joel of Launceston's notification).
> C = Exeter: DRO, Bishops' Registers I (Bronescombe) fo. 109r (small folio inserted) (inspeximus by bp Bronescombe).
> Pd from C in *Mon. Exon.* 138 no. xvi; *Reg. Bronescombe* 311–12.

Omnibus sancte matris ecclesie filiis ad quos presens scriptura pervenerit I. dei gratia Exoniensis episcopus salutem. Noveritis nos compositionem inter canonicos de Plimton' et Iohannem Sor factam super advocatione ecclesie sancti Iusti inspexisse, que in hec verba concepta est: Omnibus fidelibus ad quos presens scriptura pervenerit frater I. dictus prior Plimton' et totus eiusdem ecclesie conventus salutem in domino. Noverit universitas vestra quod cum controversia inter nos et Iohannem Sor super advocatione ecclesie sancti Iusti coram iusticiariis domini regis diutius fuisset agitata, tandem, iusticiariis consentientibus, hoc fine sopita est. Concessimus scilicet quod prefatus Iohannes et heredes sui de cetero clericum idoneum quemcumque voluerint nobis et successoribus nostris presentabunt, et postea nos, simul cum ipso I. vel heredibus suis, eundem clericum diocesano episcopo vel eius officialibus presentabimus, accepta prius ab eodem clerico cautione iuratoria quod ipse annuatim fideliter solvet nobis et ecclesie nostre de Plimtona unam marcam argenti de predicta ecclesia sancti Iusti ad festum sancti Michaelis, post decessum scilicet Aluredi presbiteri, tunc eiusdem ecclesie vicarii. Quamdiu enim ille Aluredus vixerit, clericus presentatus dimidiam marcam solvet nobis ad eundem terminum annuatim. Preterea iam dictus Iohannes, fide mediante, et heredes sui tenentur quod ipse I. vel heredes sui nullum clericum ad sepedictam ecclesiam sancti Iusti poterunt presentare, nisi quilibet presentatus idoneam cautionem prestiterit quod ipse annuatim solvet quiete nobis et successoribus nostris in perpetuum predictam marcam argenti ad suprascriptum terminum sancti Michaelis. Nos autem hanc conventionem, quantum ad nos spectat, ratam et gratam habentes, eam carte nostre testimonio et sigilli appositione corroboravimus. Hiis testibus: Thoma archidiacono Bardestap', magistro Gregorio, magistro Roberto de Rotomago, magistro Milone, Nicholao de Heleston', Gilliberto Basset, Stephano de Boseham, Aluredo presbitero, Willelmo de Argent', Rogero clerico comitis Willelmi, Samsone clerico, Willelmo Brit', Aluredo Crespin, Willelmo de Langahiw', Galfrido Talenar, Nicholao Bel, et multis aliis.

> For John Sor's possible descent, see above,no. 1. A charter of his concerning the church of St Just was in the cathedral treasury in 1258 × 80: *Reg. Bronescombe* fo. 136r (p. 291).
> Date: Prior Joel (1188–1202). If Roger was clerk to William de Mandeville, earl of Essex, chief justiciar until his death on ?14 Nov. 1189, we have an earlier *terminus ad quem* than Gilbert Basset's promotion to the archdeaconry of Totnes in 1190. Prior Joel's notification (B) is witnessed by John vice-archdn of Cornwall, Adam dean of St Stephen's and some dozen others.
> An advowson case: cf. Constitutions of Clarendon (1164) c. 1.
> At the Launceston assizes in 1201 John le Sor, by way of an assize of darrein presentment against Bishop Henry, claimed that the church was vacant and that he, by virtue of an agreement made with the priory and confirmed by Bp John, should present. The bp's proxy was William of Taunton. The case was adjourned so that the prior of Plympton could consult his muniments: *Pleas before the king or his justices 1198–1202*, ed. D. M. Stenton (Seldon Soc. 68, 1952), ii. nos. 538, 562, 573.

171. St-Pierre-sur-Dives abbey (Modbury priory)

Recognition, after inspection of the instruments at St-Pierre, that Roger de Vautortes and Ralf his son had given to the monks of Modbury and the abbey of St-Pierre the church of St Stephens (by Saltash), effective after the death of the parson, Philip. Also testimony that, when the bishop, together with Roger the son of the aforesaid Ralf, were at St-Pierre, the abbot and monks put the church of St Stephen's under papal protection and, in the name of the pope, forbade the bishop to receive anyone in that church save through them. They (?the Vautortes) also confirmed the grant of the church of St George, Modbury, with all liberties and customs as is contained in their charters. [1187 × Mar. 1190].

> A = Eton Coll. mun. ECR 1/3. Endorsed (contemp.): Carta episcopi Ioh' Exoniensis super ecclesia sancti Stephani de Chircheton ... Approx. 180 × 170 + 25 mm. (roughly shaped). Sealing on tag; turn-up, 3 slits; large fragment of a clearly genuine seal.
> B = Ibid. 1/32 (Modbury cartulary) pp. 17–18. s.xiv in.
> Pd (calendar) *HMCR, 9th report* i 351b.

Omnibus sancte matris ecclesie filiis ad quos presens scriptum pervenerit Iohannes divina miseratione Exoniensis ecclesie minister humilis eternam in domino salutem. Sicut ex instrumentis abbatis et monachorum sancte Marie sanctique Petri super Divam indubitanter cognovimus, Rogerius de

Valletorta et Radulfus filius eius, quorum cartas apud sanctum Petrum super Divam inspeximus et audivimus, dederunt monachis de Moberia et abbatie sancte Marie sanctique Petri super Divam ecclesiam sancti Stephani de Chircheton', cum omnibus ad eandem ecclesiam pertinentibus, post decessum Philippi persone eiusdem ecclesie, libere et quiete in puram et perpetuam elemosinam possidendam. Cum vero apud eandem abbaciam essemus et Rogerius[a] predicti Radulfi[b] filius presens adesset, nec in aliquo contradixisset, visis et auditis cartis eorum quas super prefata ecclesia habebant, abbas et monachi prenominatam ecclesiam sancti Stephani in protectionem domini pape appellantes posuerunt, nobis ex parte domini pape prohibentes ne aliquem nisi per ipsos in eadem ecclesia reciperemus cum eam vacare contigisset. Concesserunt etiam ecclesiam beati Georgii martiris de Moberia quam pacifice possident cum omnibus ad eandem ecclesiam pertinentibus et cum omnibus libertatibus et consuetudinibus sicut in cartis eorum continetur. Quod scimus loquimur[c]; quod vidimus testamur, quia nostri officii est veritati testimonium perhibere. His testibus: Roberto abbate Fordens', Galtero capellano, magistro Willelmo de Axamua, magistro Milone de Tornecumba, Roberto Russello de Buniel, Willelmo de Roc, Rogero camerario, Ricardo pincerna et aliis.

[a] Rogerus *expunged and* Radulfus *substituted* B   [b] Rogeri B   [c] *add* et B

The church of St Stephen's was close to Trematon castle, the *caput* of the Vautortes' honour. Both nos. 171 and 172 seem to have been granted on the same occasion, the former for use in royal courts, the latter in ecclesiastical (no mention of secular grants).

Both deeds, although warranted by large fragments of splendid impressions of the bp's seal, have some puzzling features. The bp's name comes first in the address of no. 172; their texts are not impeccable; and the witness-lists, although sound, are unique in that they describe Mr Miles as 'of Thorncombe' (Forde abbey) and offer a witness rather elaborately described as 'Robert Russell de Buniel'. And while no. 172 has an arenga no. 171 has a sententious conclusion. Moreover, there is uncertainty over the genealogy of the benefactors.

According to Sanders, *Baronies* 90-1, the succession to the honour of Trematon in Cornwall was Reginald I, Roger I, Ralf I (occ. 1165, d. 1172), Reginald II (d. 1187) and Roger II (d. 1207). If this is correct, the instruments inspected at St-Pierre would, therefore, have been those of Roger I and Ralf I. So far so good. But 'Roger son of the aforesaid Ralf', present with the bp on that occasion, must be wrong. The drafter mistook the name of either the father or the son; and the scribe of the cartulary did no better by substituting 'Ralf the son of the aforesaid Roger', unless Roger I had a younger son of that name. The simplest correction is to make the son's name Reginald (II), the son of Ralf (I), although something can be said for the more radical change to Roger (II) son of Reginald (II). The second Roger granted or confirmed St Stephen's to St-Pierre for the souls of his father Reginald, his wife Emma and his own, and also confirmed grants of his father Reginald and his uncle Ralf: calendared *HMCR* loc.cit.; and it is difficult to see how the bp, who was not a royal courtier, could have been in Normandy before the death of Henry II (6 July 1189). However that may be, the date has to be 1186 × March 1190, when Abbot Robert departed for the Crusade: see note to above no. 150.

172. St-Pierre-sur-Dives abbey (Modbury priory)

Confirmation of the church of St George, Modbury, to the monks, with permission to appoint a stipendiary chaplain whom they can admonish or remove with the assent of the bishop or his official. [1187 × Mar. 1190]

A = Eton Coll. mun. ECR 1/4. Endorsed (s. xv): Appropriacio Ioh' Exoniensis episcopi pro Mober' (*cancelled*) ecclesia de Modbery. Approx. 220 × 135 + 30 mm. (roughly shaped). Sealing on tag; turn-up, 1 slit; large fragment of seal.
B = Ibid. 1/32 (Modbury cartulary) p. 43. s. xiv. in.

Iohannes dei gratia Exoniensis ecclesie humilis minister omnibus ad quos presens scriptum pervenerit salutem in domino. Cum iuxta apostolum omnibus debitores sumus^a, et dum tempus habemus bonum ad omnes operari teneamur, maxime viris religiosis^b et sancte conversacionis benefacere debemus, quatinus stipendiis necessariis ditati, sic deo militent ut necesse non habeant negotiis secularibus implicari. Eapropter dilectis filiis abbati et monachis sancti Petri super Divam ecclesiam sancti Georgii de Moberia, que ad ipsos in solidum noscitur pertinere, cum omnibus pertinentiis suis in usus proprios concedimus et episcopali auctoritate confirmamus, ita quidem quod liceat^c monachis, qui ibi moram fecerint, capellanum suum in domo sua secum habere, quem secum in victualibus exibeant vel ei exterius certam assignent portionem, eumque admoneant^d vel amoveant^e assensu episcopi vel officialis sui prout ecclesiastico honori et sibi noverint melius expedire. Hanc igitur concessionem nostram, iure et pietate subnixam, ne qua in posterum possit malignitate convelli, sigilli nostri auctoritate roboravimus in perpetuum valituram, salvo tamen nobis et successoribus nostris iure episcopali. Testibus: Roberto `abbate´ Fordensi^f, Waltero capellano, magistro W. de Axam', magistro Milone de Tornecumba^g, Willelmo de Roca, Roberto Russello de Buniel, Rogero camerario, Ricardo pincerna, et aliis pluribus.

^{a} sumus B; simus A; cf. *Rom.* 1: 14, 15: 27 ^{b} *ending altered and unclear* B
^{c} licet B ^{d} admoveant AB ^{e} ammoveant B ^{f} Fordens' *etc* B
^{g} Tornetumba A

See note to no. 171. Here is the first reference in Exeter acta to the bp's official; cf. no. 152. The terms of this actum are at variance with those rehearsed in no. 173.

173. St Pierre-sur-Dives abbey (Modbury priory)

Confirmation of the appropriation of the church of Modbury to the abbey, saving a vicarage. [1186 × 1191]

> Mentioned only in bp Grandisson's register: Exeter: DRO, Bishops' registers 4, fo. 146r, whence printed *Reg. Grandisson* ii 623; cf. i 137 n. 1. Following the bp's visitation of the archdeaconry of Totnes, the abbey's proctor exhibited to him the grant of Sir Reginald de Vautortes, once patron of the church, and 'quasdam litteras venerabilis patris domini Iohannis dei gratia quondam Exoniensis episcopi, predecessoris nostri, appropriationem prefate ecclesie de Modbury cum suis iuribus et pertinentiis universis, canonica portione pro vicario in eadem ecclesia dumtaxat excepta, dictis religiosis et eorum monasterio, quantum ad ipsum pertinuit, factas, continentes, exhibuit.' Whereupon Grandisson confirmed their possession.

> Reginald I de Vautortes, the Dday holder of the honour of Trematon (from the count of Mortain), who died in the 1120s, is the likeliest original grantor of Modbury to the abbey. The priory, thought to have been founded *c.* 1140, could not have been set up before the church had been taken over; but when this took place is uncertain. Nos. 171–3 do not give a clear picture of St George Modbury in this period.

174. Tavistock abbey

Inspeximus and confirmation of Bishop Bartholomew's charter confirming the church of [North] Petherwin to Tavistock in order to augment the hospitality fund (above, no. 130). [1186 × c. June 1190]

> A = Exeter: DRO, W 1258 M/D/80/2. Endorsed, ?contemp.: Confirmatio I. episcopi de ecclesia de Pitherwin. Approx. 180 × 100 + 18 mm. Sealing on tag; turn-up, 1 slit; no tag or seal.
> B = ibid., W 1258 M/D/84/3 (Russell cartulary of Tavistock abbey) fos. 11v–12r. s.xiii.
> C = ibid. D/84/19 (formerly 18) (roll) item 2. s.xiv ex.
> Pd from B by Finberg, 'Tavistock charters' 369–70, no. xliv.

Omnibus Cristi fidelibus ad quos presens scriptum pervenerit I. divina miseratione Exoniensis episcopus salutem in eo qui est salus. Universitatem vestram scire volumus nos cartam predecessoris nostri B., bone memorie quondam Exoniensis episcopi, diligenter inspexisse, confirmantem ecclesiam sancti Paterni de Wlurinton'*ᵃ* cum omnibus pertinentiis suis, tam in capellis quam in aliis rebus, monasterio sancte Marie et sancti Rumoni de Tavistoc'*ᵇ* in tenende hospitalitatis auxilium; unde ut quod a predecessore nostro laudabiliter auctum est cunctis temporibus inconcussum permaneat, eandem confirmationem ratam habemus et carte nostre auctoritate et sigilli impressione confirmamus. His testibus: Galtero archidiacono Corn',[c] magistro Henrico Lond', Bernardo, Waltero, capellanis, magistro Reginaldo, Gilleberto Basset, Iohanne persona, magistro Willelmo de Axam', magistro Milone, Thoma Ruffo, Hamelino de Wdeton', Warino de Poldreset, et multis aliis.

[a] Wolurinton' B   [b] Tavistoch' B   [c] Corn' etc B

For the date see no. 146.

175. Tavistock abbey

Confirmation of Abbot Herbert's arrangements to finance the maundy of three brethren, not only in Lent but thoughout the whole year, from the revenues of Lamerton church.   [1190 × 1191]

    B = Exeter: DRO, W 1258 M/D/84/3 (Russell cartulary of Tavistock abbey) fos. 12v–13v. s. xiii.
    Pd from B by Finberg, 'Tavistock charters' 370–1 no. xlv.

[O]mnibus sancte matris ecclesie filiis ad quorum audientiam presens scriptum pervenerit Iohannes divina miseratione Exoniensis ecclesie minister eternam in domino salutem. Iusta fidelium desideria prompto favore debemus amplecti, et ea precipue que ad opera misericordie noverimus pertinere. Hinc est quod universsitati vestre notum facimus nos cartam dilectorum filiorum nostrorum Hereberti abbatis et conventus de Tavistok' inspexisse in hanc formam conceptam. Universsis sancte matris ecclesiis filiis . . . [*as in Finberg 370–1*] . . . [fo. 13r] . . . hiis testibus etcetera. Nos autem hoc opus eorum laudabile approbantes et volentes ut inposterum firmitatem habeat, illud presentis pagine auctoritate et sigilli nostri munimine dignum duximus corroborare. Hiis testibus: Iohanne archidiacono Exon' etc.

See above, no. 128 and Finberg 370 n. 4.

*176. Tewkesbury abbey

Testimony that he had received Robert Bardulf as parson of all the churches previously held by Picard in Cornwall, at the presentation of the monks of Tewkesbury. [1186 × 1191]

> Calendared only in BL ms. Cotton Cleop. A vii (Tewkesbury cartulary) fo. 76v. s.xiii med. Pd *Mon. Ang.* ii 69.

Carta I. episcopi Exoniensis testificantis quod receperat Robertum Bardulfi ad personatum omnium ecclesiarum quas Picardus tenuit in Cornubia ad presentationem monachorum Theok'.

> Cf. above, no. 139. Hugh Bardolf was sheriff of Cornwall 1183/4–7: HMSO *Lists and Indexes* ix.

177. Pope Urban III

On behalf of Archbishop Baldwin of Canterbury's proposal to found a college in honour of St Thomas [in the church of St Stephen, Hackington, Canterbury]. [Nov. 1186 × March 1187]

> B = Lambeth Palace ms. 415 (Ch. Ch. letter-collection) fo. 5v. s. xiii in. Recited in a letter to Archbp Baldwin (no. 145)
> Pd from B in *Epistolae Cantuarienses*, ed. W. Stubbs, *Chronicles and Memorials of the Reign of Richard I*, ii (Rolls ser. 1865) 20–21.

Sanctissimo patri et domino U. dei gratia summo pontifici I. divina miseratione Exoniensis ecclesie minister humilis tam devotum quam debitum subiectionis obsequium cum salute. Scitis, pater sanctissime, quomodo in Anglicana ecclesia diebus nostris per mortem beati T. martyris pacem populo suo et salutem operatus est pacis auctor et salutis. In cuius memoriam recens devotio et rei novitas in ecclesiis altaria super numerum et capellas in compitis erexit innumeras, in quibus fervente questu fervebat obsequium. Set processu temporis tepescente causa effectus^a intepuit, adeo ut martyrem gloriosum hactenus non usquequaque debito veneremur obsequio, qui in remotis mundi partibus apud exteras, ut accepimus, nationes propriarum ecclesiarum honore gaudet et patrimonio, cum in gente sua et patria locum non habebat preterquam in alieno, adhuc hospes in suo. Merito itaque in gloriosi martyris honore et nomine specialis ecclesia apud suos construi debuit, dotata uberius et venerabilibus personis ditata plenius, unde, velut a latere domini Cantuariensis, totius Anglicane ecclesie et regni consilium procederet et prudentia. Commodius autem prope Cantuariam, gloriosi martyris nativitatis locum, hoc fieri potuit, ubi ob honorem et libertatem ut gregi suo parceretur, pastor capiti non pepercit. Hinc est quod, venerabilis patris B., nunc Cantuariensis archiepiscopi, propositum approbantes, desiderium eius desideranter amplectimur et commendamus, non solum Anglicane ecclesie sed toti regno, in Cristo loquor, profuturum. Eo etiam favorabilius est facti propositum quod predecessores eius, sanctos patres Anselmum scilicet et Thomam, adhuc in carne Cantuarie presidentes, idem in desideriis habuisse didicimus. Verum gloriosus prothomartyr Stephanus quod in honorem eius preconceperant, adscito sibi beati martyris Thome consortio, opus maluit inchoari, ut in commune factus honor magis eluceat, dimidium toto munere maius habens. Huius autem de benignitate et misericordia propositi pendet executio. Nec apud sanctitatem vestram monachorum Cantuariensium patens improbitas locum inveniat, qui martiri suo et patrono invident et locum et honorem, quem potius sanguine suo, si de pari vices responderint, comparasse debuerant. Nunc autem simplices prudentium consiliis, soli omnium votis, obviare non verentur, timore trepidantes ubi non est timor; in nullo enim venerabili collegio procurari scimus dispendium, nisi forte detrimentum vocent sinistri interpretes religionis augmentum. Nec clementie vestre auditu dignum ducimus quod maiores nostri in clero, optimates in populo, quod ipse regni princeps opus velit et approbet, quod sancte Cantuariensi ecclesie iuri preiudicet, deroget dignitati, statum subvertat aut immutet. Paternitati igitur vestre obnixe supplicantes universi, rogamus attentius quatinus tam sancto proposito, utili, dato desuper, vestra, venerande pater, patrocinetur auctoritas. Et quod concurrentibus votis clerus predicat, principi placet, populus probat, vobis ecclesie dei feliciter presidentibus, in honore gloriosorum martyrum in opus transiens, per vos et a vobis incrementum habeat et profectum. Valeat sanctitas vestra in perpetuum.

[a] defectus B

Because of the Christ Church monks' hostility to Baldwin's scheme to found a college in honour of St Thomas, the archbp requested his suffragans to write to the pope in his support: *Epist. Cant.* no. 22. He sent them transcripts of the papal indulgence (no. 6, dated 1 Oct. 1186) and of King Henry's letter in support (no. 21), and invited them to use the latter, should they so wish, as model. Their sealed letters, together with a transcript, were to be sent to the archbp. In the letter collection only the products of Geoffrey Ridel, bp of Ely (no. 23) and John are preserved, although a note records, 'In eundem modum alii episcopi'. Both the exemplars are lavish elaborations of the royal and archiepiscopal letters.

On p. 160 line 10 is a quotation from Ovid *Fasti* 5. 718, and in line 16 a reference to Ps. xiii (xiv): 5.

178. Church of Wells and Reginald bishop of Bath

Confirmation of a grant made in his presence by Goscelin de Treminet of the church of Awliscombe as a perpetual prebend in the church of Wells, for the salvation of the souls of him, his wife and their ancestors.

[1186 × c. June 1190]

> B = Wells: *Liber Albus* I (R.I) fo. 47v, no. clxxxiiii. s. xiii med. C = ibid., II (R. III) fo. 338r. s.xv ex. D = ibid., fo. 403r–v.
> Pd (calendared) in *HMCR Wells* i 55, no. clxxxiii.

Omnibus sancte matris ecclesie filiis ad quos presens scriptum pervenerit, Iohannes dei gratia Exoniensis episcopus salutem in auctore salutis. Noverit universitatis vestra Ioeslenum^a de Treminet'^{b} in presentia nostra dedisse et concessisse et carta sua confirmasse ecclesiam de Aulescumb' deo et sancto Andree de Well' et Rainaldo Bathoniensi episcopo in perpetuam Wellensis ecclesie prebendam pro salute anime sue et uxoris sue et antecessorum suorum; ita quidem ut memoratus episcopus et omnes successores sui in perpetuum de predicta ecclesia, tanquam de qualibet alia Wellensis ecclesie prebenda, pro voluntate sua ordinent et disponant. Nos igitur hanc concessionem et donationem ratam et gratam habentes, ipsam episcopali auctoritate confirmamus et scripto presenti et sigilli nostri munimine corroboramus. Hiis testibus^c: Thoma precentore Exon', Ricardo, Bernardo, Galtero, capellanis, magistro Reginaldo, magistro Willelmo, magistro Milone, Hugone de Lillebon', clericis nostris, magistro Roberto de Gildeford', magistro Iohanne et Gileberto Basset, Willelmo de Rocha, Henrico de Croland', Ricardo de Curceio, servientibus nostris, et multis aliis.

^{a} Iossenum B ^{b} Tresminettes C; Tresminetres D
^{c} testibus etc. B; *witnesses from* C *and* D

For the date see no. 146.

179. Church of Wells and Reginald bishop of Bath

Inspeximus and confirmation of the grant of lord Oliver de Tracy of the church of Bovey (Tracey) as a perpetual prebend in the church of Wells, for the salvation of the souls of him, his ancestors and successors.

[c.1188 × 1191]

> B = Wells: *Liber Albus* I (R.I) fos. 37v–38r, no. cxxix. s.xiii med. C = ibid.II (R.III) fo. 372v. s.xv ex. D = as B no. cxxviii (Henry de Tracy's inspeximus). E = R.III, fo. 109r (ditto).
> Pd (calendared) from B and C in *HMCR Wells* i 41, no. cxxix.

Omnibus Cristi fidelibus ad quos presens scriptum pervenerit, Iohannes dei gratia episcopus Exoniensis eternam in domino [fo. 38r] salutem. Noverit universitas vestra nos cartam nobilis viri Oliverii de Tracy inspexisse in hac forma. Universis Cristi fidelibus ad quos presens scriptum pervenerit, Oliverus de Tracy salutem. Noverit universitas vestra me pro salute anime mee et omnium antecessorum et successorum meorum^a dedisse deo et sancto Andree apostolo de Well' et Reinaldo^b Bathoniensi episcopo ecclesiam de Bovy cum omnibus pertinentiis suis liberam et quietam ab omni seculari exactione in perpetuam Wellensis ecclesie prebendam. Ita quod prefatus dominus Rainaldus Bathoniensis episcopus et omnes successores sui in perpetuum de ipsa ecclesia, tanquam de qualibet alia Wellensi prebenda, pro voluntate sua ordinent et disponant. Quod ut ratum habeatur et firmum, presenti scripto et sigilli mei testimonio duxi confirmandum. Hiis testibus: Galfrido de Waudestr' etc.^{c} Nos itaque hanc donationem ratam et gratam habentes et eam nostra auctoritate confirmantes, volumus et statuimus ut cum dictam ecclesiam de Bovy vacare contigerit, episcopus Bathoniensis Reinaldus,^{d} vel qui pro tempore fuerit episcopus Bathoniensis, de ea sicut de qualibet alia Wellensis ecclesie prebenda libere pro arbitrio suo ordinet et disponat, salvo nobis et successoribus nostris nostrisque officialibus iure episcopali. Hiis testibus: Waltero priore Bathon', Roberto de Gildeford^e archidiacono Bathon',^{f} magistr' Gregorio, Reginaldo, Adam de Talatun' et Galieno et magistro Milone, Willelmo filio Iordani, magistro Iohanne Longo et Nicholao de Hellestun', et multis aliis.

^{a} om. et successorum D; meorum *after* antecessorum B ^{b} Rainando CE
^{c} testibus etc C; Waudestr', Roberto de Sechevill', magistro Roberto de Gelleford' (Geldeford' E), Iocelino capellano DE; etc D; Willelmo de Well' scriptore, Nicholao camerario, Olivero albo, Nicholao carpentar E; remainder from BC
^{d} Rainandus C ^{e} Gylleford' C ^{f} Bathon' etc B; *remainder from* C

Date: Mr Robert of Guildford, who witnesses Oliver's charter without a title, became archdn of Bath *c.* 1188 x 9: *EEA* X 220.
   Henry de Tracy inspected and confirmed his father Oliver's grant in a deed witnessed by Robert de Courtenay, Henry de la Pomeraye and William Brewer junr: *HMCR Wells* i 41 no. cxxviii.

180. Bishop John: court proceedings

1. [1186 × 91]. *Coram* bp John, Hugh de Courtenay [Corterva *ms.*] confirms the grant of his uncle, William de Tracy, made before his crime against St Thomas, to the clerk Alan de Tracy of all the churches on his land, so that the clerk Thomas, who was in possession of them, should pay Alan an annual pension from them. Hugh adds that the churches shall pass to Alan on Thomas's death.

Ad cuius rei agnitionem et confirmationem ego predictum Alanum coram domino Iohanne Exoniensi episcopo presentavi, et ratum super hoc habens factum domini mei Willermi de Traci, omnes ecclesias terre mee, mortuo [*word illegible*] Thoma vicario suo, ei habendas concessi. Quod ne possit in irritum revocari, huius carte, sigillo meo signate, testimonio confirmavi. Hiis testibus: Oliverio de Traci, Pagano de Tirim, Mathia de Pinu, Ricardo de Chou(?), Willermo Boue, Willermo de Vallegrente, Reginaldo de la Wurthe, Oliverio le Blonc, [*notarial sign*] Galfrido de Wincestria notario [proemtorio *ms.*], Gervasio clerico, Daniele clerico et pluribus aliis.

> Archives départ. de Calvados, série H, fonds du Plessis-Grimault, non classé (cartulaire, s. xv ex.) vol. ii, paroisse de St-Siméon, no. 881. Calendared by Léchaudé d'Anisy ii 115 (no. 881); *CDF* no. 556.
> For the Augustinian priory, in which bp Richard II of Bayeux, (1107–33), son of Samson bp of Worcester (1095–1112), and King Henry I were involved, see Besse 139. St-Siméon is south of Pont-Audemer. For the priory's connection with William de Tracy and his brother Alan, see also Léchaudé d'Anisy nos. 880, 882. Round, *CDF*, no. 559, calendars a confirmation of Hugh de Coterna, made at the exchequer at Caen, to the canons of Plessis-Grimault of grants made to them by his uncle, William de Tracy, in accordance with the charters of King Henry and William bp of Le Mans. This Round dates 1193 × 7.
> Membership of the inter-related Courtenay and Tracy families, with seats in Devon at Okehampton, Barnstaple and Bradninch, is obscure in this period. Cf. Sanders, *Baronies* 20–3, 70, 104; Collison, *Courtenay cartulary* i 32–8. The obits of Hugh de Courtenay and his wife Margaret are entered under 2 May in the calendar of the Vicars Choral (D. & C. ms. 3675). A grant of this period by Jocelin de la Pommeraye to Forde abbey, for the soul of his lord King Henry, is witnessed by John archdn of Exeter, William prior of St Germans, William de Tracy, the (unnamed) brother of Hugh de Courtenay and Henry son of William de Tracy: *Mon. Exon.* 346 no. iii. Jocelin was the brother of Henry II of Berry Pomeroy (1165–1207): ibid.

2. [1188 × 91]. *Coram* bp John, who confirmed the agreement with his seal. Notification by W(illiam) abbot of Buckfast and Johel prior of Plympton, judges-delegate of Pope Clement III, of the settlement of a case between the prior and monks of Barnstaple and Mr Walter de Lengres

re the church of Barnstaple. Walter is to possess the church for life and pay a pension to the priory.

Witnesses: Robert prior of St James, Mr Robert de Anc, Richard Brieguerr [?Brewer], Mr Peter Picot, Mr Gregory Ebor', Mr Reginald Wlpe, Mr Anchetill, Mr Miles, Stephan de Boscham, John Lambricc', and others.

> Calendared by Round, *CDF* 461–2 no. 1274, from Paris. Bibl. Nat. ms. N.A. 1440: originally 3 seals, fragment of the bp's seal remaining.
>
> Richard Brieguerr' is among the witnesses of a charter of King Richard I, dated 22 Aug., 1198 at 'Roch d'Oirevalles'. Mr Reginald's by-name is given in no. 167 as Gupil, like *Vulpes* meaning 'the fox'.

HENRY MARSHAL

181. Profession of obedience

Profession of due and canonical obedience and subjection to archbishop Hubert, the church of Canterbury and future archbishops.
[10 Feb. 1194 × 28 March 1194]

>   A = Canterbury D. & C. C.A. C 115/58. Endorsed (in red): Hubertus archiepiscopus. Approx. 150 × 85 mm.; not sealed.
>   B = Canterbury D. & C. register A (prior's register) fo. 244r. s.xiv med.
>   Pd in Richter, *Canterbury Professions* nos. 120, 133.

Ego Henricus, Exoniensis ecclesie electus et a te, reverende pater Huberte, sancte Cantuariensis ecclesie archiepiscope et totius Brittanie primas, antistes consecrandus, tibi et sancte Dorobernensi ecclesie et omnibus successoribus tuis tibi canonice substituendis debitam et canonicam obedientiam et subiectionem promitto et propria manu confirmo. + [a]

> [a] apparently autograph cross

*182. Bodmin priory

Composition with the prior concerning the church of Egloshayle.
[1194 × 1206]

>   Listed only, together with another 'Compositio inter Henricum episcopum et priorem de Bodmine', in an inventory of charters in the cathedral treasury in 1258 × 80: *Reg. Bronescombe* fo. 135v (p. 291). The church was later appropriated to the sub-dean of Exeter.

183. Canonsleigh priory

Confirmation at Branscombe to the canons of the church of Hockworthy with permission to appropriate, saving proper provision for a chaplain and the episcopal rights.
2 March 1201 × 2

>   B = BL ms. Harley 3660 (Canonsleigh cartulary) fo. 80r. s. xiv in.
>   Pd (calendar) from B in *Cartulary of Canonsleigh abbey* no. 154.

Omnibus sancte matris ecclesie filiis ad quos presens scriptum pervenerit, Henricus dei gratia Exoniensis episcopus salutem in domino. Noverit universitas vestra nos puro caritatis intuitu concessisse ecclesie beate Marie virginis sanctique evangeliste Iohannis de Legh' canonicisque regularibus ibidem deo servientibus ecclesiam de Hockeworthi cum omnibus pertinentiis suis ad ipsorum sustentationem in proprios usus imperpetuum convertendam, salva honesta sustentatione unius capellani qui ecclesie illi deserviat; salvo etiam nobis et successoribus nostris iure episcopali. Et ut hec concessio nostra rata permaneat imposterum, et ne aliquo processu temporis revocetur in dubium, eam presentis scripti testimonio et sigilli nostri appositione confirmavimus. Dat' apud Brankescumbe, vi° non' Martii pontificatus nostri anno viii°. Hiis testibus: H. de Melew', Willelmo de Swyndon', magistro H. de Warwyk', Rogero de Limes' et magistro H. de Wilton', canonicis Exon', magistro Edwardo, Serlone capellano, Gilberto clerico, et multis aliis.

>Because the start of the pontifical year is uncertain the year cannot be determined.
>   H(enry) de Melew(is) (Melhuish), a canon by 1184 (*Cartulary of Canonsleigh Abbey* no. 145), was a frequent witness to deeds: cf. *HMCR var. collect.* iv 54 nos. 163, 255, 55 no. 379, 58 no. 286, 59 no. 378. He and Richard de Sidebiri issued a charter ?to the chapter concerning the church of Sidbury: *Reg. Bronescombe* 291. He has to be distinguished from Henry de Merih' (?Marwood) (below no. 193), who was not a canon, Henry the precentor (nos. 189, 198) and Henry de Merlawe, priest and succentor, who died on 30 May (*Mart. Exon.*). The last, described as priest, is listed under May as a kalendar brother: Orme, 'Kalendar Brethren' 163. The first would seem to have been made archdn of Exeter *ante* 24 May 1204 and died on 14 April 1221. A canon 'Genaldus' de Melewis, occurs in 1171 × 84 (above no. 106).
>   Canon Roger de Limesy's house in St Martin's Lane was granted by the Hospital of St John to John Rof, archdn of Cornwall, in 1231 × 44: *HMCR var. coll.* iv 67 no. 300, probably after 24 May 1239 when he died (*Mart. Exon.*).

184. Canterbury: archbishops

Assurance to Archbishop Hubert Walter that the chapel Henry has built in his house at Horsley so that he may hear divine services there will in no way be harmful to the rights of the archbishop's church of St Peter at (East) Horsley. [1194 × 1205]

>B = Lambeth Palace ms. 1212 (register of the see of Canterbury) p. 111. s.xiii.

Universis sancte matris ecclesie filiis ad quos presens scriptum pervenerit H. dei gratia Exoniensis episcopus salutem in domino. Noverit universitas vestra nos presenti scripto cavisse domino H. Cantuariensi archiepiscopo totius Anglie primati quod ecclesie beati Petri de Horsleg' nullum fiet preiudicium nullumve detrimentum in posterum occasione capelle nostre quam ereximus in curia nostra de Horsleg' ad divinorum celebrationem in eadem audiendam. Quod ut ratum permaneat in posterum id tam scripto quam sigillo nostro corroboravimus. Hiis testibus: magistro H. de Warwich', magistro H. de Wilt', canonicis Exoniensibus, magistro R. de Didesham, Giliberto clerico, Mauricio capellano, et multis aliis.

> Horsley (Surrey) was in the archbps' peculiar deanery of Croydon in the diocese of London: I. J. Churchill, *Canterbury Administration* (1933) i 63 n. Cf. *DB* fo. 31r. It became a popular residence of the bps of Exeter. John Booth died there.

185. Chichester: bishop and church

Settlement of a dispute between the bishops and chapters of Exeter and Chichester, through the mediation of bishop E(ustace) of Ely. Bosham shall be subject to Chichester diocesan law, except that the bishop of Exeter shall retain some rights and jurisdiction with regard to the six canons. [1204 × 1206]

> A = Exeter: DRO ms. no. 1003. Endorsed: Compositio inter episcopos et capitula Exon' et Cicestr' de iurisdictione capellanarie de Boseham'. Approx. 180 × 155 + 25 mm. Sealing on 3 tags; turn-up, 1 + 1 + 1 slits; 3 tags, no seals.
> B = Ibid., Bishops' Registers I fo. 19v.
> C = Chichester: dioc. RO, Liber E fo. 238r. s. xiv med.
> Pd from A in *Chichester acta* 198–9, (calendar) *HMCR var. collect.* iv 18; from B *Reg. Bronescombe* 33–4. The following text is based on C.

Cum controversia verteretur inter dominum Exoniensem et capitulum suum, ex una parte, et dominum Cicestrensem et capitulum suum, ex altera, super subiectione ecclesie sive capellanie^a de Boseham', quam ecclesiam Cicestrensem sibi lege diocesana subiectam, sicut et alias ecclesias diocesis sue, asserebat, tandem, mediante E. Elyense episcopo, eadem controversia in hunc modum amicabiliter est sopita. Ecclesia sive capellania^b de Boseham', cum omni populo suo et ministris suis in^c possessionibus et pertinentiis eius^d in Cicestrensi diocesi constitutis, plene subdita erit ecclesie Cicestrensi lege diocesana, exceptis solis canonicis eiusdem ecclesie, de quibus sic provisum est et ordinatum. Dominus Exoniensis libere prebendas conferet et canonicos installabit, non requisito consensu^e vel auctoritate ecclesie vel episcopi Cicestrensis. Item^f canonici ex eo quod canonici cautionem obedientie non exponent ecclesie aut episcopo Cicestrensi, venient tamen ad sinodum episcopi Cicestrensis. Siquid corrigendum fuerit circa personam alicuius canonicorum, ad ammonitionem ecclesie Cicestrensis dominus Exoniensis faciet illud corrigi et emendari.

Si$^{g\text{-}}$vero idem episcopus hoc infra competentem terminum non emendaverit, ecclesia Cicestrensis manum apponet.$^{\text{-}g}$ Si vero actio civilis et mere personalis inter eosdem canonicos invicem mota fuerit, iurisdictio erit domini Exoniensis, ita ut si causam illam^h infra competentem terminum iudicialiter sive amicabiliter terminare pretermiserit, exinde ad Cicestr[ensem] iurisdictio pertinebit. Si vero canonicus agat criminaliter adversus canonicum sive actione in rem, aut quecumque alia persona sive civiliter sive criminaliter agat^h adversus canonicum, iurisdictio ad Cicestr[ensem] spectabit. Si vero aliquis canonicorum ministraverit ibi populo curam habens animarum, quamdiu sic ministrabit erit obediens ecclesie Cicestrensi sicut et alii ministrantes et curam animarum habentes. Pro delicto non canonici suspendi poterit prefata ecclesia de Boseham' auctoritate Cicestrensis ecclesie, sed non pro delicto canonici. Numerus canonicorum in senario stabit. Canonicus habens prebendam suam ex obventionibus parrochie de Boseham' semel in anno archidiaconum Cicestrensem, si eidem archidiacono placuerit, procurabit. Ad maiorem huius amicabilis^i compositionis firmitatem Exoniensis^j episcopus et capitulum suum sigilla sua presenti scripto apposuerunt una cum sigillo E. Elyensis episcopi^h quo mediante pax formata^k est.

^{a} capellanie AC; capellarie B ^{b} capellania AC; capellaria B ^{c} in C; et AB
^{d} eius A ?C; suis B ^{e} assensu C ^{f} Idem A (?correct)
$^{g\text{-}}$ ... $^{\text{-}g}$ om. Si ... apponet B ^{h} om. C ^{i} om. B ^{j} Cicestrensis AB
^{k} formata BC; inita A

Mayr-Harting draws attention to *Rot.Litt.Pat.* 43b, which shows that the matter was in dispute by 27 June 1204, and therefore assigns the settlement to Bp Simon of Chichester: hence the date. The copy of the agreement sealed by Exeter is represented by a cartulary copy at Chichester (C) and that sealed by Chichester by an original and a registered copy at Exeter (AB). This 'Compositio inter episcopos et capitula Exon' et Cicestr' de iurisdictione capelle de Boseham'' was in the Exeter cathedral treasury in 1258 × 80: *Reg. Bronescombe* fo. 135v (p. 291).

186. Exeter: bishop

Appointment of Mr Hugh de Wilton as his proctor in the case between the bishop and Gregory a clerk to be heard at Lambeth on the Monday after the feast of St Nicholas [6 Dec.] by the papal judges delegate, Hubert archbishop of Canterbury, the abbot of Chertsey and the prior of Merton. The clerk has complained of various actions of the bishop, including harassment over the vicarage of the church of St Breward.

[?8 Dec. 1203 or 13 Dec. 1204]

A = Canterbury D. & C. Sede Vacante Scrapbook I: 51 (i). Pasted in. Approx. 85 × 55 mm. Sealing on tongue: tongue cut off. The hand is of no. 207 below.

Reverendo patri magistro et domino H. dei gratia Cantuariensi archiepiscopo totius Anglie primati et viris venerabilibus abbati de Certes' et priori de Mereton' H. eiusdem gratie permissione Exoniensis episcopus salutem in domino. Noverit discretio vestra quod nos constituimus magistrum H. de Wilt', latorem presentium, procuratorem nostrum in causa que vertitur inter nos et Ger'[a] clericum super eo quod nos eum super vicaria ecclesie sancti Breuweret'[b], ut dicitur, indebite molestavimus, et super aliis articulis in litteris apostolicis comprehensis vobis directis; ratum habituri quicquid idem magister H. die Lune proxima post festum beati Nicholai apud Lameh' in predicta causa coram vobis egerit. Promittimus etiam pro eo iudicatum solvi. Idem parti adverse significamus. Valete in domino.

[a] *unclear*   [b] ?Breuwerets

The church of St Breward in Cornwall had been granted *c.* 1190 by William Peverel of Sampford (*Canonsleigh Cartulary* p. xxii) to Tywardreath priory: *Mon. Exon.* 42 no. xviii. In 1278 it was appropriated to the D. & C. of Exeter. A nineteenth-century abstract *in situ* identifies the clerk as Gregory, possibly a misreading of the text.

Cheney and Cheney no. 1183 (505A) suggest that the hearing was fixed more likely for 8 Dec. 1203 than for 13 Dec. 1204. Indeed, the archbp fixed another hearing for the earlier date: *EEA* III no. 474. He died 13 July 1205. Cf. Itinerary, ibid. 309–15.

187. Exeter: church of St Peter

Grant at Exeter to the cathedral church of an annual pension of forty three shillings and four pence from the church of St Just (in Roseland), payable by the vicar to the bishop's proctor, the chaplain Nicholas de Thesaurario, in order to provide incense daily by two thuribles at high mass in the cathedral. After Nicholas's death, the bishop will appoint a successor.

24 May 1204

A = Exeter, D. & C. ms. 2082. Endorsed, contemp.: Carta H. episcopi de pensione ecclesie sancti Iusti de Lansioch'. Approx. 185 × 130 + 18 mm. Sealing on tag; turn-up, 1 slit; fragments of green wax seal.

Omnibus sancte matris ecclesie filiis ad quos presens scriptum pervenerit H. dei gratia Exoniensis episcopus salutem in domino. Noverit universitas vestra nos divine pietatis intuitu concessisse et dedisse deo et ecclesie beati Petri Exon' pensionem annuam ecclesie sancti Iusti de Lansioch', scilicet quadraginta tres solidos et quatuor denarios, hiis terminis in perpetuum persolvendam ab eo quicumque eiusdem ecclesie pro tempore fuerit vicarius, scilicet ad festum sancti Michaelis viginti solidos et viginti denarios et ad pascha viginti solidos et viginti denarios, ad ministrandum cum duobus thuribulis incensum in maioris misse celebratione singulis diebus in perpetuum. Ad hunc vero redditum recipiendum et in usus maioris altaris in ecclesia Exon', ut prediximus, ministrandum, Nicholaum de Thesaurar' capellanum, quamdiu vixerit, constituimus procuratorem. Illo vero N. decedente, episcopus Exoniensis alium quem viderit idoneum constituat ad redditum illum recipiendum et modo predicto administrandum. Ut igitur hec concessio et donatio nostra rata et inconcussa permaneat in perpetuum, eam presenti scripto et sigilli nostri testimonio confirmavimus. Dat' Exon' ix kal' Iunii pontificatus nostri anno undecimo. Hiis testibus: G. Cornub' et H. Exon' archidiaconis, magistro Aluredo, A. thesaurario, W. de Svindon', magistro H. de Warwich', Ricardo filio Drogonis, Alano de Furn', magistro Milone, canonicis, et multis aliis.

> The church and parish of St Just in Roseland, centred upon the settlement of St Just or Lanzeague (*Lansioch*) on the episcopal fief of Tregear, had been given by one bp (?Robert I) to Plympton priory (cf. above nos. 1, 168); and that the bp could impose a pension on the vicar possibly arose from the settlement of the dispute over its advowson between the priory and the de Sor family (no. 170).
>
> This actum, which was in the cathedral treasury in 1258 × 80: *Reg. Bronescombe* fo. 135v (p. 291), has the same date as no. 191 and a similar, but shorter, witness-list.

188. Exeter: diocese

Mandate to archdeacons and officials to enforce the custom of Pentecostal processions and oblations to the cathedral church. Every chaplain is to maintain a nominal roll of parishioners, according to manors, and be responsible on behalf of all who have a hearth and the means to pay for at least one halfpenny a head. The names of defaulters are to be reported and the guilty excluded from communion. [1198 × 1206]

> B = Exeter: DRO, Bishops' registers 4 (Grandisson) fo. 191r (inspeximus by bp Grandisson of bp William Brewer's inspeximus).
> Pd from B in *Reg. Grandisson* ii 785–6; *Councils and Synods* ii 1 3.

H. dei gratia Exoniensis episcopus dilectis in Cristo filiis universis archidiaconis et eorum officialibus per episcopatum Exoniensem constitutis salutem in domino. Universitati vestre in virtute obedientie mandando precipimus quatinus universis capellanis per archidiaconatus vestros constitutis ex parte nostra artius iniungatis et precipiatis ut parochianos suos, sicut decet, sollicite moneant et diligenter inducant quod matricem ecclesiam suam Exoniensem, ex qua fidei sue exordium consecuntur, annuis oblationibus in solempnitate pentecostes eo modo visitare non differant quo alie maiores ecclesie Anglicane a sibi subiectis consueverunt visitari; videlicet, quod unusquisque capellanus nomen parochiani cuiuslibet mansionis in parochia sua subscriptum habeat, et transcriptum similiter in maiori ecclesia habeatur. Et quilibet capellanus pro quolibet parochiano suo, qui focum et locum teneat et cui facultas suppetat, de obolo respondeat ad minus. Qui vero infirmitate pregravati matricem ecclesiam suam adire nequiverint, per capellanum parochialem suam oblationem mittere satagant; detentoresque huiusmodi oblationis, qui eam deferre aut mittere, sicut premisimus, contempserint, nominibus vero eorum per capellanos nobis expressis, a communione fidelium et sacramentis ecclesie se sciant auctoritate nostra esse suspensos. Et ideo vobis, in virtute obedientie mandando, precipimus quatinus omnia supradicta sub pena suspensionis et excommunicationis in forma prescripta faciatis firmiter observari. Valete.

> The pentecostal visitations were to collect chrism which had been consecrated by the bp on Maundy Thursday, and the pennies were originally 'payment' for this. It had become a hearth-tax like some other ecclesiastical imposts. For the custom in the diocese of Canterbury and in Howdenshire, cf. F. Barlow, *The English Church, 1000–1066* 179–82 and *Durham Jurisdictional Peculiars* (1950) 70–2; M. Brett, *English Church under Henry I* 162–4.

189. Exeter: cathedral chapter

Bishop and chapter decree that canons may freely dispose of one year's profit of their commons by testament for charitable purposes, that provision be made for their vicars or substitutes, and that on the day a canon is assigned a stall in choir and a seat in chapter he shall have the full commons for that day. [1194 × 1206]

> B = Exeter: D. & C. ms. 3625 (earliest collection of statutes) fos. 4r–v. s.xiv.

Omnibus ad quos presens scriptum pervenerit, H. dei gratia Exoniensis episcopus et capitulum beati Petri Exon' eternam in domino salutem. Cum semper pium sit et salubre humane conditionis imperfectioni et impotentie studio pietatis subvenire, tunc maxime precipue devotionis meritum pie completur et laudabiliter, cum iuste decedentium voluntati, utilitati etiam et necessitati, prudenti providetur industria. Inde est quod ad universitatis vestre notitiam volumus pervenire, quod nos communi consilio nostro et unanimi assensu intuitu pietatis decrevimus de communia canonicorum ecclesie nostre decedentium talem dispensationem deinceps inviolabiliter observari, scilicet quod quilibet canonicus ecclesie nostre, in extremis agens, ad supplementum testamenti sui communie proximi anni post decessum eius liberam in omnibus habeat dispositionem, ita quod eam quibus et in quos usus pios voluerit integre poterit assignare. Preterea, si canonicus decedens vicarium habeat, idem vicarius in servitio ecclesie remaneat per annum, defuncti de prebenda, sicut solebat, viginti solidos percepturus. Si vero nullum habeat, ad libitum decedentis cum assensu capituli idoneus subrogetur. Ad hec autem provida deliberatione statuimus ut cum quispiam canonicus Exoniensis ecclesie extiterit, [fo. 4v] die quo stallum in choro et locum in capitulo sortitus fuerit, communam suam, quantum ad diem illum pertinet, integre habeat. Et ut hec dispensationis nostre dispositio rata et inconcussa imperpetuum permaneat, eam presentis scripti attestatione et sigillorum nostrorum appositione confirmavimus. Hiis testibus: W. archidiacono Cornub', magistro Roberto de Anch', H. de Melewis', Serlone, Marco, A. de Fornellis, H. precentore, Turstano, magistro Aluredo, Ricardo filio Drogonis, Ricardo de Baggetorr', Rogero de Scaccis, magistro H. de Warwich', magistro W. de Linciis, magistro W. de Caln', magistro Milone, magistro W. de Sutton', magistro W. de Axemuth', Gileberto et Benedicto, clericis, et multis aliis.

> In the heading and one side-note, 'prebenda' is used instead of 'commun(i)a'.
> This decree was repeated by bp Richard on 25 Dec. 1253: below no. 319, when extended to canons of Crediton.
> Henry's charter was in the cathedral treasury in 1258 × 80: *Reg. Bronescombe* fo. 135v (p. 291).

190. Exeter: cathedral chapter

Settlement of a dispute between the chapter and John archdeacon of Exeter concerning jurisdiction over the chapter's churches and chapels within the walls or pertaining to the town. Jurisdiction, with minor reservations, is confirmed to the chapter, and its churches and chapels are listed.

[1194 × 1204]

> B = Exeter D. & C. ms. 2923 (roll) item 1 C = Ibid. item 2 (Bp William's inspeximus of B, below no. 252) D = Ibid. ms. 2917 (roll) item 3 (ditto) E = Ibid. ms. 2923 item 3 (Bp Richard's inspeximus of CD, below no. 320) F = Ibid. ms. 2577 item 2 (ditto)
> Pd from B by F. Rose-Troup, *Lost Chapels of Exeter* (1923) 45-6.

Omnibus sancte matris ecclesie filiis ad quos presens scriptum pervenerit, H. dei gratia Exoniensis episcopus salutem in domino. Noverit universitas vestra quod cum controversia verteretur inter capitulum ecclesie[a] beati Petri Exon' et I. eiusdem loci archidiaconum de iurisdictione quarumdam ecclesiarum, capellarum et capellanorum, parrochianorum quoque et hominum, ad capitulum pertinentium, tandem, presentibus nobis et auctoritatem prestantibus, lis inter eos mota, mediante concordia, in hunc modum quievit, videlicet, quod omnes ecclesie et capelle et capellani parochiani quoque et homines ad predictum capitulum pertinentes ab omni exactione et iurisdictione archidiaconi erunt inmunes, exceptis capellis que non pleno iure ad capitulum pertinent,[b] in quibus, videlicet, nec pensionem augere nec capellanos potest ordinare; exceptis etiam civibus in urbe Exon' constitutis in terris canonicorum non manentibus, quorum omnium iurisdictio ad archidiaconum pertinebit, preterquam in causis ad capitulum vel eorum capellanos aut clericos aut homines pertinentibus, que per capitulum debent tractari et terminari. Capelle autem que ad dispositionem capituli pleno iure pertinent sunt hec intra muros urbis et urbi[c] adiacentes: capella sancte Trinitatis, capella sancti Iacobi, capella sancti Michaelis, capella sancte Marie maior et capella sancte Marie minor, capella sancti Petroci, capella sanctorum Simonis et Iude, capella sancti Martini, capella de Crystyschurch',[d] capella sancti Kerani, capella sancti Cuthberti, capella Omnium Sanctorum supra murum, capella sancti Clementis, capella sancti David', capella sancte Sativole, capella sancti Michaelis de Hevytre,[e] capella sancte Margarete de Toppesham.[f] Quod ne tractu temporis revocetur in dubium, presenti scripto et tam sigilli nostri quam ipsius capituli quam etiam iamdicti archidiaconi appositione confirmatum est. Hiis testibus: magistro Benedicto, magistro Guillelmo de Canune, magistro Radulfo de Totton', clericis electis[g], magistro Ada de Taleton', magistro Milone, Guillelmo de Svyndune, Edmara de Molton(?), Guillelmo de Moltun', Iordano Tirry, Iordano Blundo, Rogero de sancto Iacobo, Guillelmo Paz(?), Iohanne Walensi, et multis aliis.

[a] ecclesie BD; *inserted* C; *om.* EF   [b] pertinent ad capitulum CDEF   [c] muri D
[d] Cristeschurch' CE; Cristescherche D; Cristchurche F   [e] Evedthre CD
[f] *end of inspeximuses* CDEF; B *is rubbed and some readings are doubtful*
[g] cleric' electi B

A charter of Henry 'de iurisdictione capituli in capellis Exoniensibus in civitate Exoniensi et extra' was in the cathedral treasury in 1258 × 80: *Reg. Bronescombe* fo. 135v (p. 291).

An unidentified archdn of Barnstaple also made his peace with the chapter: ibid. 292.

Archdn John, who was dead by 24 May 1204, was also in dispute with Mr Michael de Buketon over the liberties of the D. & C. church of Colyton and his claim to jurisdiction over it. The abbot of Forde and the chancellor and succentor of Wells, papal judges delegate, gave judgment against the archdn: D. & C. ms. 3672 p. 41. Cf. also ibid. ms. 816 for Michael's dispute with the archdn of Exeter (Henry de Melhuish) in 1212: Cheney and Cheney no. 900.

For the chapels see Peter de Palerna's grant to 28 Exeter chapels in 1214 × 15: *HMCR var. collect.* iv 62–4. The chapels of Holy Trinity, St James, St Michael (in the deanery), St Mary Minor, Sts Simon and Jude, Christ Church, St Cuthbert and St Clement are among the eleven lost chapels investigated by Rose-Troup (and E. Lega-Weekes), loc. cit. 20–54. Cf. E. Lega-Weekes, *Some Studies in the Topography of the Cathedral Close of Exeter* 12–19. The entry in *Mart. Exon.* concerning Christ Church is, 'iiij Kal. Mar. (?1097) ob. frater noster Algarus qui ecclesiam Christi construxit'. A William fitzAlward fitzAlgar granted land to St Nicholas's priory Exeter in the early thirteenth century: T. Phillipps, 'List of charters', no. 155.

191. Exeter: cathedral chapter

Grant at Exeter to the fabric of the cathedral of two marks annually from the church of St Erth, with permission to appropriate after the death of Hervey, the vicar. Then the administration of all the revenues shall be in the hands of the Warden (custos) of the Work, except for two marks to be assigned to a chaplain. **24 May 1204**

A = Exeter, D. & C. ms. 1129. Endorsed, contemp.: De ecclesia de Lanuthio; concessa operi sancti Petri Exon' post decessum Herveii; s.xiv: Script' sancti Ercii. Approx. 180 × 130 + 17 mm. Sealing on tag; turn-up, 1 slit; tag and seal lost.
B = Ibid. 3672 (cartulary) p. 53. s.xv in.
Pd ?from A in Oliver, *Lives* 413–14.

Universis sancte matris ecclesie filiis ad quos presens scriptum pervenerit, H. dei gratia Exoniensis episcopus salutem in domino. Noverit universitas vestra nos caritatis intuitu concessisse et in perpetuam elemosinam donasse deo et ecclesie beati Petri Exon' ad eius reparationem duas marcas argenti ex ecclesia de Lanuthinoch'[a] nomine pensionis[b] annuatim percipiendas, ad festum sancti Michaelis unam marcam et ad pascha unam marcam; statuentes quod, decedente Herveio eiusdem ecclesie vicario, ecclesia illa cum omnibus pertinentiis suis ad reparationem dicte Exon' ecclesie in perpetuum convertatur. Volumus etiam ut quicumque huius operis custos exititerit huius redditus administrationem per manum nostram vel successorum nostrorum episcoporum Exoniensium accipiat, salvis duabus marcis tantum servitio capellani ibidem ministrantis assignatis, salvo etiam nobis et successoribus nostris iure episcopali in omnibus. Ut igitur hec concessio et donatio nostra rata et inconcussa perpetuis temporibus permaneat, eam presenti scripto et sigilli nostri appositione confirmavimus. Dat' Exon' ix kal' Iunii pontificatus nostri anno undecimo. Hiis testibus: G. Cornub'[c] et H. Exon' archidiaconis, A. thesaurario, W. de Svind', magistro Aluredo, magistro H. de Warwich', Ricardo filio Drogonis,[d] Alano de Furn', magistro Milone, magistro Ysaac, et multis aliis.

a ?Lanv'thinoch A; Lanuchinoch' B *b* perdic'onis B *c* Cornubie B
d Droger' B

This actum has the same date and similar witnesses as no. 187. A 'Carta Henrici episcopi de ecclesia de Lancho concessa operi ecclesie S. Petri' was in the cathedral treasury in 1258 × 80: *Reg. Bronescombe* fo. 136r (p. 291).

See A. M. Erskine, *The Accounts of the Fabric of Exeter Cathedral, 1279–1353*, Devon and Cornwall Record Soc., xxiv (1981) xii.

The vicar Harvey may be the dean of Penwith and the archdn's official of the same name: *St Michael's Mount cartulary* nos. 86; 31, 59, 71.

192. Exeter: cathedral chapter (Colyton church)

Confirmation at Crediton of the church of Colyton to master Michael of Buketon for life, subject to an annual payment of one mark to the chapter, to which he has confirmed the parsonage in augmentation of the twenty-four ancient prebends. Cf. no. 150 (cancelled). 12 Dec. 1204

B = Exeter, D. & C. 3672 (cartulary) p. 48. s.xv in.

Universis sancte matris ecclesie filiis ad quos presens scriptum pervenerit, H. dei gratia Exoniensis episcopus salutem in domino. Noverit universitas vestra quod nos concessimus magistro Michaeli de Bukynton' ecclesiam de Culinton' cum omnibus pertinentiis suis in perpetuam elemosinam libere, quiete et pacifice habendam et possidendam, statuentes ut de ecclesia solvat annuatim capitulo beati Petri Exon' ad natalem domini unam marcam argenti nomine personatus eiusdem ecclesie, quam eidem capitulo concessimus in*a* augmentum viginti quatuor prebendarum antiquarum. Ita quod post decessum ipsius magistri M. ecclesia illa cum omnibus pertinentiis suis in*b* augmentum dictarum prebendarum convertatur. Et ut hec concessio nostra rata et inconvulsa inperpetuum permaneat, eam presenti scripto `et´ sigilli nostri testimonio confirmavimus. Dat' Cri[di]ton' ii idus Decembris pontificatus nostri anno undecimo. Hiis testibus: magistro Ysaac, magistro Milone, magistro R., canonicis Exon', magistro W. Paz, et multis aliis.

a ut B *b* *corrected from* ut B

193. Exeter: cathedral chapter (Colyton church)

Confirmation of an agreement made between Mr Michael, vicar of Colyton, a church in the bishop's gift, and Aymer and the other parishioners of the chapel of Shute, viz that the parishioners are to have the once daily service of a chaplain, except on St Andrew's day, when they are obliged to visit the mother church. In return, Aymer and the other parishioners will pay ten shillings a year in perpetuity to the mother church. [1194 × 1206]

 A = Exeter D. & C. ms. 817. Endorsed, contemp.: De continuo servicio capelle de Sete'. Script'. Approx. 175 × 185 + 20 mm. Sealing on tags; turn-up, 1 + 1 slits; 2 tags, no seals.
 B = Ibid. ms 3672 (cartulary) pp. 44–5.
 C= Ibid. 46.

Universis sancte matris ecclesie filiis ad quos presens scriptum pervenerit, H. dei gratia Exoniensis episcopus eternam in domino salutem. Ad universitatis vestre volumus pervenire noticiam quod cum Ailmarus de Shieta et reliqui parrochiani capelle de Shieta, ad ecclesiam de Culinton', que est de donatione nostra, pleno iure pertinentis, continuum dicte capelle sue a nobis peterent servitium, tandem inter magistrum Michaelem, eiusdem ecclesie tunc vicarium perpetuum, et eosdem parrochianos ita convenit: quod capellanus apud Culinton'[a], vel alibi ubi rector ecclesie de Culinton' voluerit, manens et hospitans, in ipsa capella de Shieta singulis diebus, excepta festivitate sancti Andree quo die ad capellam illam capellanus venire non debet quia eo die parrochiani dicte capelle ad prefatam ecclesiam venire tenentur, regulariter plenum in capella illa faciet servitium, ita quod non oporteat capellanum adire capellam nisi semel in die. Quem capellanum, si forte urgens necessitas et rationabilis causa prepedierit quominus illuc venire possit, a querela parrochianorum erit inmunis.[b] Si vero tempestas vel alia cogens causa eum apud capellam detinuerit, quod ad Culinton' sine periculo vel magno gravamine redire non possit, dicti parrochiani capellanum apud eos commorantem competenter et honeste procurabunt. Quocirca memoratus Ailmarus pro se et heredibus suis et reliqui parrochiani eiusdem capelle similiter assensu communi et attestatione publica deo et sue sancte matrici ecclesie de Culinton' optulerunt, et solempni voto se astrinxerunt in facie ecclesie, propter relevandum laborem, gravamen et expensas ministrorum matricis ecclesie ad solvendum singulis annis decem solidos matrici ecclesie apud Culinton' ad duos anni terminos, scilicet in die pasche v solidos et in die sancti Michaelis v solidos. Quod si alterutro dierum istorum statutum censum non solverint, in crastino diei solutionis non observate et omnibus diebus sequentibus donec competenter satisfecerint omni prorsus ecclesiastico servitio carebunt. Propter autem hos decem solidos de prioribus consuetudinibus et debitis memoratis parrochianis nichil est remissum, nec de antiqua consuetudine aliquid eis subtrahetur. Ut igitur hec compositio rata et inconvulsa in perpetuum permaneat, tam nos quam capitulum beati Petri Exon' eam sigillorum nostrorum appositione confirmavimus. Hiis testibus: Henrico de Melew', magistro Hugone de Wilt' et Willelmo de Taut', canonicis Exon', magistro W. Paz, Galtero clerico, Guidone de Daggevill', Ricardo de Luci, Henrico de Merih', Willelmo capellano, et multis aliis.

^a Colinton' B (*and hereafter*)   ^b C *ends here with* etc

Four chaplains of Colyton attest a charter of Aymer of Shute when he granted 1 acre of land in *Luneschiete* to St Michael's Shute for housing the chaplain: Exeter, D. & C. cart. 3672, p. 44.
Bp Henry's charter was in the cathedral treasury in 1258 × 80: *Reg. Bronescombe* fo. 136r (p. 291).

*194. Exeter: cathedral chapter

Concerning the churches of Ashburton and St Issey.   [1194 × 1206]

Listed only in an inventory of charters in the cathedral treasury in 1258 × 80: *Reg. Bronescombe* fo. 136r (p. 291).

*195. Exeter: cathedral chapter

Grant from the common fund to Roger de Sheldon (Sildon').

[1194 × 1206]

Listed only in an inventory of charters in the cathedral treasury in 1258 × 80: *Reg. Bronescombe* fo. 135v (p. 291). As Archbp Hubert wrote about this (ibid. fo. 136r (p. 291); *EEA* III no. 455), Roger may have been a kinsman of Mr Godfrey de Sheldon, a clerk of Archbp Baldwin, probably recruited from Exeter. Roger held some tenements (*domi*) from the chapter, which in 1211 × 14 he granted to the canon Roger Cole: Exeter D. & C. ms. 303, inventory fos. 136v–137r (p. 292). Roger was a witness in 1218 × 21 with Bp Simon, three archdns, several canons, the mayor of Exeter and several citizens to the sale of an Exeter property (which had belonged formerly to Walter archdeacon of Cornwall) to Simon, the bp's nephew and Walter's successor as archdn: *HMCR var. collect.* iv 64–5. It is not clear whether Roger was a cathedral dignitary or citizen.

*196. Exeter: cathedral chapter

Confirmation (to the chapter) of the church of Woodbury.   [?1205]

Listed only in an inventory of charters in the cathedral treasury in 1258 × 80: *Reg. Bronescombe* fo. 135r (p. 291). For this business see below nos. 206–7.

*197. Exeter: cathedral chapter

Concerning the church of Woodbury granted to R(oger) de Winesham.
[?1206]

Listed only in an inventory of charters in the cathedral treasury in 1258 × 80: *Reg. Bronescombe* fo. 136r (p. 292). A charter of the abbot of Mont-St-Michel concerning the pension to be paid by R. de Winesham is listed ibid. For this business see below nos. 206–7.

198. Exeter: vicars choral

Appropriation of the church of Woodbury to the vicars of the 24 canons, who receive twenty shillings a year from their masters, in augmentation of their salaries, saving provision for an annual chaplain and a clerk, the one to be paid forty shillings the other ten shillings. The vicars shall annually elect a proctor to administer and distribute the revenues of the church. Negligent vicars shall be punished by loss of this benefice or more severely if recalcitrant. Woodbury church is, like the churches of the chapter, to be free from all archidiaconal customs and exactions. [1194 × 1206]

A = Exeter, D. & C. ms. VC/3238. Endorsed, contemp.: Confirmatio Henrici episcopi de ecclesia de Wdebir' vicariis collata. Approx. 300 × 215 + 15 mm. Sealing on green cords; turn-up, 3 + 3 slits; fragment of green wax seal (left), no cord or seal (right).
Pd (with photograph): J. F. Chanter in *Trans. of the Exeter Diocesan and Arch. Soc.* 3rd ser. i pt. iii 121–2.

Omnibus ad quos presens scriptum pervenerit, Henricus dei gratia Exoniensis episcopus salutem in vero salutari. Ecclesiasticis officiis insudantes dignum est ecclesiastica remuneratione gaudere. Unde nos utilitati vicariorum ecclesie nostre Exoniensis, qui die noctuque tam nocturnis quam diurnis officiis pro posse suo intendunt, paterna provisione prospicere cupientes, eisdem vicariis ecclesiam de Wodebir' cum omnibus pertinentiis suis concedimus et confirmamus, salva sustentatione capellani annui et clerici eidem ecclesie ministrantium; qui quidem capellanus xl tantum solidos et clericus x nomine sustentationis annuatim percipient. Statuimus autem ut soli vicarii viginti quatuor canonicorum antiquorum ecclesie nostre solita et antiqua stipendia a dominis suis percipientes, xx scilicet solidos annuos, in augmentum stipendiorum suorum ex nostra donatione pro equis portionibus omnes proventus memorate ecclesie percipiant et habeant. Eligent[a] autem dicti vicarii communiter sibi procuratorem annuum ad proventus illius ecclesie colligendos et conservandos et inter eos fideliter distribuendos. De cuius procuratoris electione si forte inter se dissentiant, per nos vel successorem nostrum procurator eius constituetur. Si qui vero memoratorum vicariorum in officiis suis negligentes et desides inventi fuerint, et super hoc in capitulo conventi se non emendaverint, primo per subtractionem huius beneficii puniantur, ampliori pena si nec sic se emendaverint puniendi pro arbitrio nostro et capituli nostri. Volumus etiam quod dicta ecclesia de Wodebr' cum ministris suis et parochianis quieta sit et libera ab omnibus archidiaconalibus consuetudinibus et exactionibus sicut et ecclesie capituli beati Petri Exon'. Et ut hec nostra donatio et provisio rata sit et firma in perpetuum permaneat, eam presentis scripti pagina cum sigilli nostri appositione una cum sigillo capituli beati Petri Exon' corroboravimus. Hiis testibus: Anselmo thesaurario, Henrico precentore, Willelmo de Swindon', magistro Henrico de Warewic, magistro Hugone de Wilton', magistro Milone, magistro Rogero de Didesham, canonicis Exon', magistro Willelmo Paze, Mauricio et Galfrido capellanis, Gileberto notario, et multis aliis.

[a] elig'nt A

This actum is in an unusual script and style and contains the first mention of archidiaconal customs. The no less unusual presence at the end of the witness-list of Gilbert the notary may be responsible.
In 1227 bp William Brewer inspected and confirmed this charter, but did not rehearse: below no. 251. A charter of Henry 'de ecclesia de Wodebire' was in the cathedral treasury in 1258 × 80: *Reg. Bronescombe* 291.

199. Exeter: priory of St Nicholas

Appropriation at Exeter of the church of Brampford Speke, saving provision for a priest to minister and the episcopal rights.   3 Oct. 1197

B = BL ms. Cotton Vit. D ix (cartulary of St Nicholas' priory) fo. 34r. s. xiii med.
Pd (calendar) from B by T. Phillipps in *Collectanea topographica et genealogica* i (1834) no. 32.

Omnibus sancte matris ecclesie filiis ad [quos][a] presens scriptum pervenerit, H. dei gratia Exoniensis episcopus salutem in domino. Noverit universitas vestra quod nos divine pietatis intuitu concessimus et confirmavimus ecclesie beati confessoris Nicholai Exon' et monachis ibidem deo famulantibus ad habundantiorem ipsorum sustentationem et hospitum susceptionem ecclesiam de Brancford' cum omnibus rebus ad eam pertinentibus in proprios usus illorum in perpetuum convertendam, salva sufficienti ac honesta sustentatione unius sacerdotis in eadem ecclesia ministrantis, salvo etiam iure et consuetudine [episcopali][a] in omnibus. Quod ut ratum et inconcussum permaneat in perpetuum, presentis scripti testimonio et sigilli nostri munimine corroboravimus. Dat' Exon' v non. Octobris pontificatus nostri anno iiii°. Testibus: magistro Waltero de Linciis, Willelmo de Svindon', Exoniensis ecclesie canonicis, magistro Willelmo de Axemuth, Ricardo filio Drogon[is],[a] magistro W. de Calna, Willelmo filio Iordani, Iohanne capellano, Gilberto et Benedicto et Iohanne clericis, etc.

[a] om. B

Phillipps mistakenly calendars a confirmation by archbp Hubert Walter, ibid. no. 33. It is in fact a rehearsal of bp Robert I's charter *re* Brampford Speke: above, no. 34.

*200. Frithelstock priory

Confirmation of ?Robert (III) de Beauchamp's grant of the advowson of half the church of Frithelstock to the priory. [1194 × 1206]

Mentioned only in a case of darrein presentment, between John prior of Frithelstock and Robert (IV) of (Hatch) Beauchamp, heard in Easter term 12 Henry III (1228). The prior claimed that Robert's ancestors had made the grant which had been confirmed by bp Henry. But he exhibited no charters because he claimed that they had been burnt. The parties came to (unstated) terms. *CRR* xiii no. 516.

Frithelstock, an Augustinian priory, dependent on Hartland, is listed by C. Holdsworth in *Unity and Variety: a history of the church in Devon and Cornwall*, ed. N. I. Orme (1991) 40, (from Knowles and Hadcock 140, 157) as having been founded *c.* 1220. Robert III de Beauchamp died in 1195, leaving a daughter who married Simon de Vautortes. Their son, Robert IV, came of age *c.* 1212 and died in 1251: Sanders, *Baronies* 51.

201. Pope Innocent III

Petition of thirteen bishops, including, after the bishops of London and Rochester, Henry of Exeter, that in the forthcoming election of an archbishop the ancient form of election should not be infringed. [1205]

B = D. & C. St Paul's London *ms.* W.D.1, 'Liber A sive pilosus', fo. 18r no. 178. s. xiii med.
Pd from B in *Early Charters of the Cathedral Church of St Paul, London*, ed. M. Gibbs, R. Hist. Soc., Camden 3rd ser., 58 (1939) 139–40 no. 181.

201A. Launceston priory

Confirmation at Pawton to the priory of the church of Lewannick and the chapels of Egloskerry and Boyton. 9 Mar. 1195 × 6

B = Lambeth Palace ms. 719 (Launceston priory cartulary) fos. 43v–44r. s. xv.
C = Ibid. fos. 43r–v (Bp William Brewer's inspeximus, below no. 271).
Pd (calendar) from B and C by Hull in *Launceston priory cartulary* nos. 99, 98.

Universis sancte matris ecclesie filiis ad quos presens scriptum pervenerit Henricus dei gratia Exoniensis episcopus eternam in domino salutem. Cum ex iniuncto nobis teneamur officio viros religiosos et precipue iurisdictioni nostre subiectos fovere et sustentare, eorumque piam conversationem pio prosequi favore, universitati vestre volumus innotescere quod nos pietatis affectu concedimus et confirmamus domui beati^a prothomartiris Stephani de Lanstavaton'^{b}, quam in honore dei et eiusdem martiris de dominico beati Petri Exon'^{c}, cuius servi sumus, novimus esse fundatam, et canonicis ibidem deo servientibus ecclesiam de Lanwannoch' et capellam de Egglosker' et capellam de Boiton'^{d} cum omnibus pertinentiis suis, que prefate domus de Lanstavaton'^{b} membra sunt, [fo. 44r] ut eas libere et quiete imperpetuum possideant, et ut eas, vicariis ad presens in eis ministrantibus in fata collapsis vel ad religionem conversis, ad domus et^a religionis sue sustentationem in proprios usus pacifice convertant et disponant. Nomina vero vicariorum predictarum ecclesiarum hec sunt, videlicet Lucas de Lanwennach', Rad'^{e} de Eggloskerr' et Parisius de Boietona. Et ut concessio et confirmatio nostra rata et inconcussa imperpetuum permaneat, eam presenti scripto et sigilli nostri appositione communimus, salva tamen in omnibus nostra libertate et consuetudine et officialium et successorum nostrorum. Dat' Polton' vii° Id' Martii^f anno pontificatus nostri ii°. Hiis testibus: magistro Benedicto, magistro Milone, Philippo^g capellano, Gilberto^{h-} clerico, Almario decano, Adam decano, Benedicto de Cumba clerico^{-h} et aliis.

^{a} om. C ^{b} Lanstavetun' C ^{c} Exonie C ^{d} Boithun'C ^{e} Radulphus C
^{f} Maii C ^{g} Philiberto C $^{h-}$ ... $^{-h}$ Gilberto ... clerico *only in* C

The advowson of Lewannick had been granted to the priory by Richard lord of Trelask in 1180 × 95: ibid. no. 96, cf. 97.

201B. Launceston priory

Confirmation at Crediton to the priory (of the grant of William Giffard) of the church of Bridgerule, with permission to appropriate, saving his episcopal rights. 17 Apr. 1202

B = Lambeth Palace ms. 719 (Launceston priory cartulary) fos. 170v–171r.
Pd (calendar) from B by Hull in *Launceston priory cartulary* no. 433.

Universis sancte matris ecclesie filiis ad quos presens scriptum [fo. 171r] pervenerit H. dei gratia Exoniensis episcopus salutem in domino. Noverit universitas vestra nos divine pietatis intuitu concessisse et in perpetuam elemosinam confirmasse ecclesie beati prothomartiris Stephani de Lanstavat' canonicisque regularibus ibidem deo servientibus ecclesiam de Brigge cum rebus omnibus ad eam pertinentibus in eorum usus proprios imperpetuum habendam et possidendam, salvo nobis et successoribus nostris iure episcopali. Et ut hec concessio et confirmatio nostra rata permaneat in posterum, eam tam scripti quam sigilli nostri testimonio corroboravimus. Dat' Criton' xv kalend' Maii pontificatus nostri anno nono. Hiis testibus: Hugone de Melewer', magistro H. de Wilton', Willelmo de Swyndon' et aliis.

For the grant see ibid. nos. 430, 432; cf. 435, 440–1 etc. For William Giffard see Finberg, 'Tavistock charters' no. xlix; *Red Book of the Exchequer* i 207.

201C. Launceston priory

Confirmation of a settlement made between Prior W. and the canons and Adam Treuthem, clerk, after a dispute over the church of Egloskerry. Adam has renounced all his claims and in return the priory grants him confraternity and a corrody. [1194 × 1202]

B = Lambeth Palace ms. 719 (Launceston priory cartulary) fo. 93r. s. xv.
Pd (calendar) from B by Hull in *Launceston priory cartulary* no. 224.

Universis sancte matris ecclesie filiis ad quos presens scriptura pervenerit H. dei gratia Exoniensis episcopus salutem in domino. Ad universitatis vestre perveniat notitiam quod, cum controversia versabatur inter dilectos filios nostros W. priorem et canonicos de Lanstavaton' et Adam Treuthem clericum super ecclesia de Egloskery, partibus in presentia nostra constitutis, coram viris et legittimis et iurisperitis, sub hac pacis forma conquievit, videlicet quod idem A. omni iuri quod in dicta ecclesia vel aliis redditibus canonicorum sibi vendicabat penitus renuntiavit, tam iuramento quam fidei interpositione promittens quod numquam ipsos canonicos aut possessiones suas super aliquibus imposterum vexabit aut procurabit, set ad negotia domus sue agenda et expedienda omnem operam et sollicitudinem pro posse suo impendet. Prior vero et dicti canonici ipsum A. in domum suam fratrem susceperunt, ita quod ubicumque habitasset unius canonici corrodium concesserunt continuum, et etiam, cum ad religionis sue habitum migrare voluerit, sicut unus ex canonicis benigne suscipietur. Promiserunt etiam ipsi canonici quod si sepedictus A., aliqua ductus necessitate, in domo sua per viii^to vel xv dies penes eos moram fecerit, ipsi eidem necessaria sicut uni ex confratribus suis sufficienter ministrabunt, ita tamen quod sibi et homini suo et equo sufficientem habeat sustentationem. Hanc vero conventionem fideliter observandam utraque pars, iuramento prestito et fidei religione interposita, promisit. Quia ergo veritati testimonium perhibere tenemur, hanc conventionem presentis scripti serie et sigilli nostri appositione duximus corroborandam.*a* Hiis testibus: Guar(ino) Cicestr' canonico, Willelmo clerico de Swyndon', Serlone et Iohanne de Lungefeir' capellanis etc. et multis allis.

a corroborandum B

*?† 202. Liskeard (Menheniot): hospital of St Mary Magdalene

Indulgence of thirty-five days [1194 × 1206]

Listed only in a s. xv letter of confraternity issued by the brethren and sisters: PRO E 163/26/I⁶, of unknown provenance, ed. by Roy M. Haines, 'A confraternity document of St Mary Magdalene's Hospital, Liskeard', *Bulletin of the Institute of Historical Research* 45–6 (1972–3) 128–35. Cf. Orme and Webster 205–9

It purports to be a letter issued in Bp Walter Stapledon's time in 1308 × 26 (and in its present form must be a copy), offering spiritual benefits to benefactors and listing the indulgences granted to the hospital by popes, bps and heads of religious houses. As some of these cannot even be conjecturally identified, the whole catalogue may be spurious. But the list of Exeter bps, from Henry Marshal to Walter Stapledon, is accurate, and their indulgences do not exceed the 40 days allowed by 4 Lateran Council (1215), c. 62: *Extra* V. 38, c. 14. Bp Peter Quinel legislated in 1287 against fraudulent claims by alms-collectors: *Councils and Synods* ii, 2, 1043 no. 47.

203. Montebourg abbey (Loders priory)

Confirmation at Lawhitton to the monks of the advowson of the chapel of St Pancras (Rousdon), as recognized by Bishops Robert (II) (no. 66) and Bartholomew (no. *117), and of an annual payment from the vicar to the monks of twenty shillings, saving in everything the episcopal rights and customs.

4 Sept. 1196

A = Archives de la Manche, H. 12812 (now lost)
B = Guilloreau's text from A
C = Paris, BN ms lat. 10087 (Cart. de l'abbaye de Montebourg) p. 198 no. 652. s.xiii (1274).
D = Ibid., N.A. lat. 2433 (L. Delisle's transcript made in 1847 of Loders cartulary, s.xiv in. destroyed at St-Lô in 1944) pp. 230–1 no. 651 with ref. to no. li p. 54 of the cartulary.

Pd from A by L. Guilloreau, 'Cartulaire de Loders' 82–3 no. 51; calendared in *CDF* no. 903.

Universis sancte matris ecclesie filiis ad quos presens scriptum pervenerit H. dei gratia Exoniensis episcopus salutem in domino. Ad universitatis vestre perveniat notitiam quod nos divine pietatis intuitu confirmamus ecclesie sancte Marie de Montisburgo*a* et monachis ibidem deo servientibus ius*b-* advocationis capelle sancti Pancratii, quod*-b* venerabiles predecessores nostri, R. et B. quondam Exonienses episcopi, eis recognoverunt et scriptis suis autenticis confirmaverunt. Ad hec autem puro*c* caritatis intuitu concessimus ipsis monachis ad piam ipsorum sustentationem xx solidos a vicario eiusdem capelle, quicumque pro tempore fuerit, annuatim in proprios usus percipiendos, salvo*d-* iure et consuetudine episcopali*-d* in omnibus. Ut igitur hec confirmatio nostra et concessio rata et firma in perpetuum permaneat, presentis scripti serie et sigilli nostri appositione roboramus. Dat' Landewiteton'*e* in Cornubia ii non' Septembris pontificatus nostri anno tertio. Hiis testibus: Waltero priore de Lanstavaton'*f*, Iohanne archidiacono Exon', magistro Benedicto Eborac', magistro Waltero de Lincis*g*, magistro Radulfo Toton', Philippo capellano, Willelmo clerico de Svindon', Gregorio capellano pontis Exon', magistro Henrico de Brideport, Willelmo capellano de Brideton', et multis aliis.

a de Montisburgo BD; Montisburgi C
b-....-b ius ... quod BD; capellam sancti Pancratii cum omni iure et pertinentiis quam C
c puro C, cf. no. 183; pure BD
d-....-d salvo ... episcopali BD; solvendo etiam iura et consuetudines C
e Landewiceton' D; Laudewitetonie B; Lanwitecon' C
f Lanstavaton' C; Lanstaveton' BD *g* om. following names C

204. Montebourg abbey (Axmouth priory)

Confirmation at Branscombe of the freedom of its demesne at Axmouth from paying tithe to Axmouth church, and grant of two sheaves of tithe and a third part of the small tithes of that parish, saving the remainder to the vicar, who will be responsible for the episcopal customs.   3 Dec. 1204

B = Paris, BN ms. N.A. lat. 2433 (L. Delisle's transcript made in 1847 of Loders cartulary, s.xiv in., destroyed at St-Lô in 1944, with ref. to no. lxxvi, pp. 98–9 of the cartulary) p. 230 no. 650. s. xix (1847), C = Ibid., lat. 10087 (Cart. de l'abbaye de Montebourg) p. 198 no. 651. s.xiii ex. (1274).
Pd from the lost Loders cartulary by L. Guilloreau, 'Cartulaire de Loders', with ref. to pp. 98–9, 234 no. 90; calendared (with ref. to an original) in *CDF* no. 908.

Omnibus sancte matris ecclesie filiis ad quos presens scriptum pervenerit,

H. dei gratia Exoniensis episcopus salutem in domino. Noverit universitas vestra nos concessisse abbati et conventui ecclesie beate Marie de Montisburgo*a* ut sint liberi et immunes a prestatione decimarum de dominico suo de Axemuth'*b* provenientium, quas ecclesia de Auxemuth'*c* percipere non consuevit. Preterea concessimus et dedimus eisdem duas garbas decimarum de parochia eiusdem ecclesie et tertiam partem decimarum minutarum ex eadem parochia provenientium in perpetuam elemosinam habendas et possidendas salvo toto residuo usibus vicarii eidem*d* ecclesie deputato, qui ecclesie deserviat et pro ea de episcopalibus in omnibus respondeat. Et ut hec concessio et donatio nostra rata et inconcussa permaneat in perpetuum, eam presenti scripto et sigilli nostri appositione confirmamus*e*. Dat' Branchecumb'*f* iii non' Decembris pontificatus nostri anno undecimo. Hiis testibus: Willelmo de Svind'*g* et magistro Hugone*h* de Wilt', canonicis Exon', magistro W. de Caln', magistro W. Paz, magistro Rogero de Inguarvilla, magistro Henrico de Brideport, et multis aliis.

a de Montiburgo B; Montisburgi C   *b* Axemuth' C; Axemue B
c Auxemuth' C; Axemue B   *d* eidem C; eiusdem B
e confirmamus C; confirmavimus B   *f* Branchecumb' C; apud Brankescumbe B
g Svind' C; Swind' B   *h* Hug' et pluribus aliis C; H. (Hug. dans le Cart. de Lodres) B

205. Montebourg abbey (Axmouth priory)

Notification that master Roger de Ingarvilla has in his presence resigned all rights that he had in the church of Axmouth.   [1194 × 1206]

> B = Paris, BN ms. lat. 10087 (Cart. de l'abbaye de Montebourg) p. 198, no. 650. s. xiii ex. (1274). C = Ibid., N.A. lat. 2433 (L. Delisle's transcript of Loders cartulary, with additions from B) p. 230, no. 649. s.xix (1847).

Universis sancte matris ecclesie filiis ad quos presens scriptum pervenerit, H. dei gratia Exoniensis episcopus salutem in domino. Ad universitatis vestre volumus pervenire notitiam quod magister Rogerius de Ingarvill', in presentia nostra constitutus, ecclesiam de Auxemuth' et ius totum quod in ea se dicebat habere spontanea voluntate in manus nostras resignavit, nichil iuris in ea ulterius sibi vendicaturus. Quod ut ratum permaneat in posterum, presenti scripto et sigilli nostri appensione duximus protestandum. Valete.

> In ?8 Jan. 1198 × Dec. 1204 Pope Innocent III appointed judges-delegate to hear the complaint of Roger de Ingarvilla that the bp defers his institution in the church of Axmouth; and subsequently the three monastic judges complained of the contumacious behaviour of the bp's proctor to Archbp Hubert and asked his advice: Cheney and Cheney no. 587A; C. R. Cheney, *Innocent III and England* 114. The outcome is unknown.

206. Mont St-Michel abbey

Permission at Crediton for the monks to appropriate their churches in the diocese, viz., Otterton with its chapel of 'La Hedreland', Sidmouth, Yarcombe (with its chapel of Dennington), Harpford (with its chapel of Venn Ottery) and, in Cornwall, Moresk (St Clement) and St Hilary, saving proper provision for the chaplains who shall be responsible for the episcopal customs, and saving the episcopal rights and authority.

31 Aug. 1205

A^1 = Archives de la Manche, ser. II, fonds d'Otterton; sealed on cords of black and green silk, seal missing: deed destroyed at Saint-Lô in 1944.

A^2 = ?Ibid.; sealing on black and red cords; damaged green wax seal: likewise destroyed.

B = Guilloreau's text from A^1 C = Paris BN Lat. 10072 fo. 57r–v no. 65 (A. L. Léchaudé d'Anisy's transcript of A^1) D = Ibid. fo. 79r no. 95 (Anisy's transcript of A^2) E = Exeter DRO, (Lord Coleridge) ms.(Otterton cartulary) 49. s.xiii med. F = Bp William Brewer's confirmation: below no. 283. G = Archbp Stephen Langton's confirmation of F (Sept. 1225): Exeter DRO, Otterton Cartulary 50 H= Guilloreau's text of Pope Clement IV's confirmation (1267) of Archbp G.'s (?recte S.'s) confirmation: original destroyed at Saint-Lô in 1944.

Pd from A^1 by L. Guilloreau, 'Chartes d'Otterton (prieuré dépendant de l'abbaye de Mont-Saint-Michel', *Revue Mabillon* v (1909) 178 no. iii; calendared *CDF* no. 772. From E by Oliver, *Mon. Exon.* 253 no. xv. From H by Guilloreau 189 no. xvii. The following text is based on B.

Omnibus sancte matris ecclesie filiis ad quos presens scriptum pervenerit H. dei gratia Exoniensis episcopus salutem in domino. Ad universitatis vestre perveniat notitiam quod nos caritatis intuitu concessimus deo et ecclesie sancti Michaelis de Monte in periculo maris et monachis ibidem deo servientibus, ad peregrinorum et hospitum susceptionem,*a* ecclesias suas in episcopatu nostro constitutas, cum primo vacaverint, in proprios usus suos in puram et perpetuam elemosinam habendas et possidendas cum pertinentiis suis, videlicet, ecclesiam de Otri',*b* cum capella sua de La Hedreland', ecclesiam de Sithemugh', ecclesiam de Harticumb',*c* ecclesiam de Harpeford',*d* et in Cornubia ecclesiam de Morres' et ecclesiam sancti Illarii, salva honesta sustentatione capellanorum ecclesiis illis deservientium, qui nobis et successoribus nostris de episcopalibus respondeant, salvis etiam nobis et successoribus nostris iure et auctoritate episcopali in omnibus. Et ut hec nostra concessio rata et inconcussa permaneat in perpetuum, eam presenti scripto et sigilli nostri*e* appositione confirmavimus. Dat' Criton',*f* pridie kal' Septembris pontificatus nostri anno duodecimo. Hiis testibus:*g* Galtero et Henrico Cornub' et Exon' archidiaconis, Anselmo thesaurario Exon', magistro Aluredo, Willemo de Swind', magistro Henrico, magistro Hugone, magistro Milone, magistro Isaac, magistro Rogero,[h] canonicis Exon', magistro Galtero de Sutton', et multis aliis.

[a] sustentationem et susceptionem F   [b] Otri BCDE; Otrintona F; Octrionie H
[c] om. eccles. de Harticumb' D; H *lists also the chapel* de Donnitone
[d] add cum capella sua de Fenotery F; H *lists* Fermotty   [e] om. nostri BC; mei D
[f] Otriton' CD   [g] witnesses in BCDE only   [h] D ends here

In view of the slightly expanded confirmations there may have been a cluster of episcopal acta.

The chapter ratified this grant by a deed witnessed by William de Swindon, Mr Roger de Didelham (Bidelham: Anisy, Dubosc), William fitzJordan, Maurice, Geoffrey (masters G.: Guilloreau) and Elias, chaplains, 'and many others', and sealed with a green wax seal on green (Guilloreau) or blue (Anisy) cords (deed likewise destroyed in 1944): Guilloreau 179 no iv; Anisy, Paris BN lat. 10072 fo. 57v no. 66, with drawing of seal; extract by Dubosc, archivist at Saint-Lô, dated 27 Oct. 1840, in BL Add. Ch. 19063–4 (duplicates); calendared *CDF* no. 773.

Abbot Jordan and the convent, no doubt in payment for the permission, surrendered to Bp Henry all the rights they claimed in the church of Woodbury by a charter with the same witnesses as the bp's, except for the last named: Guilloreau 179–80 no. v; *HMCR var. collect.* iv 60 no. 5301; *CDF* no. 771.

The Cornish churches were under the eye of the cell at St Michael's Mount: P. L. Hull, *St Michael Mount's Cartulary* xxi–xxii.

207. Mont St-Michel abbey

Inspeximus and confirmation at Crediton of a grant by Abbot J(ordan) and the convent of Mont St-Michel to master Roger de Winesham, chancellor of Wells, of five and a half marks a year to be paid from the obventions at the altar and an annual pension paid by the vicar of Sidmouth, any shortfall to be made good from tithe. Elaborate security is given for payment.

3 March 1205 × 6

A = Exeter, D. & C. mun. 2081. Endorsed (?contemp.): Carta abbatis sancti Michaelis de Monte de denariis solvendis magistro R. de W. super pensione de Wdebir' ad perficiendas xii marcas reddendas capitulo Exon' annuatim. Approx. 265 × 110 + 15 mm. Sealing on tag; turn-up, 1 slit; tag but no seal. The hand is of no. 186 above. Pd from A by Oliver, *Mon. Exon.* 254 no. xviii.

Universis sancte matris ecclesie filiis ad quos presens scriptum pervenerit, H. dei gratia Exoniensis episcopus salutem in domino. Noverit universitas vestra quod nos ratam habemus et acceptam concessionem dilectorum filiorum I. abbatis et conventus de Monte Sancti Michaelis in periculo maris factam magistro Rogero cancellario Wellensi, quam inspeximus in hec verba. Omnibus Cristi fidelibus ad quos presens scriptum pervenerit, I. abbas et conventus Montis sancti Michaelis de periculo maris eternam in domino salutem. Nos attendentes devotionem quam magister Rogerus de Winesh' semper habuit ad ecclesiam nostram, concessimus ei quinque marcas argenti et dimidiam de pensione quam solebamus percipere de obventione altaris de Sithemung' et de pensione quam solvit nobis vicarius eiusdem ecclesie annuatim, reddendas ad quatuor anni terminos, et residuum, quod ibi non sufficit ad solutionem predictarum quinque marcarum et dimidie, in decimis eiusdem ecclesie per manum prioris vel procuratoris qui in Otrinton' fuerit constitutus. Ita quod nisi ad voluntatem suam in predictis terminis ei fuerit satisfactum, reddemus ei de qualibet marca aliam marcam nomine pene. Ita quod omne dampnum quodcumque poterit ei contingere de solutione ad predictos terminos non facta sine contradictione ei prestabimus. Volumus etiam ad maiorem eius securitatem quod si^a de predicta summa et de pena prescripta ei non fuerit plenarie satisfactum, habeat^b plenam possessionem et potestatem decimarum bladi de Sithemung', post collectionem illarum per manum prioris vel procuratoris Otrint' factam, vendendi et disponendi sicut de ceteris rebus suis quousque satisfactum fuerit tam de summa predicta quam de pena. Ita quod domino Exoniensi et capitulo, si sedes vacaverit, et archidiacono eiusdem loci plenam damus potestatem nos compellendi ad huius solutionis et conventionis observationem absque contradictione et appellatione. Attornamus autem has predictas quinque marcas et dimidiam, quas debet recipere tam de pensione quam de decimis ecclesie de Sithemung' et sex marcas et dimidiam, quas solebat nobis reddere de pensione ecclesie de Wddebir', domino Exoniensi et capitulo, quietum eum clamantes ab omni obligatione. Ut igitur hec concessio firmam obtineat in posterum securitatem, et ne ab aliquo possit in dubium revocari, eam presenti scripto et sigilli nostri testimonio duximus confirmandam. Dat' Criton' v non' Mart' pontificatus nostri anno duodecimo. Hiis testibus: Willelmo de Svind' et magistro Rogero can*onicis* Exon', Mauricio et Gaufrido capellanis, magistro A. de Wddebir', magistro Galtero, Gilberto et Willelmo de Eling' clericis, et multis aliis.

^{a} nisi A ^{b} quod habeat A

Listed in the inventory of charters in the cathedral treasury in 1258 × 80: *Reg. Bronescombe* 292.
Because the start of the pontifical year is uncertain the year cannot be determined.

207A. Pilton: church (and priory) and the lazar-house

Settlement before him of a dispute between the church (with the consent of the prior and monks) and the lepers of Pilton. The lepers are to pay annually to the church on St Margaret's day [20 July] two pounds of wax or six pence and at Easter twelve pence, but are to retain all obventions to the chapel of St Margaret. The prior will take nothing from lepers on their entry into the house or on their death; and the monks are to hold services for the lepers on Easter day, Good Friday and St Margaret's day. Also confirmation to the lepers of their garden which pertains to the fief of Pilton. 17 Aug. 1199

A = Barnstaple DRO B1/4927, Approx. 160 × 100 + 20 mm. Sealing on tags; turn-up, 1 + 1 + 1 slits; no tags or seals.

Omnibus Cristi fidelibus ad quos presens scriptum pervenerit H. dei gratia Exoniensis episcopus salutem in domino. Noverit universitas vestra quod hec est transactio facta coram nobis anno consecrationis nostre sexto in octavis sancti Laurentii inter ecclesiam de Pilton', de consensu Rad' tunc eiusdem loci prioris et monachorum ibidem deo servientium, et^a leprosos de Pilton', sopitis hinc inde omnibus querelis et exactionibus, videlicet quod dicti leprosi reddent annuatim ecclesie de Pilton' in die sancte Margarete duas libras cere, et si due libre cere cariores fuerint sex denariis, reddent sex denarios pro duabus libris cere. Reddent etiam annuatim in die pasche eidem ecclesie de Pilton' duodecim denarios. Predictis autem leprosis omnes obventiones capelle sancte Margarete cum integritate remanebunt in perpetuum. Quicumque etiam prior fuerit de Pilton' nichil exiget ab eisdem leprosis, neque in introitu domus neque in ultimo articulo mortis, nisi quod ipsi dicte ecclesie de Pilton' gratis conferre voluerint sicut parrochiani. Monachi autem dicte ecclesie intuitu divino in die pasche et die veneris in parasceven et die sancte Margarete dictis leprosis celebrationem divinorum plenarie ministrabunt. Ortus etiam qui est de feudo Pilton' ipsis leprosis sub prefata pensione in perpetuum remanebit. Et ut hec transactio rata et inconvulsa in posterum permaneat eam tam scripti quam sigilli nostri testimonio corroboravimus. Hiis testibus: W. de Svind' canonico Exon', R. de Winkel' offic' Bardestapl', magistro H. de Wilton', magistro G. de Sutton', G. decano de Okement', Henrico de Eling', Gileberto et Benedicto clericis nostris, Stephano clerico, Reginaldo Beaupeil', Ricardo de Forca et multis aliis.

^{a} & *repeated* A

Pilton, near Barnstaple, was a cell of Malmesbury abbey. For the lazar-house, first recorded in 1189, see Orme and Webster, *The English Hospital* 252–3.

208. Plympton priory

Amicable agreement by chirograph at St Germans between the bishop and chapter and J(oel) prior and convent concerning the church of St Gerrans. The bishop and his successors shall have the free disposal of half of the tithe from their demesne and also of half of all the tithes of the parish and of the obventions at the altar. The prior and convent shall have the other halves. The bishops shall appoint the chaplain, who will be responsible for the episcopal customs and also give security to the prior and convent for the payment of their share of the revenues. 8 July 1202

> A = Exeter, D. & C. ms. 1397. Endorsed, contemp.: Compositio super ecclesia sancti Gerendi. Approx. 170 × 90 + 13 mm. Sealing on 3 tags; turn-up, 1 + 1 + 1 slits; no seals.
> B = Exeter, DRO, Bishops' registers, 1 (Bronescombe) fo. 18v. (Inspeximus by Bp Bronescombe).
> Pd from B in *Reg. Bronescombe* 248–9; calendared from A in *HMCR var. coll.* iv 59–60.

CYROGRAPHVM [*cut straight*]. Sciant omnes ad quos presens scriptum pervenerit quod hec est amicabilis compositio facta inter dominum H. Exoniensem episcopum et I. priorem et conventum de Plinton' super ecclesia sancti Gerent', videlicet quod idem episcopus, et successores eius Exonienses episcopi post eum, plenum ius habebunt in perpetuum conferendi cuicumque voluerint totam decimam dominii sui tam de frugibus quam de rebus aliis ad predictam ecclesiam spectantibus, et preterea medietatem decimarum omnium et obventionum omnium altaris ex parrochia provenientium. Predicti vero I. prior et conventus de Plinton' cum omni integritate percipient aliam medietatem decimarum parrochie, tam in decimis frugum quam rerum aliarum, cum medietate omnium obventionum altaris, in usus suos in perpetuum convertendam. Dominus vero episcopus et successores eius capellanum invenient qui ecclesie deserviat et episcopis de onere ecclesie respondeat. Et idem capellanus iuratoriam prestabit cautionem dictis priori et conventui quod prenominatam portionem illorum, quantum in eo est, ad usus eorum fideliter custodiet et cum omni integritate eis persolvet. Et `ut´ hec compositio rata in perpetuum permaneat, tam sigillis eiusdem H. episcopi et capituli Exon' quam prioris et conventus Plinton' utrobique est corroborata. Facta autem est hec compositio apud sanctum Germanum viii Idus Iulii pontificatus H. Exoniensis episcopi anno nono. Hiis testibus: Ang'[a] priore sancti Germani, magistro H. de Warw',[b] magistro H. de Wilt',[c] canonicis Exon',[d] Roberto de Ilstinton', canonico Plint',[e] magistro W. Paz,[f] Serlone capellano, magistro G. de Sutt',[g] Iohanne de Gloec',[h] Gilberto clerico.

a Angero B   *b* Warwyk' B   *c* Wilton' B   *d* Exoniens' B   *e* Plynton' B
f Pace B   *g* Thoma de Sotton' B   *h* Gloecestr' B

The church of St Gerrans, on the episcopal Domesday manor of Tregear and in the bp's peculiar deanery of Penryn, was sometimes considered the mother church of St Anthony, and Plymptom had an interest in both. Its share of St Gerrans was presumably for the use of the cell at the latter. For Gerrans see Henderson ii 171–3.

209. Torre abbey

Authorization at Paignton, on the presentation of William Brewer, for the abbot and convent to appropriate the church of Torre (Mohun), saving the episcopal rights and customs.   10 June 1197

B = Dublin, Trinity College ms. E.5.15 (Torre cartulary) fo. 37r. s.xiii med. C = PRO E 164/19 (Torre cartulary) fo. 12r. s.xv.

Universis sancte matris ecclesie filiis ad quos presens scriptum pervenerit, H. dei gratia Exoniensis episcopus salutem in domino. Ad universitatis vestre volumus pervenire notitiam nos puro caritatis intuitu ad presentationem Willelmi Briewer' concessisse et dedisse abbati et conventui de Thorre ecclesiam de Thorre cum omnibus pertinentiis eius in usus proprios in perpetuum convertendam, salvo in omnibus iure et consuetudine episcopali. Et ut hec donatio nostra rata et inconcussa in perpetuum permaneat, eam presentis scripti [testimonio]*a* et sigilli nostri inpressione confirmavimus. Dat' Peinton iiii idus Iunii pontificatus nostri anno quarto. Hiis testibus:

a om. BC; *or read* presenti scripto *(cf. no. 178)*

The Premonstratensian abbey founded by William Brewer at Torre was inaugurated on 25 March 1196 by the arrival of Adam, canon (?abbot) of Welbeck (Notts) and six companions. The former parson of the church was Richard Brewer, either the nephew or possibly the brother of the founder: H. M. Colvin, *The White Canons in England* (Oxford 1951) 152–62. William Brewer's 'foundation' charter is witnessed *inter alios* by Bp Henry: *Mon. Ang.* vi (2) 924 no. i; *Mon. Exon.* 172 no. i. The charter of William's wife, Beatrice du Val, is ibid., 173 no. iii.

William Brewer, whose father William held lands in the reign of Henry I, was a great servant of the Angevin kings, a justiciar and sheriff of Devon (1179–89) under Henry II, active in the regency government of Richard I, and one of John's closest men, powerful both at court and in the country, an executor of his will and loyal to his infant son, Henry III. He died in 1226, holding lands in many shires, but especially in Devon. His heir, William II, died in 1233, when the estate was divided among heiresses. Bp Henry Marshal belonged to the same set as William I, and Bp William Brewer of Exeter (1223/4–44) was the baron's nephew. See also above pp. xlvii–xlviii.

210. Torre abbey
Grant at Faringdon (Hants) to the canons, at the request of Sir William Brewer, of the church of Bradworthy with permission to appropriate, saving an annual rent of three or four marks to the abbey of Le Val (dioc. Bayeux) and proper provision for a priest who will serve the church and be responsible to the bishop and his officials for the episcopal customs. 27 Oct. 1197

B = Dublin, Trinity College ms. E.5.15 (Torre cartulary) fo. 109r-v. s.xiii med. C = PRO E 164/19 (Torre cartulary) fo. 52v. s. xv.

Omnibus Cristi fidelibus ad quos presens pagina pervenerit H. dei gratia Exoniensis episcopus eternam in domino salutem. Ad universorum notitiam volumus pervenire quod nos, divini amoris intuitu ad petitionem et concessionem domini W. Briwere, concessimus et in puram et perpetuam elemosinam donavimus ecclesie sancti Salvatoris de Thorre et canonicis ibidem deo famulantibus ad piam ipsorum sustentationem ecclesiam de Braworthi, cum terris et decimis et universis rebus ad eam pertinentibus, in ipsorum usus proprios in perpetuum convertendam, libere etiam quiete et^a pacifice possidendam, salvo redditu trium^b marcarum quas domui sancte Marie de Valle ex ecclesia illa annuatim persolvent, ita quod canonici de Valle, [fo. 109v] sicut plenius nobis constat, plusquam tres^e marcas illas a prefata ecclesia de Braworthi nichil possunt exigere; salva etiam honesta ac sufficienti sustentatione unius sacerdotis qui ecclesie illi deserviat et nobis et officialibus nostris nomine predictorum canonicorum de Thorra de episcopalibus competenter respondeat. Ut igitur hec concessio et donatio nostra rata et inconcussa permaneat in perpetuum, eam presentis^d scripti testimonio et sigilli nostri appositione duximus confirmare. Dat' Ferendon' vi kal' Novembris pontificatus nostri anno quarto. Hiis testibus:

^{a} etiam et quiete ac C ^{b} trium, *with* iiii *suprascript* B; quatuor C ^{c} quatuor C
^{d} presentis C; presenti B

The advowson of Bradworthy seems to have been granted earlier to le Val by the Pommeraye family which had founded it. Cf. Round, *CDF* 536–7. And William Brewer's wife Beatrice was *de Valle*: see above no. 209 n. For the dispute between the two abbeys see Colvin, *The White Canons* 154; D. Seymour, *Torre Abbey* (Exeter 1977) 171–2, 174 and below no. 220. The case seems to have come to an end on 2 Nov. 1198 when William Brewer and Bernard abbot of le Val made a fine: O. J. Reichel, *Devon Feet of Fines I, 1196–1272* (Devon and Cornwall Record Soc. 1912) calendar i no. 26.

211. Torre abbey

Authorization at Chudleigh for the canons to appropriate the church of Wolborough, saving proper provision for a chaplain, who shall be presented to the bishop and be responsible for everything, and saving the episcopal rights. 17 June 1205

> B = Dublin, Trinity College ms. E.5.15 (Torre cartulary) fo. 53r–v. s.xiii med.
> C = PRO E 164/19 (Torre cartulary) fos. 14v–15r. s.xv.

Omnibus sancte matris ecclesie filiis ad quos presens scriptum pervenerit H. dei gratia Exoniensis episcopus salutem in domino. Noverit universitas vestra quod nos caritatis intuitu concessimus viris religiosis de Thorr' ecclesiam de Wlveburga cum omnibus pertinentiis suis in usus suos in perpetuum habendam et possidendam, salva honesta sustentatione unius capellani, quem episcopo presentabunt, qui ecclesie deserviat et nomine eorumdem religiosorum de episcopalibus pro ecclesia respondeat, [fo. 53v] salvo etiam nobis et successoribus nostris iure episcopali in omnibus. Et ut hec concessio nostra rata permaneat in posterum, eam presenti scripto et sigilli nostri testimonio confirmavimus. Dat' Cheddeleg' xv kal' Iulii pontificatus nostri anno duodecimo. Hiis testibus etc.

> The church of Wolborough, together with those of Torre, Bradworthy and Buckland Brewer, was part of the initial endowment of the abbey: H. M. Colvin, *The White Canons* 159.

212. Tywardreath priory

Confirmation at the manor of Pawton to the monks of the appropriated church of Lanlivery with its chapel, Lostwithiel, saving the episcopal rights and customs. 30 June 1201

> B = Exeter, DRO, Bishops' registers I (Bronescombe) fo. 34v. (Inspeximus by bp Bronescombe).
> Pd from B in *Reg. Bronescombe* 2.

Omnibus sancte matris ecclesie filiis ad quos presens scriptum pervenerit, H. dei gratia Exsoniensis episcopus salutem in domino. Ad universitatis vestre volumus pervenire notitiam quod nos caritatis intuitu concessimus et confirmavimus ecclesie sancti Andree de Tywardrat et monachis ibidem deo famulantibus ecclesiam de Landliviri cum capella de Loshuliel', que pertinet ad eandem ecclesiam, et cum terris et decimis et rebus aliis omnibus ad eam pertinentibus, in usus eorum proprios in perpetuum habendam et possidendam, salvo nobis et successoribus nostris iure et consuetudine episcopali in omnibus. Et ut hec concessio et confirmatio nostra rata et inconcussa in perpetuum permaneat, eam presenti scripto et sigilli nostri testimonio corroboravimus. Datum Polton' ii kal' Iulii pontificatus nostri anno octavo. Hiis testibus: magistro H. de Wilt', canonico Exson', Serlone et Maur[icio] capellanis, Gileberto et Willelmo[a] Humunt[b], clericis, Ivone capellano, et multis aliis.

[a] Willelmus B   [b] Hununt B

Robert fitzWilliam confirmed the grants of his father and his grandfather Henry, including the church of Lanlivery, to the abbey of Sts Sergius and Bacchus at Angers: *Mon. Exon.* 39 no. viii.

The *caput* of the episcopal manor of Pawton, now a large farmhouse, was the chief place of resort of the bps in Cornwall. For its history see Henderson ii 41 ff.

213. Church of Wells

Admission and institution at Faringdon (Hants), on the presentation of Savaric, bishop of Bath and Glastonbury, of master John of Tynemouth to the church of Awliscombe, which, as we know from the instruments of the lord of the manor and Bishop John (above, no. 178), has been granted as a prebend to the church of Wells, saving Exeter's episcopal rights and customs.   22 Feb. 1199 or 1200

B = Wells, *Liber Albus* I (R.I.) fo. 47r. s.xiii. C = Ibid., II (R.III) fo. 391v. s.xv ex.
Pd (calendared) from BC in *HMCR Wells* i 54 no. clxxxii.

Universis sancte matris ecclesie filiis ad quos presens scriptum pervenerit, H. dei gratia Exoniensis episcopus salutem in domino. Noverit universitas vestra nos, ad presentationem venerabilis fratris nostri S. Bathon' et Glaston' episcopi, nullo reclamante aut contradicente, admisisse magistrum Iohannem de Tinemuth' ad ecclesiam de Aulescumb' et eum in eam canonice instituisse. Quam ecclesiam ex inspectione instrumentorum domini fundi et bone memorie I. predecessoris nostri Wellensi ecclesie nomine prebende novimus esse collatam, salvo ecclesie Exoniensi nobis et successoribus nostris iure et consuetudine episcopali in omnibus. Quod ne processu temporis alicui vertatur in dubium, tam scripti quam sigilli nostri testimonio confirmavimus. Dat' Ferendon' viii kal' Martii pontificatus nostri anno sexto. Hiis testibus:[a] magistro H. de Wilton', Willelmo de Svindon' et Henrico de Eling', Exoniensis ecclesie canonicis, magistro G. de Sutton', Iohanne et [b] Serlon' capellanis, Gileberto et Iohanne et Benedicto, clericis nostris, et multis aliis.

a testibus etc B; *witnesses from* C   *b* de C

Because the start of the pontifical year is uncertain the year cannot be determined.

John may well be the important Oxford *glossator*, clerk of Archbp Hubert Walter and archdn of Oxford (1215–21), for whom see, especially, S. Kuttner and E. Rathbone, 'Anglo-Norman canonists of the twelfth century', *Traditio* vii (1949–51) 324–7, 347–53.

214. Church of Wells

Admission and institution at Faringdon (Hants), on the presentation of the dean and chapter of Wells and the official of the bishop of Bath and Glastonbury, who is beyond the sea, of master John of Tynemouth to the church of Awliscombe . . . as in no. 213 . . . customs.

22 Feb. 1199 or 1200

B = Wells, *Liber Albus* I (R.I.) fo. 47v. s. xiii. C = Ibid., II (R. III) fo. 338r–v. s. xv ex. Pd (calendared) from BC in *HMCR Wells* i 55 no. clxxxv

Universis sancte matris ecclesie filiis ad quos presens scriptum pervenerit H. dei gratia Exoniensis episcopus salutem in domino. Noverit universitas vestra nos ad presentationem decani et capituli Wellensis ecclesie et officialis domini S. Bathoniensis et Glastoniensis episcopi admisisse magistrum Iohannem de Tynemug'*a* ad ecclesiam de Aulescumba et eum canonice instituisse, dicto episcopo in partibus transmarinis agente. Quam ecclesiam ex inspectione instrumentorum domini fundi et bone memorie I. predecessoris nostri Wellensi ecclesie nomine prebende novimus esse collatam, salvo ecclesie Exoniensi*b* nobis et successoribus nostris iure et consuetudine episcopali in omnibus. Quod ne processu temporis alicui vertatur in dubium, tam scripti quam sigilli nostri testimonio confirmavimus. Datum Ferend' viii kal' Martii pontificatus nostri anno sexto.*c* His testibus: magistro Hugone de Wilton', Willelmo de Svindon' et Henrico de Eling' Exoniensis ecclesie canonicis, magistro G. de Sutton', Iohanne et Serlone capellanis nostris, Benedicto, Gilberto et Iohanne clericis nostris, et multis aliis.

a Thinemug' C   *b om.* Exon' B   *c* B *ends; witnesses from* C

Because the start of the pontifical year is uncertain the year cannot be determined.

215. Church of Wells

Certification to Pope Innocent III by the bishops of London, Rochester, Exeter, Salisbury, Ely, Coventry, Worcester, Norwich, Lincoln, Chichester

and Winchester of the canonical election of Mr Jocelin, canon of Wells, upon the death of Savaric bishop of Bath, and the assent of King John; and petition, in the vacancy of the see of Canterbury, for its confirmation.
[Feb. 1206]

> B = Wells, Liber Albus I (R. I) fo. 56r. s. xiii.
> Pd (calendared) in *HMCR Wells* i 64 no. ccxi.

216. Westminster abbey

Notification that, with the consent of the abbey and convent, he has built a chapel on their fief, viz. the land he has bought from Geoffrey Picot in Longditch Street, for the use of the church of Exeter and his successors in the bishopric, so that they may hold services there, without, however, doing any harm to the mother church of Westminister or the chapel of St Margaret, in whose parish the land is situated. [1194 × 1198]

> A = Westminster Abbey, W.A.M. 17312. Endorsed (s. xv): Carta pro quadam capella concessa ab abbate et conventu domino H. Exon' episcopo. Approx. 150 × 95 + 20 mm. Sealing on tag; turn-up, 1 slit; tag, no seal.
> Pd (calendared) *Westminster Abbey Charters* no. 230.

Sciant universi ad quos presens scriptum pervenerit quod ego Henr(icus) dei gratia Exoniensis episcopus ex consensu abbatis et conventus ecclesie Westmonasterii erexi capellam quandam in fundo eorum, in terra scilicet quam emi de Galfrido Picot, ad opus Exoniensis ecclesie et omnium successorum meorum Exoniensium episcoporum, in vico qui dicitur Langedich', in qua celebrabuntur divina, ita quod occasione capelle illius nichil fiat in preiudicium vel dispendium matricis ecclesie de Westmonasterio vel capelle sancte Margarete, in cuius parrochia prefata terra quam emi sita est. Quod ut ratum et inconcussum permaneat presenti scripto et sigilli mei appositione corroboravi. Hiis testibus: domino R. Lundon' et domino G. Rouensi episcopis, Theobaldo de Ferringes, magistro Iocelino de Scaccario, Rogero Enganet, Albino clerico, Iohanne de Erleg', magistro Waltero de Lincis, magistro Hugone de Wilton', et multis aliis.

> Richard fitzNeal bp of London died on 10 Sept. 1198. The abbot of Westminster would have been William Postard (1191–1200).
> The bp of Exeter held the land in Longditch St, Westminster from Geoffrey Picot and his heirs, who held it of William fitzWilliam of Westminster, who was the abbey's tenant: *Westminster Abbey Charters* no. 445. Geoffrey Picot was the abbey's seneschal, as was Theobald of Feering. Jocelin fitzHugh was the marshal of the Exchequer. Albin the clerk, and possibly John de Erleg', were also Westminster witnesses. St Margaret's Westminster was the abbey's peculiar. See B. Harvey, *Westminster Abbey and its estates in the*

Middle Ages (1977) 407–8. For the licence, cf. *Westminster Abbey Charters* no. 312.

A 'Carta de domo episcopi apud Lundonias episcopis Exoniensibus inperpetuum concessa' was in the cathedral treasury in 1258 × 80: *Reg. Bronescombe* fo. 136v (p. 292).

216A. Bishop Henry: court proceedings

c. 1194 × 9. *Ex provisione* the bishop, amicable settlement of a dispute between the monks of Tavistock and the canons of Launceston over the chapels of St Martin Werrington and St Giles on the Heath, dependent upon the mother-church of St Paternus, North Petherwin.

Witnesses: the bishop, William abbot of Buckfast, Baldwin abbot of Hartland, etc.

> Pd Finberg, 'Tavistock charters' 373–4, no. L; (calendar) Hull, *Launceston priory cartulary* no. 291, cf. 292.

SIMON OF APULIA

217. Profession of obedience

Profession of due and canonical obedience and subjection to archbishop Stephen, the church of Canterbury and future archbishops. [5 Oct. 1214]

A = Canterbury D. & C.A. C 115/142. Endorsed: Hec professio facta est in ecclesia Cant' iii nonas Octobris, astantibus et cooperantibus Willelmo episcopo Lond', Petro Wint', Eustachio Eliensi, Hugone Linc', Jocel' Baton', N. [*recte* R.] de Sancto Asaph, anno mccxiiii. Approx. 146 × 43 mm.; not sealed.
B = Ibid. register A (prior's register) fo. 244r. Followed by the endorsement. s. xiv med.
Pd (calendar) in Richter, *Canterbury Professions* no. 148.

Ego Simon, ecclesie Exoniensis electus et a te, reverende pater S. sancte Cantuariensis ecclesie archiepiscope et tocius Anglie primas, consecrandus antistes, tibi[a] et sancte Cantuariensi ecclesie et successoribus tuis canonice substituendis debitam et canonicam obedientiam et subiectionem me per omnia exhibiturum profiteor et promitto, et propria manu subscribendo[b] confirmo. +

[a] *om.* tibi B   [b] subscribe B

The concluding cross seems to be autograph.

*217A. Derby: Kingsmead priory

Indulgence of fifteen days remission of enjoined penance for all those contributing to the building work of the priory. [c. 1218]

Mentioned in BL ms. Wolley Charter XI. 25, pd by Rose Graham, 'An appeal for the Church and buildings of Kingsmead Priory c. 1218', *The Antiquaries Journal* xi (1931) 51–4, and see also Langton, *Acta* 155 no. 8. Similar indulgences were issued by the archbp of Canterbury and the bps of London, Winchester, Lincoln, Worcester, Salisbury, Bath and Chester. Pd also *EEA* IX no. 24.

217B. Launceston priory

Confirmation of the gift by Henry, son of Reginald earl of Cornwall, to the priory of the church of Liskeard, saving a competent vicarage.

[1215 × 1223]

B = Lambeth Palace ms. 719 (Launceston priory cartulary), fos. 199v–200r. s. xv. Stain on fo. 200r.
Pd (calendar) from B by Hull in *Launceston priory cartulary* no. 497.

Universis sancte matris ecclesie filiis has litteras visuris vel audituris S. dei gratia Exoniensis episcopus salutem eternam in domino. Noverit universitas vestra quod nos, ad religionem et honestatem ac cetera officia et opera caritatis, que in ecclesia sancti Stephani [fo. 200r] de Lanstavaton' iugiter inspirante deo exercentur, benignum habentes respectum, deo famulantibus canonicis dignum duximus benignitatis nostre viscera aperire, ut latius et liberius se possunt nunc et semper extendere in fructibus et operibus caritatis. Predictis itaque causis et iustis rationibus inclinati pariter et inducti, ecclesiam de Leskereth', cum decimis garbarum et terra ad eandem ecclesiam pertinente, quam Henricus filius comitis prefatis priori et canonicis de Lanstavaton caritative contulerit, eisdem in usus proprios concessimus et confirmamus, salva tamen perpetua vicaria competenti alicuius ydonei vicarii quem iidem prior et conventus nobis et successoribus nostris presentabunt ad vicariam prefatam ecclesie de Leskereth', qui omnia onera spiritualia in se sustinebit. Hanc autem concessionem prefatis priori et canonicis de Lanst' fecimus, salvo in omnibus iure ecclesie Exoniensis et nostro et successorum nostrorum. Et in huius rei testimonium huic scripto sigillum nostrum apposuimus Hiis testibus: Ricardo et Willelmo capellanis, H. officiali Cornub', et Beniamin clerico, magistro Ada etc.

Liskeard was probably one of the gifts that Earl Reginald made to atone for his sins in the civil war in Stephen's reign and his excommunication by Bp Robert I: Hull, ibid., pp. xvi and n., xix, nos. 493–6, 498–9. Henry fitzCount, Reginald's bastard son, was granted in 1215 custody of the county of Cornwall, but was never recognized as earl: *Handbook* 456 n. On 9 May 1265 at Exeter the bp's official taxed the vicarage: Hull, no. 502.

*?†218. Liskeard (Menheniot): hospital of St Mary Magdalene

Indulgence of forty days [1214 × 1223]

Listed only in a s. xv letter of confraternity issued by the brethen and sisters: PRO E 163/26/I^6, of unknown provenance, ed. by Roy M. Haines, 'A confraternity document of St Mary Magdalene's Hospital, Liskeard', *Bulletin of the Institute of Historical Research* 45–6 (1972–3) 128–35.
See above no. 202 n.

219. Marmoutier abbey

Confirmation to the abbey of an annual pension of four marks from the church of Thorverton, payable by the vicar Julian, failing whom, the parson Serlo, and failing both, whoever holds the church. 1216

> A = Exeter, D. & C. ms. 1830. Endorsed, contemp.: Anglia; s. xiv: script' ii. Approx. 215 × 155 + 22 mm. Sealing on cords; turn-up, 4 eyelets; white & black cords, trace of green wax seal.
> B = Ibid. ms. 3672 (cartulary) p. 146.
> Pd (calendar) *HMCR var. collect.* iv 64.

Omnibus sancte matris ecclesie filiis has litteras visuris vel audituris Simon dei gratia Exoniensis episcopus salutem eternam in domino. Noverit universitas vestrum^a nos divine caritatis intuitu, habito respectu ad religionem et honestatem domus Maioris Monasterii Turonen', concessisse et auctoritate episcopali confirmasse deo et fratribus Maioris Monasterii Turonen' ibidem deo famulantibus quatuor marcas argenti inperpetuum annuatim percipiendas de ecclesia de Turverton' nomine pensionis, scilicet duas marcas in festo sancti Michaelis et alias duas marcas in Pascha. Prefatas autem quatuor marcas fratres prefati Maioris Monasterii annuatim percipient per manum Iuliani vicarii eiusdem ecclesie de Turverton' quamdiu vixerit. Et si contigerit eundem Iulianum premori Serlonem personam ecclesie prefate, qui totam illam ecclesiam cum omnibus suis pertinenciis tota vita sua tenebit, idem Serlo singulis annis tota vita sua terminis prenominatis dictas quatuor marcas fratribus Maioris Monasterii persolvet. Iuliano autem et Serlone sublatis de medio, ipsi recipient perpetuo illas quatuor marcas ad prefatos terminos singulis annis per manum illius qui pro tempore ecclesiam de Turverton' tenebit. Ut autem hec nostra concessio et confirmacio perpetuum robur optineat, presenti scripto sigillum nostrum in testimonium apposuimus. Act' vero anno incarnacionis dominice millesimo ducentesimo sextodecimo. Hiis testibus: magistro Iohanne offic[iale], Hugone et Willelmo capellanis, magistro Ada Aaron, Roberto de Raddeway, Iuliano, Beniamin, Elia^b clericis et Rogero de Camera, Roberto de Cestr' clerico, et multis aliis.

> ^{a} v̄m A; v̄ra B ^{b} Quia B

> Mr Adam Aaron was involved in a dispute with the papal legate Pandulf over the church of Exminster, since 1208 indisputably in the gift of Plympton priory, which the pope on 12 July 1218 delegated to the archbp of Canterbury to examine and decide: *Cal. Pap.* i 56–7; *Redvers family charters* no. 103. It is possible that he was William Brewer senior's clerk, Mr Adam, who was presented by the king to Tavistock's church of Hatherleigh on 20 Apr. 1224: *Pat. Rolls 1216–25* 435.

219A. Norwich: cathedral priory

Testimony of Walter de Gray, bishop of Worcester, Bishop Simon of Exeter and Peter Russignol precentor of York that on their visit by papal mandate to Norwich, the prior and convent, in the absence of the archdeacons of the diocese, who in the visitors' presence claimed no right in the election, unanimously elected Pandulf as bishop. [*c.* 25 July 1215]

> B = Norwich, Norfolk Record Office ms. D. & C. Norwich Register I fo. 22v, added in bottom margin. s. xiv in.
> C = Ibid. Register II, fos. 15v–16r, copied from B. s. xiv in.

Omnibus Cristi fidelibus ad quos presens scriptum pervenerit W. dei gratia Wygorniensis et S. eadem gratia Exoniensis episcopi et P. precentor Eboracensis salutem in domino. Noverit universitas vestra quod cum de mandato domini pape ad ordinationem Norwycensis ecclesie accessissemus, prior et conventus eiusdem ecclesie, non presentibus archidiaconis eiusdem dyocesis nec aliquid iuris in electione episcopi coram nobis sibi vendicantibus, dominum Pandulphum domini pape subdyaconum et familiarem sibi in episcopum unanimiter elegerunt. Et in huius rei testimonium presens scriptum sigillis nostris duximus roborandum.

> In both B and C the letter is prefaced by the explanation: 'Set ante electionem eiusdem Pandulphi, W. Wig. et S. Exon. episcopi et P. precentor Ebor. ad mandatum domini pape apud Norwycum ad ordinationem ecclesie Norwycensis accesserunt. Quibus ibidem existentibus conventus Norwycensis, archidiaconis non presentibus nec aliquid iuris vendicantibus, dominum Pandulphum in episcopum elegerunt, prout patet per litteram subsequentem.' In ibid. Register XII (Inventory of muniments) fo. 11r, no xv, the document is styled, 'Littere testimoniales . . . quod archidiaconi Norwycensis dyocesis nullum ius in electione episcopi vendicare possunt.'
> John de Gray bp of Norwich died on 18 Oct. 1214, and on 18 July 1215, six weeks after Magna Carta, the king told the monks to elect a bp with the advice of the two bps and precentor: *Rot.Lit.Pat.* 149b. Pandulf Verracclo, papal subdeacon and *familiaris*, in the Norwich Registers described as papal chamberlain, was elected on 25 July and got the temporalities on 9 Aug. He was not, however, consecrated bp until 29 May 1222. It is likely that this document was produced at the time of his election in 1215, and it is noticeable that Norwich ignores the king's participation in the business. See further, C. R. Cheney, *Innocent III and England* 173–4, N. Vincent, 'The election of Pandulph Verracclo as bishop of Norwich (1215)' (forthcoming).

220. Torre abbey and abbey of le Val

Confirmation of the settlement in the General Chapter of the Premonstratensian order of a case, formerly heard by him, between the abbeys of le Val and Torre concerning the church of Bradworthy. [1214 × 1223]

B = Dublin, Trinity College ms. E.5.15 (Torre cartulary) fo. 109v. s. xiii med.
C = PRO E 164/19 (Torre cartulary) fo. 52v. s. xv.

Omnibus sancte matris ecclesie filiis ad quos presens scriptum pervenerit, S. dei gratia Exoniensis episcopus salutem in domino. Cum olim coram nobis diu questio verteretur inter dilectos filios de Valle et de Thorr' abbates et eorum conventus super ecclesia de Braworthi cum pertinentiis suis, tandem, viris prudentibus ac religiosis partes suas fideliter interponentibus, in generali capitulo*a* ordinis Premonstratensis inter eosdem est omnino sopita, prout in autenticis inter ipsos compositis perspeximus contineri. Et nos quod inter eos super prefata querela canonice est firmatum ratum et gratum habentes, auctoritate episcopali confirmamus. Et in huius rei testimonium presenti scripto sigillum nostrum duximus apponendum.

a capitali B

For the case see above no. 210.

221. Torre abbey

Permission for the canons to appropriate the church of Hennock after the death of the vicar Benjamin, who in the meantime is to pay them an annual pension of half a mark. [1214 × 1223]

B = Dublin, Trinity College ms. E.5.15 (Torre cartulary) fos. 61v–62r. s. xiii med.
C = PRO, E 164/19 (Torre cartulary) fos. 22v–23r. s. xv.

Omnibus sancte matris ecclesie filiis ad quos presens scriptum pervenerit, Symon dei gratia Exoniensis episcopus eternam in domino salutem. Noverit universitas vestra quod nos, habito respectu ad religionem, honestatem pariter et paupertatem domus de Thorre, concessimus divine pietatis intuitu dilectis in Cristo filiis abbati et conventui eiusdem loci de Thorre ecclesiam de Hanoc cum omnibus pertinentiis suis in proprios usus convertendam post decessum Beniamin clerici vicarii eiusdem ecclesie. Ita quod liceat predictis abbati et canonicis de Thorre post [fo. 62r] decessum prefati Beniamin possessionem prefate ecclesie de Hanoc cum omnibus pertinentiis suis ingredi, nullius requisito assensu, et eam pacifice possidere inperpetuum; qui tamen in eadem ecclesia facient*a* post decessum dicti Beniamin per sacerdotem secularem divina officia ministrari, salva in omnibus Exoniensis ecclesie dignitate et iure nostro et successorum nostrorum et officialium. Nos autem prenominatos abbatem et canonicos de Thorr' auctoritate episcopali tanquam personas ad prefatam ecclesiam de

Hanoc admisimus cum omnibus pertinentiis suis et in corporalem possessionem eos induci fecimus, salva tamen prefato Beniamin clerico plenaria et integra possessione totius prefate ecclesie de Hanoc cum omnibus pertinentiis suis tota vita sua, reddendo inde prefatis abbati et canonicis de Thorr' dimidiam marcam annuatim nomine pensionis quam eis de gratia nostra in vita ipsius Beniamin concessimus, scilicet xl denarios ad festum sancti Martini et xl [denarios]*b* ad Pentecosten. Ut autem hec nostra concessio rata et stabilis et illibata inperpetuum perseveret, eam presentis scripti testimonio et sigilli nostri appositione episcopali auctoritate confirmavimus. Hiis testibus:

a faciet C   *b* om. d. B

The donor of Hennock was Philip de Salmonville: C fo. 22r–v; Colvin, *The White Canons* 159.

222. Torre abbey

Confirmation, in so far as it pertains to him, of William fitzStephen's grant to the abbey of the advowson of the church of Townstall. [1214 × 1223]

B = PRO E 164/19 (Torre cartulary) fo. 62r. s. xv.

S. dei gratia Exoniensis episcopus omnibus Cristi fidelibus ad quos presens scriptum pervenerit, salutem eternam in domino. Noverit universitas vestra nos ratam et gratam habere concessionem et donationem quam Willelmus filius Stephani fecit dilectis in Cristo filiis abbati et conventui de Torr' super advocatione ecclesie de Tounstalle, cum omnibus pertinentiis suis que ad ipsius spectabat donationem, sicut in ipsius Willelmi carta, quam idem Willelmus eis contulit super advocatione predicte ecclesie, continetur. Unde nos ipsam*a* concessionem et donationem auctoritate episcopali, quantum ad nos pertinet, prefatis abbati et conventui de Torr' presentis scripti testimonio et sigilli nostri appositione confirmavimus. Hiis testibus:

a ipsum B

William fitzStephen, in the presence of William Brewer and Godfrey de Lucy bp of Winchester, gave the church (whose parish included the town of Dartmouth) to Torre in 1199: Exeter DRO DD/60510(A) (S.M.1031): photograph in Watkin, *Dartmouth* pl. XIII; B fo. 62r; Colvin, *The White Canons* 159.

223. Torre abbey

Notification of the admission and institution of the abbot and convent to the church of Shebbear on the presentation of King John, with permission to appropriate it, saving the vicarage to the chaplain P. for the term of his life, except for an annual pension of twenty shillings payable to the abbey by P. and the appointment of a secular chaplain after his death.

[5 Oct. 1214 × 19 Oct. 1216]

> B = Dublin, Trinity College ms. E.5.15 (Torre cartulary) fo. 114r. s. xiii med.
> C = PRO, E 164/19 (Torre cartulary) fo. 57r. s. xv.

Omnibus sancte matris ecclesie filiis ad quos presens scriptum pervenerit, S. dei gratia Exoniensis episcopus salutem in domino. Noverit universitas vestra nos, ad presentationem domini I. regis Anglie, admisisse dilectos filios abbatem et conventum de Thorr' ad ecclesiam de Sefbir'^{a} et eos in ea[m] canonice instituisse. Et concessimus eisdem divine caritatis intuitu eandem ecclesiam in proprios usus ipsorum cum omnibus pertinentiis convertendam, salva vicaria eiusdem ecclesie P. capellano quoad vixerit, preter viginti solidos quos idem P. annuatim tenetur solvere memoratis abbati et conventui de Thorr'. Postquam autem idem P. in fata decesserit, liceat prefatis abbati et conventui de Thorr' possessionem eiusdem vicarie, nullius requisito assensu, libere ingredi et pacifice possidere, ita tamen quod faciant per secularem capellanum divina officia ministrari in eadem ecclesia, salva in omnibus Exoniensis ecclesie dignitate, et$^{b\text{-}}$ salvo iure nostro et successorum et officialium nostrorum.$^{\text{-}b}$ Et ut hec donatio nostra rata et stabilis et illibata inperpetuum perseveret, eam presentis scripti testimonio et sigilli nostri appositione episcopali auctoritate confirmavimus. Hiis testibus:

> ^{a} Schefbere C $^{b\text{-}b}$ *om.* et . . . nostrorum C

> King John had given the church to Torre in 1207 (*sede vacante*): C fo. 57r; *Rotuli Cartarum* 168b; cf. *Cal. Pat. Rolls 1272–1281* 439. And J(ohn) archdn of Barnstaple had then admitted W. abbot and the convent to the church. R(alf), his successor in office, confirmed the institution: C fo. 57v.

223A. Vercelli: abbey of St Andrew

Notification by Walter archbishop of York, bishops William of London, Peter of Winchester, Richard of Durham, Richard of Salisbury, Hugh of Lincoln, Jocelin of Bath and Glastonbury, Simon of Exeter and William of Coventry, William Marshal earl of Pembroke, Hubert de Burgh justiciar of England, Saher earl of Winchester, John Marshal and

Thomas of Erdington, that, at the request of the legate Guala [the founder of St Andrew's], King Henry (III) has granted the church of Chesterton to the canons of the abbey. [c. 8 November 1217]

Pd *EEA* ix (Winchester) no. 107.

224. Church of Wells

Notification to bishop Jocelin of Bath and Glastonbury and the Dean and Chapter of Wells of the admission and institution, at their request, of Mr Henry of Chichester, clerk, to the church of Holcombe Burnell as rector.
[1214 × 1223]

B = Wells: *Liber Albus* I (R.I) fo. 20v. s. xiii med.
Pd (calendared) in *HMCR Wells* i 20 no. lii.

Venerabili in Cristo fratri I. dei gratia Bathonie et Glastonie episcopo et dilectis amicis in Cristo decano et capitulo^a Wellenens' ecclesie, S. eadem gratia Exonie minister humilis in vero salutari salutem. Sciatis quod nos ad petitionem vestram admisimus magistrum clericum Henricum de Cicestr' ad ecclesiam de Holecumb' et eum personam instituimus. Valete.

^{a} capellano B

225. Bishop Simon: court proceedings

1. 1 Aug. 1217. *Coram* bp Simon, the cathedral chapter and Mr Michael rector of Colyton: licence granted to Sir Thomas Basset to have a chantry in the chapel of his hall (*curia*) at Colcombe in Colyton on certain terms.

Exeter D. & C. ms. 6672, pp. 35–6.

2. 3 Apr. 1219 in the bp's chamber at Exeter: admission by the bp of Mr William de Linguine to the church of Poughill (Devon) on the presentation of P(eter) prior of St Nicholas' Exeter.

Ab incarnatione domini anno millesimo cc°xix°, die mercurii proxima post dominicam palmarum, quando domnus S. Exoniensis episcopus recepit magistrum Willelmum de Linguine ad ecclesiam de Pocheille ad presentationem P. prioris et conventus sancti Nicholai Exon', isti interfuerunt apud Exoniam in camera domini episcopi hora tertia: dominus Henricus Exon' et Radulfus Barnastapl' et magister H. de Wilton' Tant' archidiaconi et magister Iohannes, officialis domini episcopi, magister Henricus de Warewic, magister Ysaac, magister Rogerus de Didissam,

Rogerus de Limesi, canonici Exonienses, magister Henricus de Sanforte, officialis Toton', Ricardus Cornub' monacus, Hugo capellanus domini episcopi, Thomas Cosin, Iohannes Cocus, Ricardus de Prestecote.

> BL ms. Cotton Vit. D. ix (cartulary of St Nicholas' Priory) fo. 36r.; pd (calendared) *Collect. Topograph. et Genealog.* i (1834) 63 no. 40.
>
> Mr William's name is variously spelt: Linguie or Lingui'e in the text, Linguive in the heading; Linguier, no. 4; Lingivers on fo. 35r; Linguivre by Phillipps 63, no. 40; and Linguire, *HMCR var. collect.* iv 65 no. 298. It has been suggested that it represents Lingèvres: London, *Canonsleigh cartulary* 130, which is a village on the road between Caen and Balleroy (Calvados). He seems to have been an episcopal clerk. In 1166 the daughter of William de Lingefre held 8 knights' fees of the 'tenement' of Totnes: *Liber Niger* 125. On fo. 36v is a memorandum of his having been put into corporal possession of the church by mandate of H. archdn of Exeter. He also had a financial interest in Launceston priory's church of Liskeard: *Launceston priory cartulary* no. 501.

3. 12 June 1219 at Exeter. *Coram* bp Simon: amicable composition between the prior and canons of Plympton and the prior and canons of Canonsleigh *re* the method of electing the prior and the maintenance of discipline at Canonsleigh.

Presentibus: domino Exoniensi episcopo, Henrico archidiacono Exon', S. archidiacono Totton', Rad' archidiacono Barnastapl', magistro Ysaac et I. canonicis Exon', et multis aliis.

> Bishops' registers 1 (Bronescombe) fo. 16r (pd 41).
> For the connection between the two priories see *Canonsleigh Cartulary* p. x.

4. [1214 × ?1221]. *Coram* bp Simon: composition, recorded in a chirograph sealed by both parties, between the prior and convent of St Nicholas, Exeter, and Richard de Crus, knight, *re* the chapel at Netherexe.

His testibus: Roberto de Curtenay, Reginaldo de Curtenay fratre eius, H. archidiacono Exon', Rad' archidiacono Barnastap', magistro Ysaac, magistro H. de Warewik', magistro H. de Wilton, Thoma Maudut, canonicis Exon', Teicio de Brion', Rogero de la Wurye, militibus, magistro R. de Crolond', magistro Willelmo de Linguier', Ricardo Birre (?Bure), Willelmo vicario magistri Heustachii, clericis, et aliis.

> BL ms. Cotton Vit. D. ix (cartulary of St Nicholas' priory) fo. 34v; pd (calendared) *Collect. Topograph. et Genealog.* i (1834) no. 35; whence Bishops' registers 1 (Bronescombe) fo. 110v (pd 3–4).

5. [?1221 × 1223]. Amicable composition, recorded in a chirograph sealed by both parties, between the cathedral chapter and the prior and convent of St Nicholas Exeter, *re* tithes from two mills and a fishery on the River Exe, near the chapel of St Clement, and from the chapel of St Olave.

Testibus: magistro S. archidiacono Exon' et magistro B. archidiacono

Totton', A. tesaurario et magistro M. senescallo, magistro R. de Bagetorr' precentore, H. de Wilt', magistro H. de Warewik, magistro Ysaac, R. Cole, R. de Limesy, W. de Swindon', Eustachio, W. et G. de Besigham, Matheo, canonicis Exon', et aliis.

BL ms. Cotton Vit. D. ix (cartulary of St Nicholas' priory) fo. 67r–v; pd (calendar) *Collect, Topograph, et Genealog.* i (1834) 188 no. 152; whence Bishops' registers I (Bronescombe) fo. 98v (pd 2–3).

Mr Michael 'steward' witnesses with the treasurer Anselm, the precentor Mr Roger de Bagtor, Mr Hugh de Wilton, Mr Isaac, Roger Cole, W. de Bezin' and Geoffrey de Bezin', canons of Exeter, a quitclaim dated 28 Oct. 1224: *HMCR Var. Collect.* iv 65 no. 528.

WILLIAM BREWER

226. Profession of obedience

Profession of canonical obedience and reverence to the church of Canterbury, archbishop Stephen and his canonical successors. [21 April 1224]

> A = Canterbury D. & C. C.A. C. 115/87. Approx. 155 × 33 mm.
> B = Ibid. register A (prior's register) fo. 244r. s. xiv med.
> Pd in Richter, *Canterbury Professions* no. 162.

Ego Willelmus Exoniensis ecclesie electus antistes sancte Cantuariensi ecclesie et tibi, pater Stephane, eiusdem ecclesie archiepiscopo[a] tuisque successoribus canonice substituendis canonicam obedientiam et reverenciam me per omnia exhibiturum promitto et manu propria subscribo + et confirmo.

> [a] *om.* eiusdem ecclesie archiepiscopo B
>
> The cross could be autograph.

227. Barnstaple priory

Together with Henry de Tracy, the bishop gives notice that, although it has been agreed between Henry and the prior that the priory should be reformed as a convent, the prior and monks are not to be forced to do this before the churches of Barnstaple and Tawstock are appropriated to their use and vicarages, taxed by the bishop, are created. Once this has been done they are obliged to establish a convent of thirteen monks, and this deed will no longer protect them against that obligation.

[1224 × 1226]

> B = Paris, Archiv. Nat. L 875 no. 50 (Inspection and recital by Jehan Loncle, garde de la prevoste de Paris, dated 6 June 1323). C = Ibid. no. 49 (Inspection and recital, together with Henry de Tracy's chirograph, by the official of the court of Paris, dated 27 Nov. 1323). Some stains. D = ibid. ms. fr. 21833, fos. 445r–v [not seen].

Omnibus Cristi fidelibus ad quos presens scriptum pervenerit W. miseratione divina Exoniensis ecclesie minister humilis et Henricus de Tracy salutem eternam in domino. Noveritis quod, licet quedam ordinatio et confirmatio super statuendo conventu in prioratu Barnastapolie inter me Henricum et priorem prioratus eiusdem intervenerit, non sunt tamen dicti prior et monachi eiusdem loci ad statuendum conventum ibidem ab aliquo compellendi[a] quousque dicti prior et conventus consecuti fuerint in usus proprios et pacifice possederint ecclesias Barn' et Taustok',[b] exceptis vicariis secundum estimationem diocesiani[c] in predictis ecclesiis ordinandis; cumque consecuti fuerint ecclesias memoratas dicti prior et monachi, teneantur ad statuendum ibidem plenum conventum tresdecim monacorum; et extunc presens scriptum ad sui defensionem contra hoc[d] nullum robur obtineat firmitatis. Valete.

[a] compellandi C   [b] Taustok' C; Toustok' B   [c] diocesani C   [d] hec C

The chirograph between Henry de Tracy, lord of the reunited honour of Barnstaple (1210–74), and the prior of Barnstaple stipulates that, in place of the priory (see above no. 12), a convent of 13 monks (the number to be increased when resources allow) should be established, with a perpetual prior having all the privileges of other conventual priors of the Cluniac order in England. On the death or canonical removal of the prior, the convent shall select, with the consent of Henry or his heirs, the patrons, a suitable replacement, who shall be sent to St Martin-des-Champs, Paris, for admission. Henry and his heirs, insofar as they can, appropriate the churches of Barnstaple and Tawstock for the maintenance of the convent. The witnesses are: Wl'icus abbot of Hartland, Mr. John precentor of Exeter, R. archdeacon of Barnstaple, W. canon of Bosham (*Boschon*'), Henry [of] Cirencester (*Cirenen*') chaplain, Mr. William de Molendinis, and many others.
The precentor is otherwise unknown. Tawstock seems never to have been appropriated.

227A. Barnstaple priory

Admission of Amisius to the vicarage and Henry of Chagford, clerk, to the parsonage of Tawstock church at the presentation of the prior and monks of Barnstaple, saving the accustomed pension to the monks of Barnstaple.
[1224 × 1244]

B = Paris, Archiv. Nat. fr. 21833, fo. 446r. (with ref. to an original in Arch. du Royaume, L 1440 – carton de S. Martin des Champs, 'scellé sur double queue de parchemin en cire verte').

Universis ad quos presens scriptum pervenerit W. miseratione divina Exoniensis ecclesie minister humilis eternam in domino salutem. Noverit universitas vestra nos ad presentationem prioris et monachorum Barnastapol' dominum Amisium ad vicariam ecclesie de Taistoch' admisisse et Henricum de Chagkeford clericum ad personatum eiusdem, salva priori et monachis Barnastopol' debita et consueta pensione. In cuius rei testimonium presens scriptum sigilli nostri munimine roboravimus.

228. Barnstaple priory

Appropriation, after inspection of the charters of Judichael of Totnes (above no. 12) and Henry de Tracy, of the mother church of St Peter, Barnstaple, to the priory, saving the provision of a chaplain, for whose proper maintenance by the prior full provision is made. 3 Aug. 1233

 B = 'Ex vetusto exemplari in Bibl. Cottoniana' (Dugdale, Oliver) [not found].
 C = Paris, NA ms. fr.21833, fos. 447r–448v [not seen].
 Pd from B in *Mon. Ang.* v 198–9 no. vi, hence *Mon. Exon.* 200 no. vii, on which the following text is based.

Universis fidelibus ad quos presens scriptum pervenerit Willelmus miseratione divina Exoniensis ecclesie minister humilis eternam in domino salutem. Noverit universitas vestra nos divine caritatis intuitu, inspectis cartis Iohelis de Toton' et Henrici de Trasci, dedisse et hac presenti carta nostra confirmasse, de voluntate et consensu dilectorum filiorum nostrorum decani et capituli Exon', ecclesiam matricem beati Petri de Barnastapolia, cum capellis, decimis et obventionibus ad eam pertinentibus, priori sancte Marie Magdalene de Barnastapl', quem^{a-} pro tempore perpetuum^{-a} esse decrevimus, et monachis ibidem deo servientibus, habendam et tenendam inperpetuum ad usus proprios integre et plenarie, salva honesta sustentatione capellani ad presentationem dictorum prioris et monachorum a nobis et successoribus nostris instituendi, qui, quamdiu fideliter et honeste se habuerit, amoveri non poterit ab eisdem. Hanc autem donationem et concessionem fecimus salva iurisdictione nostra et successorum nostrorum et archidiaconorum loci in eadem ecclesia, salvo etiam iure et possessione omnium qui vel in eadem ecclesia vel ad eandem aliquid iuris obtinere noscuntur. Habebit autem capellanus, qui pro tempore fuerit, honestam domum iuxta portam prioratus et victualia, pannis^b et calciamentis exceptis, sicut unus de fratribus et una cum illis. Duas etiam marcas ad quatuor anni terminos pro equis portionibus percipiet per manum prioris de oblationibus eiusdem ecclesie, et equum et servientem habebit de ipso prioratu ad omnes necessarias ecclesie profectiones. Et his tantum contentus, nichil extra vel intra percipiet, sed de omnibus integre dicto priori respondebit. Et sustinebit idem prior omnia onera ecclesie, episcopalia et archidiaconalia, debita et consueta. Ut autem hec concessio et donatio nostra futuris temporibus stabilis perseveret^c, eam scripti presentis munimine et sigilli nostri fecimus impressione roborari. Actum anno domini mccxxxiii in die inventionis sancti Stephani protomartyris consecrationis nostre anno x. His testibus: magistris Philippo precentore et Ricardo cancellario, magistro Willelmo de Arundell, canonicis Exon', Martino

Prudue rectore ecclesie de Peinton', magistro W. de Molend', Rogero, Evrardo, et multis aliis.

a- -a sic   *b* panis Dugdale   *c* perseverit Oliver

> If Martin Prudue is Martin Prudhom, he was the important episcopal clerk, later a canon.
> Henry de Tracy was lord of Barnstaple 1210–74: Sanders, *Baronies* 104. He made a grant from the parish of Fremington of 1 lb of wax annually for the lights of the cathedral on the feast of St Michael for the soul of his son who was buried in the entrance to the cloister: *Ordinale Exoniense* ii 545.

229. Barnstaple priory

Notification of a grant by Hay mercator of all his possessions in the borough of Barnstaple to the monks, with elaborate precautions against retraction. [1224 × 1244]

> A = PRO C 146/5509. Endorsed (?contemp.): Carta de Hay Merc ... Mounted on parchment; stained and some words almost illegible. Approx. 170 × 70 + 15 mm. Sealing on tags; turn-up, 3+3+3 slits; left tag lost; fragment of Hay's green wax seal on centre tag.

Universis Cristi fidelibus ad quos littere presentes pervenerint Willelmus miseratione divina Exoniensis ecclesie minister humilis salutem eternam in domino. Noverit universitas vestra quod Hay mercator in presencia nostra constitutus omnes possessiones suas sitas in burgo Barnestapol' domui beate Marie Magdalene Barnestap' et monachis ibidem deo servientibus in puram et perpetuam contulit elemosinam, promittens, insuper omnimodo*a* obligando se et heredes suos, sacramento corporaliter interposito, quod si contingeret quod ipse vel heredes sui post eius decessum contra dictam donationem niterentur venire in contrarium, nomine pene dicte domui quadraginta marcas solverent sine contradictione. Et super omnibus hiis observandis dictus Hay mercator pro se et heredibus suis renunciavit omni privilegio fori et excepcioni et cavillationi sub hypotheca omnium rerum suarum et heredum, et maxime regie prohibicioni et constitucioni Innocentii de duabus dietis. Renunciavit insuper omnibus predictis, supponens se et heredes suos iurisdictioni ecclesie. In cuius rei testimonium tam nos sigillum nostrum quam dictus Hay sigillum unacum sigillo domini Henrici de Tracy apposuimus. Hiis testibus: Iohanne capellano decano, magistro Ricardo de Alfridescam' (?), Henrico Beaupeil' (?), Hugone de Barnestap', Thoma de Hestercomb', et multis aliis.

a or omnino

230. Bishopric of Bath and Glastonbury

Inspeximus by Bishops Robert of Salisbury, W(illiam) of Exeter and W(alter) of Worcester of the assent of King John, dated 21 November 1214, at the petition of Bishop Jocelin, to the union of the churches of Bath and Glastonbury made by the papal see. Aug. 1242

B = Wells, *Liber Albus* II (R.III) fo. 17r, repeated 342v. s.xv ex.

Pd from B in *Adami de Domerham historia de Rebus Gestis Glastoniensibus*, ed. T. Hearne (Oxford 1727) i 238–9 (royal charter only); calendared in *HMCR Wells* i 310–11.

For some views of the union see Charles Wood, 'Fraud and its consequences: Savaric of Bath and the reform of Glastonbury', *The Archaeology and History of Glastonbury Abbey: Essays in honour of the ninetieth birthday of C. A. Ralegh Radford* (Woodbridge 1991) 273–83. Pope Innocent III had written on 13 March 1216 to the legate Guala, Bp Simon of Exeter and (Benedict) bp of Rochester ordering them to hear more evidence in the case and transmit it under seal to him, and appointing Martinmas (11 Nov.) for the parties to appear in the Curia for sentence: Cheney and Cheney no. 1068. Innocent was dead before that term (16/7 July 1216). The legate Pandulf Verracclo, aka Masca, achieved a compromise on 3 Jan. 1219, which was confirmed on 17 May by Pope Honorius III, who declared that the union of Bath and Glastonbury should be dissolved: C. R. Cheney, *Innocent III and England* 220–5.

231. Bishopric of Bath and Glastonbury

Inspeximus by Bishops Robert of Salisbury, W(illiam) of Exeter and W(alter) of Worcester of a charter of King John, dated 9 January 1215, granting Bishop Jocelin and his successors the patronage of Glastonbury abbey. [?Aug.] 1242

B = Wells, *Liber Albus* II (R.III) fo. 16v, repeated 399v. s.xv ex.

Pd from B in *Adami de Domerham historia de Rebus Gestis Glastoniensibus*, ed. T. Hearne (Oxford 1727) i 240–2; *Rotuli Chartarum*, ed. T. D. Hardy (1837) 203 (both royal charter only); calendared in *HMCR Wells* i 310.

232. Bishopric of Bath and Glastonbury

Inspeximus by Bishops Robert of Salisbury, W(illiam) of Exeter and W(alter) of Worcester of a charter of King Henry III, dated 25 April 1235, granting to Bishop Jocelin and his successors the patronage of the abbey of Glastonbury. Aug. 1242

B = Wells, *Liber Albus* II (R. III) fo. 15r. s. xv ex.

Pd (calendar) from B in *HMCR Wells* i 309–10.

233. Beaulieu abbey

Confirmation at London of the grant of Richard earl of Cornwall to the monks of the church of St Keverne, and permission to appropriate, saving a perpetual vicarage of fifteen marks to the chaplain Benedict.

26 Jan. 1235 × 6

B = BL Addit. ms. 70510: formerly loan 29/330 (Beaulieu cartulary) fo. 129r. s.xiii.
Pd from B in S. F. Hockey, *The Beaulieu Cartulary* (Southampton Rec. Soc. 17, 1974) no. 251.

Omnibus ad quos presens scriptum pervenerit Willelmus miseratione divina Exoniensis episcopus salutem in vero salutari. Noverit universitas vestra nos religiosos viros abbatem et conventum Belli Loci Regis, Cistertiensis ordinis, qui, sicut per litteras regias accepimus, ex dono et concessione nobilis viri Ricardi comitis Cornub' ius patronatus in ecclesia sancti Caveran' habent, ad eandem ecclesiam in usus proprios perpetuo possidendam, quantum in nobis est, admisisse et eis auctoritate ordinaria confirmasse, salva nobis et successoribus nostris et archidiaconi loci in omnibus auctoritate ordinaria consueta quam habere dinoscimus in aliis ecclesiis diocesis nostre, et salva etiam Benedicto capellano, eiusdem ecclesie vicario, et successoribus suis vicariis vicaria perpetua in eadem xv marcarum singulis annis ad duos terminos, videlicet ad Pasca et ad festum sancti Michaelis pro equis portionibus a dictis abbate et conventu sine omni exceptione, cavillatione et dilatione percipiendarum, sub pena trium marcarum si forte solutionem predictam, prout supradictum est, terminis prelibatis non fecerint. Dictus vero B. et successores sui eiusdem ecclesie vicarii omnia honera episcopalia et archidiaconalia debita^a et consueta sustinebunt. In cuius rei testimonium et evidentiam pleniorem presentes litteras sigillo nostro signatas religiosis predictis duximus concedendas. Dat' London' anno domini m°cc°xxx°v° septimo kal' Februarii.

^{a} devita B

Abbot N.'s grant of the vicarage to the chaplain Benedict at the petition of bp. William is ibid. fo. 132r. Azo of Gisors occurs as abbot in 1238: *VCH Hants* ii 146.

The action of the abbot and bp was, however, disputed. It seems that on the death of the rector Vivian, collation of his successor, presumably because of the bp's absence either on Crusade or on one of his diplomatic missions, devolved on the dean and chapter, who collated a certain Bartholomew, possibly one of themselves. The abbot and convent of Beaulieu, however, supported by the king and the earl of Cornwall, the patron, obtained on 30 March 1235 pope Gregory IX's permission to appropriate the church, saving a vicarage (*Cal.Pap.* i 145); and this the bp sanctioned on 26 Jan. 1236. Bartholomew then appealed to the pope, alleging misrepresentation: the rectory was not vacant; the wealthy monks, who had turned St Keverne into a grange, had more than enough money for hospitality; and, moreover, they had not disclosed that the bp, who had unlawfully alienated many of the goods of his church, had promised the chapter before his promotion not to alienate to religious or other places any churches or lands without the consent of the dean and chapter (below, no. 250). Whereupon, on 18 July 1236, the pope remitted the hearing of the case to judges delegate (*Cal.Pap.* i 155).

*234. Bridgwater: hospital of St John

Appropriation of the church of Bovey Tracey to the hospital.

[1224 × 1244]

Mentioned only in an inspeximus by bp Grandisson on 27 Jan. 1330 of the hospital's instruments *re* the appropriation of the churches of Bovey Tracey, Davidstow (nr Camelford), Morwenstow and Lanteglos by Fowey with its chapel of St Salvator: Exeter: DRO, Bishops' registers 4 (Grandisson) fo. 4r. Pd *Reg. Grandisson* ii 554. 'Noveritis nos instrumenta sive munimenta . . . inspexisse . . . formam continentia infrascriptam. Omnibus sancte matris etc. Continet appropriationem dicte ecclesie de Bovy factam per dominum Willelmum, dudum Exoniensem episcopum. Et confirmatio decani et capituli subsequitur.'

The hospital was founded by William Brewer I, the baron: H. M. Colvin, *The White Canons in England* 153 n.4 (without reference).

*235. Bridgwater: hospital to St John

Appropriation of the church of Davidstow (S. Davyd' de Treglast) to the hospital. [1224 × 1244]

Mentioned only in an inspeximus by bp Grandisson on 27 Jan. 1330 of the hospital's muniments (see no. 234). 'Item aliud instrumentum eiusdem W. super appropriatione dicte ecclesie sancti Davyd'. Et confirmatio decani et capituli subsequitur.'

*235A. Canterbury: St Augustine's abbey

Grant of Indulgence of thirty days. [21 Apr. 1224 × 24 Nov. 1244]

Mentioned only in a list of 21 bishops who did likewise: Indulgentia. W. dei gratia Exoniensis episcopi: triginta dierum: BL ms. Cotton Julius D ii (cartulary of the abbey) fo. 68r. Pope Honorius III's indulgence of 10 days to those contributing to the repair of the church which had partly collapsed, dated Lateran, 30 Apr. 1221, precedes the list. It is possible that William made the grant on the occasion of his consecration at Canterbury.

*236. Cowick priory

Letters patent to the royal justices stating that after the death of Henry de Courtenay, parson of Alphington, neither Robert de Courtenay nor anyone else had presented a clerk for admission, whereupon, after six months, he had given the church to a certain clerk. [9 Apr. × 5 May 1231]

> Mentioned only in pleadings in a case of darrein presentment between John de Neville and the prior of Cowick *re* the church of Alphington, Easter term 15 Henry III (1231). 'Et super hoc misit episcopus W. Exon' iustitiariis litteras suas patentes, in quibus continetur quod post decessum Henrici de Curtenay, quondam persone predicte ecclesie, nullus ad personatum predicte ecclesie fuit ad presentationem predicti Roberti de Curtenay (1205–1242) sive alicuius cuiuslibet in rectorem admissus, unde dicit quod ipse post semestre tempus contulit ecclesiam illam cuidam clerico.' *CRR* xiv no. 1231.

> Robert de Courtenay was the son and heir of Reginald II de Courtenay (ob. *ante* Mich. 1205) and Hawise d'Aincourt, lady of Okehampton (ob. *c*. 14 Aug. 1219). He married Mary (or Marion) de Reviers, daughter of William de Reviers (de Vernon), lord of Plympton and fifth earl of Devon, who died in 1217. Robert was also a brother-in-law of William Brewer II. Collison, *Courtenay cartulary* i 36–8; Sanders, *Baronies* 70 and n., 137; *Redvers family charters* app. I, no. 30.
> This is the first evidence of the bp's return from the Crusade.

237. Cowick priory

Appropriation of the church of Okehampton and the castle's chapel to the monks, with taxation of a vicarage. [1241 × 1244; ?1241]

> A = Exeter D. & C. mun. 1288. Approx. 160 × 105 mm. Mounted on paper and partly illegible.
> B = Exeter DRO: Courtenay cartulary pp. 246–7. s.xiv.
> Pd from A in *Mon. Exon.* 156 no. i; calendared in *HMCR var. collect.* iv. 66; transcribed from B in *Courtenay cartulary* 521–3 no. 210.

Omnibus sancte matris ecclesie filiis W. miseracione divina Exoniensis ecclesie minister humilis salutem in domino. Quoniam omnes stabimus ante tribunal Cristi recepturi prout in corpore gessimus, sive bonum fuerit sive malum, oportet nos diem messionis extreme misericordie operibus prevenire, ac eternorum intuitu seminare in terris quod, reddente domino cum multiplicato fructu, debeamus recolligere in celis. Cum igitur passim omnibus in fructibus operum misericordie ex officio nobis iniuncto teneamur subvenire, specialius tamen et uberius viris religiosis, qui, abnegantes salubriter semetipsos, elegerunt in paupertate Cristo pauperi ad placitum famulari, pietatis viscera in operibus caritatis aperire debemus. Eapropter dilectis in Cristo filiis priori et monachis de Cuwik,[a] ibidem deo servientibus ad ampliationem victus eorum et ad uberiorem gratiam hospitalitatis sustinendam et ad cultum divinum ibidem ampliandum, ecclesiam de Okementon'[b] divini amoris intuitu et de consensu capituli nostri cum omnibus pertinentiis suis et unacum capella castri contulimus, et eas in proprios usus confirmamus, salva tamen vicaria per nos ad presentationem dictorum prioris et monachorum in hunc modum taxata. Ita scilicet quod vicarius, qui pro tempore fuerit, percipiet omnes obvenciones dicte ecclesie et capelle de dicto castro cum toto sanctuario earumdem, hominibus et redditibus eorundem sedentium super dictum sanctuarium unacum curia, domibus et decimis de dicto sanctuario provenientibus, tam maioribus quam minoribus, exceptis decimis garbarum totius parrochie et decimis garbarum hominum de dicto sanctuario tenentium, et quadam area competenti extra dictam curiam ad quoddam horreum ad opus dictorum prioris et monachorum construendum, salvis etiam dictis priori et monachis duabus marcis argenti per manum eiusdem vicarii, qui pro tempore fuerit, annuatim solvendis ad festum sancti Michaelis. Prefatus vero vicarius, qui pro tempore fuerit, sustinebit omnia onera debita et consueta, episcopalia et archidiaconalia, dictam ecclesiam et dictam capellam contingentia, et singulis diebus per annum in dicta capella de castro faciet celebrare divina. In cuius rei testimonium presenti scripto sigillum nostrum unacum sigillo capituli nostri apponi fecimus. Hiis testibus: domino R. de Winkelegh' tunc decano ecclesie beati Petri Exon', domino R. de Istilton'[c] tunc ibidem precentore, domino W. de Molendinis tunc ibidem thesaurario, domino R. Albo tunc ibidem cancellario,[d] domino B. archidiacono Exon', domino I. Rof archidiacono Cornub', domino Th. archidiacono Totton', domino W. archidiacono Barnastapol', domino Th. tunc domini episcopi capellano, magistro W. de Curiton' tunc officiali domini B. archidiaconi Exon', Henrico de Well' tunc domini episcopi clerico, Rogero clerico[e] dicti domini B. archidiaconi, et multis aliis. In omnium predictorum testimonium prior de Cuwik' et monachi ibidem deo servientes commune sigillum domus sue huic scripto apposuerunt.

[a] Cowyk' B [b] Okhampton' B [c] Ilstinton' B [d] et multis aliis B [e] *unclear* A

The arenga, from 4 Lat. Council (1215) c. 62: *Extra* V. 38, 14, based on Rom. 14: 10; and some of the formulae are used also in the grant to Glastonbury abbey, 16 Dec. 1238, below no. 264. The grant of the church and chapel by Sir Robert de Courtenay, lord of Okehampton, and his wife, dated 1241, is in cartulary, fos. 124r-v, ed. Collison 519–21 no. 209.

*238 Cowick priory

Indulgence of sixty days in aid of its rebuilding programme undertaken with the authority and advice of the bishop. [1224 × 1244]

> Mentioned only as a postscript in a second hand to a begging letter from the prior for rebuilding expenses: '+ Preterea dominus Willelmus episcopus Exoniensis omnibus venerandas reliquias apud Cuwic repositas cum elemosinis suis visitantibus sexaginta dierum veniam de penitentia sibi iniuncta misericorditer concessit': Exeter DRO W 1258 M/G/4/6.

*239. Crediton minster

Permission to Osbert Peytevin to build a chapel at Creedy.
[1224 × ?1227]

> Mentioned only in Osbert's grant to the canons of his chapel, dedicated to St Martin, which he had built 'concessione domini Willelmi Exon' episcopi secundum illam formam que tenetur in carta predicti episcopi': BL Cotton charters II/11 (6); pd J. B. Davidson, 'On some further ancient documents relating to Crediton minster', *TDA* xiv (1882) 248–9.

> Osbert's grant is dated 24 June mccxvii, an impossible year which may be a mistake for 1227 or 1237. For the chapel at Creedy Peytevin, aka Creedy Farm or Barton or Lower Creedy, in Upton Hellions parish, see also the Cotton roll nos. 7–9, pd Davidson 249–51 and his commentary on the chapel and the Peytevin family 265–70.

240. Crediton minster

Inspeximus and confirmation at Crediton of indulgences and anathemas decreed by his predecessors at Crediton and Exeter in favour of the church of Crediton and grant of an indulgence of forty days.   21 Dec. 1236

> B = BL Cotton charters II/11 (5). s. xv.
> Pd from B by J. B. Davidson, 'On some ancient documents relating to Crediton minster', *TDA* x (1878) 240.

Universis sancte matris ecclesie filiis hanc presentem paginam visuris vel audituris Willelmus[a] miseratione divina Exoniensis episcopus eternam in domino salutem. Noverit universitas vestra quod nos divine caritatis intuitu indulgentias suprascriptas, per diligentiam predecessorum nostrorum episcoporum Criditonensium et Exon' diversis temporibus ecclesie sancte crucis et ipsius crucifixi genitricis semper virginis Marie de Criditon ad piam et perpetuam consolationem fidelium adquisitas, quas oculis propriis inspeximus atque coram nobis recitari fecimus[b], et, sicut ex antiquis dicte ecclesie instrumentis veraciter suscepimus, ipsas a summis pontificibus misericorditer fuisse confirmatas, dictorum predecessorum nostrorum facta per omnia in hac parte illesa conservare volentes et perpetua permanere, auctoritate nobis a domino credita dictas indulgentias necnon et sententiam, quam memorati predecessores nostri in perturbatores seu violatores earundem provide tulerunt, confirmamus. Nos itaque de dei omnipotentis misericordia et omnium sanctorum meritis confisi, gratiam gratie acumulare cupientes, omnibus dicte ecclesie benefactoribus, sive pie devotionis causa illam quocumque tempore visitantibus, de iniuncta^c sibi penitentia quadraginta dies misericorditer relaxamus. Et ne istud futuris temporibus aliquibus vertatur in dubium, presentem paginam secundum consuetudinem temporis moderni sigilli nostri impressione duximus roborandam. Dat' Criditon' anno gratie m°cc°xxx°vi°xii° kal' Ianuarii, scilicet die sancti Thome apostoli.

^{a} Briwer *interlined* B ^{b} fescimus B ^{c} iniincta B

The indulgences inspected are fictitious grants of bp 'Egger', i.e. Æthelgar of Crediton (934–952/3), eight unidentifiable continental bps and bp Lyfing of Crediton (1027–46); the papal confirmations are by several popes Leo: nos. 1–3 on the Cotton roll, printed Davidson 237–43. It is noted: Summa toscius venie xli anni cc dies et xvi dies. Et preter hoc dominus W. Exon' episcopus dedit ad quodlibet (?) altare ecclesie xiii dies in remissionem peccatorum.

241. Crediton: hermitage of St Mary hard by the chapel of St Laurence in the new borough

Grant at Crediton to the hermitage he has founded and dedicated and to Nicholas, the first hermit, and his successors of the land called Mont Joscelin in his manor of Crediton, saving eight shillings which is to be paid annually from it to the bishop.   3 Dec. 1242

A = document stitched in at the end of Bishops' registers 1 (Bronescombe). Endorsed: Criditon'. Approx. 265 × 160 mm. Sealing trimmed off.
Pd from A in *Reg. Bronescombe* 2.

Omnibus sancte matris ecclesie filiis ad quos littere presentes pervenerint, Willelmus dei gratia Exoniensis ecclesie minister humilis salutem in salutis auctore. Noverit universitas vestra nos divine caritatis intuitu et pro salute anime nostre et antecessorum et successorum nostrorum Exoniensis ecclesie episcoporum dedisse, concessisse et hac presenti carta nostra confirmasse in liberam, puram et perpetuam elemosinam deo et reclusorio, quod in honore gloriose virginis Marie fundavimus et dedicavimus iuxta capellam sancti Laurentii in novo burgo nostro de Criditon', et fratri Nicholao, illius loci primo incluso, et omnibus successoribus suis ibidem deo servientibus totum ius quod habemus, vel nos vel successores nostri Exonienses episcopi habere poterimus, in terra que vocatur Mons Ioscelini in manerio nostro de Criditon', salvis octo solidis sterlingorum nobis et successoribus nostris annuatim de predicta terra persolvendis. In cuius rei testimonium presenti carte nostre sigillum nostrum duximus apponendum. Dat' apud Criditon' manerium nostrum tertio nonas Decembris anno gratie m°cc° xl secundo, consecrationis nostre nonodecimo, coram domino Thoma archidiacono Tottonie, domino Henrico thesaurario Criditon' et canonico Exon', magistro Rogero de Toriz et domino Martino Prodhumm', Exon' canonicis, domino Beniamin et domino Thoma capellano, Criditon' canonicis, domino Thoma de Tetteburn' milite, Willelmo le Pruz iuniore, Laurentio filio Ricardi, Iohanne filio Andree, et multis aliis.

Cf. Orme and Webster 222–4.

242. Crediton: the episcopal borough

Confirmation of the burghal privileges. [c.1231 × ?1236]

B = Exeter DRO, Pearse box 33/1 (copy of lost original) s.xv.

Sciant presentes et futuri quod ego W. dei gratia Exoniensis episcopus concessi et hac presenti carta mea confirmavi omnibus hominibus de burgo meo de Criditon' quod ipsi et heredes sui vel assignati eorum habeant et iure hereditario in pace possideant unumquodque burgagium in memorato burgo, scilicet de una acra terre, reddendo inde annuatim michi et successoribus meis octo denarios ad duos anni terminos, scilicet ad festum sancti Michaelis quatuor denarios et ad pascha quatuor denarios, pro omni servitio, querela et exactione. Concessi etiam dictis hominibus quod ipsi et heredes sui vel eorum assignati habebunt animalia sua in communi pastura mea cum ceteris hominibus meis, et quod per electionem habeant prepositum et ballivos in predicto burgo, et quod extra burgum suum non summoneantur nec implacitentur, sed omnia placita eos contingentia infra burgum suum sine occasionibus tractentur et terminentur. Concessi etiam quod bis per annum curia teneatur in eodem burgo de omnibus assisis et sectis et non amplius, scilicet semel post festum sancti Michaelis et semel [ad] Pascha, ita tamen quod alia placita burgi tractentur et terminentur in eodem burgo ad rationabilem sommonationem ballivorum meorum, ita quod nullus burgensium sit in defectu ad illa placita terminanda nisi fuerit implacitatus. Preterea concessi dictis hominibus quod, si ipsi vel heredes sui vel eorum assignati in misericordiam meam vel successorum meorum inciderint, quieti sint per sex denarios. Et concessi quod cum relevium dandum fuerit pro relevio cuiuslibet burgagii dentur duodecim denarii. Ut autem hec concessio mea firmitatem optineat perpetuam, presentem paginam sigilli mei impressione duxi roborandam. Hiis testibus: magistro B. archidiacono Exoniensi, magistro I. archidiacono Cornub', T. archidiacono Totton', magistro R. cancellario Exon', Henrico thesaurario de Criditon', Martino Prudum, Ricardo de Bissopleg', Hugone filio Willelmi, Willelmo Probo, Iohanne de Polton', Roberto de Boloing', et aliis.

> Date: Thomas became archdn of Totnes in ?1231 and Martin Prudhom, untitled here, was a canon by 1 Apr. 1236.

243. Dunkeswell abbey

Appropriation at Chard of the parish church of Dunkeswell to the abbey with provision for a chaplain. 30 Sept. 1242

> B = Exeter DRO, Bishops' registers 1 (Bronescombe) fo. 19r. (Inspeximus and confirmation of bp Bronescombe).
> Pd from B in *Mon. Exon.* 397, in *Reg. Bronescombe* 71.

Omnibus sancte matris ecclesie filiis ad quos presentes littere pervenerint Willelmus miseratione divina Exoniensis episcopus salutem in domino eternam. Noverit universitas vestra quod, considerata cotidiana hospitalitate que in domo beate Marie de Donekewell', ultra quam facultates ipsius domus subpetere videantur, devote excercetur, de consensu et voluntate dilectorum filiorum . . decani et capituli Exon', ecclesiam de Donekewell' parochialem, cum omnibus pertinentiis suis, que ad patronatum abbatis et conventus dicte domus pertinere dinoscitur, divine caritatis intuitu in augmentum hospitalitatis eiusdem misericorditer duximus concedendam et in proprios usus inperpetuum confirmandam. Et quia abbatia de Donek[e]well' infra limites parochie dicte ecclesie sita est, volumus ut eandem per honestum capellanum inperpetuum faciat deservire. Volumus etiam ut dictis abbati et conventui occasione dicte ecclesie contra tenorem privilegiorum suorum nichil servitutis accrescat. In huius rei testimonium presenti scripto sigillum nostrum apponi fecimus. Dat' apud Cerde ii kal' Octobris anno gratie m°cc°xlii°.

> The D. & C.'s confirmation, dated 6 Jan. 1243, and Bp Walter's taxation of the vicarage in 1269 — 15½ marks 'in denariis siccis' — are also printed in *Mon. Exon.* and *Reg. Bronescombe* ibid.

244. Exeter: diocese

Inspeximus and confirmation of Bishop Henry's mandate re Pentecostal processions and oblations to the cathedral church. [1224 × 1244]

> B = Exeter DRO, Bishops' registers 4 (Grandisson) fo. 191r (inspeximus of Grandisson).
> Pd from B in *Reg. Grandisson* ii 785–6.

W. dei gratia Exoniensis episcopus dilectis in Cristo filiis universis archidiaconis et officialibus suis per episcopatum Exoniensem constitutis salutem in domino. Noveritis nos inspexisse cartam venerabilis patris Henrici predecessoris nostri in hac forma: H. dei gratia . . . above no. 188 . . . Valete.

*245. Exeter: cathedral chapter: deanery

Creation of the office and its endowments [30 Nov. 1225–7 Dec. 1225]

> Rehearsed only in Archbp Stephen Langton's confirmation (?May 1226): orig. deed, Exeter D. & C. ms. no. 2085, pd. K. Major, *Acta Stephani Langton*, Cant. & York Soc., pt. cxviii (1945–6) 116–17 no. 98.

Cum nuper ad ammonitionem nostram venerabilis frater W. Exoniensis episcopus de consensu capituli sui dignitatem decanatus in ecclesia Exoniensi de novo duxerit ordinandam, concedens eidem capitulo liberam electionem decani qui eandem habeat potestatem et dignitatem quam habent alii decani cathedralium ecclesiarum in Anglia, nos, processu ipsius coram nobis et fratribus nostris recitato, dictam ordinationem ratam et gratam habentes, ipsam de consilio fratrum nostrorum auctoritate Cantuariensis ecclesie duximus confirmandam. Ita ut dilectus filius S., qui primus est decanus ecclesie memorate, et successores sui ecclesiam de Tauton'[a] cum capellis suis de Suinbrig' et de Landeg' et omnibus aliis pertinentiis, et ecclesiam de Braunton' cum pertinentiis et iurisdictione parochianorum, necnon et iurisdictionem in civitate Exon' post mortem vel cessionem dilecti filii B. nunc archidiaconi Exon' — que quidem omnia supradicta dictus episcopus de consensu capituli sui et predicti archidiaconi eidem decanatui specialiter assignavit, sicut in instrumentis ipsius episcopi et capituli plenius continetur — domos etiam in civitate Exon', que consueverunt pertinere ad archidiaconatum Toton', quas idem episcopus cum consensu capituli sui et archidiaconi Toton' eidem decanatui assignavit, integre retineant et licenter, deinceps de premissis, prout ad decanos pertinet, libere disponentes.

[a] *corrected from* Taunton' A

Surprisingly, the bp's own actum was not preserved. The chapter's instrument, establishing, with the consent of the bp, the office of dean and defining its scope, dated 30 Nov. 1225, is transmitted by an exemplification of 1331, Exeter D. & C. ms. 2214, and is printed *Mon. Ang.* ii 534–5 'ex apographo veteri MS. Lansd. 935, Kenn. Diptycha'. Stephen Langton held councils in St Paul's London on 7 Jan. and 3 May and in London on 13 Oct. 1226. In May, with similar witnesses to his confirmation of Bp William's ordinance, he inspected and confirmed a grant by the bp's uncle, Sir William Brewer, to the bp of Bath and Wells: *Acta* 104–5, no. 86. And in an undated deed he notified the uncle's grant of Colaton Raleigh to the Exeter deanery: ibid. 117 no. 99. A 'Testimonium capituli Exoniensis de electione primi decani Exoniensis et de ecclesiis et dignitatibus ab episcopo sibi concessis' was in the cathedral treasury in 1258: *Reg. Bronescombe* 293.

Although the archbp claims that the revolution in the Exeter chapter had been instigated by him, it probably had domestic origins, and it is clear that the chapter believed that it was using its own powers to regulate its own affairs and secure its proper dignities and rights. See above, p. lxxiii and, for some of these matters, A. M. Erskine, 'Bishop Briwere and the Reorganization of the Chapter of Exeter Cathedral', *TDA* 108 (1976) 159–71. The archdn of Exeter, Serlo, was elected first dean on 14 Dec. 1225: *Chronicon Exoniense* xxii; his place was filled by Bartholomew archdn of Totnes; and he was replaced by the distinguished canon Isaac. Also, a senior canon, Mr Henry de Warwick, was created the first chancellor. No documents concerning this have survived. For the dean's endowment, bp William contributed his own churches of Braunton and Bishop's Tawton (no. 246). After the death or retirement of the new archdn of Exeter (he died on 22 Sept. 1247) jurisdiction over the city of Exeter was to pass to the dean. And, apparently in a separate transaction, perhaps awaiting the agreement of the new archdn of Totnes, that archdn's houses or tenements in the city were added, presumably to give the dean a suitable residence in the Close. It was also decided to build a new chapter-house. No doubt in connection with this upheaval, the bp confirmed to the chapter its churches in the diocese (no. 248), a deed witnessed by Serlo and Bartholomew as archdns and H. de Warwick and Isaac as canons.

246. Exeter: deanery

Grant at Chidham of the church of Braunton and confirmation of the church of Bishop's Tawton, with its chapels of Swimbridge and Landkey, for the maintenance of Serlo, the first dean, and his successors.

7 Dec. 1225

B = Exeter DRO, Bishops' registers 1 (Bronescombe), fo. 37r, an insertion by William Germyn, registrar, with the note: Notandum est quod memoratum scriptum traditum fuit reverendo patri domino Iohanni Wolton nomine et cognomine hic inseri per manus domini Stephani Townesend' decani, xiii° die mensis Maii anno 1585.
Pd *Reg. Bronescombe* 78.

Omnibus Cristi fidelibus ad quos presens scriptum pervenerit Willelmus dei gratia Exoniensis episcopus salutem eternam in domino. Ad sustentationem venerabilis viri S. decani Exoniensis, qui temporibus nostris in decanum Exoniensem primo est creatus, et successoribus suis decanis Exoniensibus in perpetuum concedimus et damus ecclesiam de Branton' cum omnibus pertinentiis suis et iurisdictione parochianorum. Concedimus etiam decanatui et decanis Exoniensibus in perpetuum ecclesiam de Tauton' cum omnibus pertinentiis suis et cum capellis suis de Svimbrig' et de Landege et omnibus ad eas spectantibus. Ut autem hec nostra donatio et concessio in posterum robur firmitatis obtineat, eam presenti[s] scripti testimonio et sigilli nostri appositione confirmavimus. Dat' apud Chedham vii Idus Decembris pontificatus nostri anno secundo. Valete.

247. Exeter: deanery

Mandate to Mr Isaac, archdeacon of Totnes, to induct Serlo, dean of Exeter, into corporal possession of the church of Braunton and also of the church of Bishop's Tawton with its chapels of Swimbridge and Landkey. [?Dec. 1225]

> A = Exeter D. & C. mun. 702. Address on tongue: Magistro Isaac archidiacono Toton'. Endorsements: (1) ?s.xvi: Hic aperta mentio donationis per episcopum Willelmum ecclesiarum de Braunton, Tauton et capellarum de Swimbrige et Lankeye. (2) ?s.xiv: Litera super induccione in possessionem ecclesiarum de Braunton et Tauton cum capellis suis. (3) 18 Septembris 1699 ostens' Petro Cooke tempore excommunicationis. Tho. Lake. Approx. 190 × 40 mm. Sealing on tongue; seal lost.
> Pd (calendar) from A in *HMCR var. collect.* iv 66.

W. dei gratia Exoniensis episcopus dilecto in Cristo filio magistro Ysaac archidiacono Toton' salutem et benedictionem. Mandamus vobis quatinus nomine nostro inducatis dilectum in domino filium S. decanum nostrum Exoniensem in corporalem possessionem ecclesie de Branton' cum omnibus pertinentiis suis et libertatibus et iurisdictione parrochianorum, quam videlicet ecclesiam contulimus in perpetuum decanatui Exoniensis ecclesie, precipientes ex parte nostra tam capellanis quam hominibus tenentibus de eadem ecclesia ut decetero decano prefato tanquam domino suo sint omnino intendentes, tam in spiritualibus quam in temporalibus, et successoribus suis post eum. Valete. Et similiter inducatis eundem decanum in possessionem corporalem ecclesie de Taut' cum capellis de Svimbrig' et de Landeg' cum omnibus pertinentiis suis, et hoc dicatis tam capellanis quam parrochianis.

> Dated from no. 246. The archdn of Barnstaple was apparently unavailable.

248. Exeter: cathedral chapter

Grant and confirmation to the chapter of its churches in the diocese: Braunton, for the maintenance of the dean, saving provision of a candle before the high altar of the cathedral, and Colyton, for the use of the twenty-four canons of the ancient foundation; also Branscombe, Salcombe, Sidbury, Culmstock, Brixton, Stoke (Canon), St Sidwell's (Exeter), Heavitree and Topsham and the chapels of St David (Exeter) and St Clement (Exeter), together with all the intra-mural churches; also Ide, Dawlish, Teignmouth and Chudleigh for the use of the precentor; also St Mary Church with its chapels of Kingskerwell, Coffinswell, Daccombe and Collaton, Staverton and Ashburton; also Colebrooke and Perranzabuloe and St Issey in Cornwall. Also grant of a piece of land in his garden adjacent to the tower of St John for building a chapter-house.

[21 Apr. 1224 × 14 Dec. 1225]

A = Exeter D. & C. ms. 2084. Left-hand bottom corner with sealing torn off. Endorsed: (contemp.): Carta W. Brewer' Exon' episcopi de confirmacione ecclesie de Culint' ... de Brauton' et alias ... capituli beati Petri ... Approx. 180 × 195 + 15 mm.
B = Exeter D. and C. ms. 2917 (roll) item 1.
Pd (calendar) from A in *HMCR var. collect.* iv 66.

Universis sancte matris ecclesie filiis ad quos presens scriptum pervenerit W. divina permissione Exoniensis episcopus eternam in domino salutem. Noverit universitas vestra quod nos divine caritatis intuitu dedimus et concessimus et confirmavimus ecclesiam de Braunton' cum omnibus pertinenciis suis deo et ecclesie beate Marie et beati Petri Exon' ad sustentationem decani in Exoniensi ecclesia et in usus proprios ipsius decani, salvo cereo perpetuo ante maius altare Exoniensis ecclesie qui de ecclesia de Braunthon' debet sustentari. Dedimus eciam, concessimus et confirmavimus eidem Exoniensi ecclesie ecclesiam de Cullingthon' cum omnibus pertinenciis suis in usus proprios viginti quatuor canonicorum viginti quatuor antiquarum prebendarum. Dedimus eciam, concessimus et confirmavimus in usus proprios canonicorum Exoniensis ecclesie ecclesias subscriptas cum omnibus pertinenciis suis, videlicet, ecclesiam de Braunkyscum', ecclesiam de Saltcumb', ecclesiam de Sidebiry, ecclesiam de Culumstok', ecclesiam de Brictrichestan', ecclesiam de Stok', ecclesiam sancte Sativole, ecclesiam de Hevetre, ecclesiam de Topisham', et capellas sancti Davidis et sancti Clementis et ecclesias omnes intra muros Exon' cum redditibus quas scilicet ecclesias et redditus habere consueverunt. Item ecclesiam de Yde, ecclesiam de Doulich', ecclesiam de Teingemue, et ecclesiam de Cheddeleg' cum omnibus pertinenciis suis cantarie Exoniensis ecclesie in usus proprios precentoris, quicumque pro tempore fuerit. Item ecclesiam de Sancte Marie Churche cum capellis suis de Karswill', de Well', de Dacum, de Coleton', ecclesiam de Staverton', ecclesiam de Asptheron' et iurisdictionem omnium parochianorum eiusdem ecclesie sicut in aliis ecclesiis capituli Exoniensis capitulum Exoniense habere dinoscitur. Item ecclesiam de Colebroch et ecclesiam sancti Pirany et ecclesiam de Egloscruk in Cornubia. Item dedimus, concessimus et confirmavimus eidem ecclesie Exon' aream competentem ad capitulum faciendum in orto nostro iuxta turrim sancti Iohannis. Hec quidem prescripta cum omnibus suis pertinenciis predicte Exoniensi ecclesie libera et quieta in puram et perpe[tuam elemosinam] auctoritate episcopali confirmavimus. Hiis testibus:[a] magistris S. et B. archidiaconis Exon' et Totton', . . . [A.] thesaurario Exon', magistro R. de Bagetorr' precentore, magistro H. de Wilton' . . . . . . [H. de] Warwik' et Ysaac, magistro M., R. de Limesy, A. de Longo Campo, R. . . . . . . et G. de Bezingnam, canonicis Exon', et multis aliis.

[a] auctoritate presentium confirmavimus. In brevi gratia divina auctoritate episcopali confirmanda. Hiis testibus etc. B

Date: S(erlo), B(artholomew), [H. de] Warwick and Ysaac all hold their pre-Dec. 1225 offices.
It seems that Coffinswell and Daccombe were alternative names for the same church: cf. W. Keble Martin, 'A short history of Coffinswell', *TDA* lxxxvii (1955) 179 and n. 31, where this document is discussed.
This charter was in the cathedral treasury in 1258 × 80: *Reg. Bronescombe* fo. 135r (p. 290).

249. Exeter: Dean Serlo and the chapter

Confirmation of his uncle William Brewer's grant of the church of Gwennap in Cornwall. [?29 Sept. 1226]

A = Exeter D. & C. ms. 1485. Endorsed (contemp.): Appropriacio ecclesie sancte Weneppe, ii. Approx. 145 × 60 + 20 mm. Sealing on tag; turn-up, 1 slit; tag and seal lost.
Pd from A in Oliver, *Lives* 414.

Omnibus Cristi fidelibus ad quos presens scriptum pervenerit W. dei gratia Exoniensis episcopus eternam in domino salutem. Noverit universitas vestra nos divine caritatis intuitu concessisse et confirmasse S. decano et capitulo beati Petri Exon' ecclesiam de Pensigenans in Cornubia quam venerabilis vir W. Briwere avunculus noster eis caritatis intuitu concessit in proprios usus possidendam. Quod ne processu temporis alicui vertatur in dubium, presentis scripti paginam cum sigilli nostri apposicione corroboravimus.

> The uncle's grant is ibid. no. 1486, dated at Exeter, 29 Sept. 1226, and witnessed by the bp and Mr Martin archdn of Cornwall and 8 laymen. It is endorsed: 'Carta Willelmi Brewere de donacione advocacionis ecclesie Weneppe in Cornubia.' The appropriation of the church was to take effect on the death of the parson, Ralf de Wexham. Pd Ibid. King John, on 18 Oct. 1199 at Brionne, had granted the baron the manor of 'Pentigenand' and the church of 'Lamwenep', which he had by gift of Bp Godfrey de Lucy of Winchester (who had been offered Exeter in 1186): *Rot. Chart.*28a. See also *PR 6 Richard I* 21, 'Pensianant', one of 8 manors of which the bp had been dispossessed by the king. The modern name of the churchtown farm at Gwennap is Pensignance.

250. Cathedral chapter

Promise and ordinance at Exeter that he will not in future confirm or alienate in perpetuity either churches or land to religious houses or anyone else without the consent and counsel of the dean and chapter.

22 Sept. 1226

> B = Exeter D. & C. ms. 3625 (earliest collection of statutes) fo. 3v. s.xiv. C = Bodl. ms. Top. Devon C 16 fo.3r. s.xviii.

(U)niversis Cristi fidelibus ad quos presens scriptum pervenerit, Willelmus dei gratia Exoniensis episcopus salutem eternam in domino. Ut honori et indempnitati ecclesie nostre uberius prospiciatur, bona fide, motu proprio promisimus, ordinavimus et statuimus quod deinceps nullas confirmationes sive alienationes perpetuas faciemus, sive de ecclesiis sive de terris, domibus religiosis vel aliis locis venerabilibus vel quibuscumque aliis personis nisi cum consensu et consilio decani et capituli nostri Exonie.[a] Quod si forte, quod absit, in contrarium fecerimus, volumus quod tale fac– [fo.4r]tum nostrum eo ipso irritum sit et inane, et extunc capitulum, competenti admonitione premissa, faciant, appellatione remota, quod de iure fuerit faciendum. Et ad maiorem securitatem et huius rei testimonium huic scripto sigillum nostrum fecimus apponi. Dat' Exon' in crastino sancti Mathei[b] anno consecrationis nostre tertio. Hiis testibus: M. archidiacono Cornub', magistro H. Tessun', magistro R.[c] de Winkelegh', magistro Philippo de Exon', magistro Ricardo Blundo, magistro Iohanne Roff', Beniamin, et aliis multis.

> [a] nostrae Exoniae C   [b] Mathai C   [c] F. B; T.C

> In C attributed to William 'Warlewest', anno 1107, which has misled some.
> If the witness Mr F./T. de Winkelegh' is a mistake for Mr R., the failure to describe him as archdn of Totnes and Mr Richard Blund as chancellor indicates that this actum

precedes no. 263, which bears an earlier date. It would seem better to correct the date of the latter. Mr Philip de Exeter is otherwise unknown, but may possibly be Philip de Bagtor, later precentor.

251. Exeter: vicars choral

Inspeximus and confirmation at Crediton of Bishop Henry's grant (no. 198) of the church of Woodbury to the vicars free from all ordinary jurisdiction. 28 May 1227

> A = Exeter D. & C. ms. V/C 3239. Endorsed (contemp.): Confirmacio Willelmi Bruer' Exon' episcopi super ecclesia de Wodebir'. Approx. 140 × 110 + 27 mm. Sealing on tag; turn-up, 3 slits; tag, no seal.

Omnibus Cristi fidelibus ad quos presens scriptum pervenerit Willelmus dei gratia Exoniensis episcopus salutem in domino. Quoniam qui altario deserviunt de altario vivant et qui ecclesiasticis desudant laboribus ecclesiasticis debent remunerari retributionibus, ideo ecclesiam de Wodebiry, cum omnibus suis pertinenciis pie ac misericorditer ad sustentationem vicariorum ecclesie nostre Exoniensis a bone memorie H. quondam Exoniensi episcopo predecessore nostro collatam, eisdem vicariis auctoritate episcopali confirmamus cum omnibus pertinenciis et possessionibus ac libertatibus suis, ut ab omni iurisdiccione ordinaria quieta sit et libera inperpetuum, sicut idem H. predecessor noster ordinavit, prout in ipsius carta quam inspeximus continetur. Ut igitur hec nostra confirmacio rata sit et stabilis, eam presentis scripti testimonio et sigilli nostri approbatione duximus roborare. Dat' apud Criditon' quinto kal' Iunii consecrationis nostre anno quarto. Hiis testibus: magistro M. archidiacono Cornub', magistr R. de Winkelegh' archidiacono Totton', magistro Iohanne de Necton', domino Willelmo capellano, Iohanne canonico de Motesfont', magistro Iohanne de Sancto Gorano, Radulpho de Ilstington', Beniamin clerico, et aliis multis.

> Mottisfont (Hants) was an Augustinian priory recently founded by William Brewer, the bp's uncle. John de Necton, subdeacon and canon, died on 5 Sept. 1238 (*Mart. Exon.*).

> Lines 2–3 above echo 1 Cor. 9:13.

252. Exeter: cathedral chapter

Inspeximus and confirmation of bishop Henry's settlement of the jurisdictional dispute between the chapter and the archdeacon of Exeter, with certain modifications and additions. [21 July 1231 × 21 Apr. 1232]

> B = Exeter D. & C. ms. 2923 (roll) item 2 C = Ibid. ms. 2917 (roll) item 3 (ditto) D = Ibid. ms. 2923 item 3 (Bp Richard's inspeximus of BC, below no. 320) E = Ibid. ms. 2577 item 2 (ditto).

Omnibus Cristi fidelibus has litteras visuris vel audituris W. miseratione divina Exoniensis ecclesie minister humilis eternam in domino salutem. Cartam venerabilis fratris H. quondam Exoniensis episcopi inspeximus sub hac forma. Omnibus . . . [above, no. 190 . . .] sancte Margarete de Toppesham'. Hanc igitur cartam auctoritate episcopali confirmamus, adicientes ut si contigerit enorme delictum Exoniensi ecclesie vel capitulo vel alicui de ecclesia a civibus Exoniensibus irrogari, possit libere auctoritate nostra imperpetuum valitura delictum canonice punire, excommunicando vel civitatem interdicto supponendo vel aliis modis legitimis secundum quod eidem[a] visum fuerit expedire. Quam quidem penam nullus alius sine auctoritate nostra poterit relaxare. Volentes et statuentes expressius ut, predicti capellani et clerici sive conveniant sive conveniantur, eorundem cause iudicio decani et capituli tractentur et terminentur, exceptis causis contingentibus eos qui sunt de propria familia nostra vel successorum nostrorum. Volumus etiam et ordinamus ut nullus Exoniensis ecclesie canonicus in archidiaconatu vel aliqua alia dignitate constitutus dictam penam possit relaxare, salva nobis et successoribus nostris in omnibus dignitate episcopali et auctoritate, predictis tamen omnibus in suo robore imperpetuum duraturis. Quod ne tractu temporis revocetur in dubium, presenti scripto et sigilli nostri appositione confirmavimus. Hiis testibus:[b] magistro R. de Wynkelegh' tunc decano Exoniensis ecclesie, domino W. de Ralegh'[c] thesaurario, magistro A. de Sancta Brigida precentore, magistro R. Albo cancellario, magistro L. archidiacono de Sureya,[d] magistro H. archidiacono Tanton', domino Th. archidiacono Totton', magistro I. Rof', magistro M. de Buketon', domino R. de Limesya,[e] domino E. canonico, domino S. de Longo Campo, domino A. canonico, et multis aliis.

> [a] eisdem C   [b] end of C   [c] Ralegh' B; Rayglegh' D; Raygleg' E
> [d] Suthreya B; Surea DE   [e] Limesya B; Lemesya DE

> The actum is dated by the deaths of the previous dean and of precentor Adam.

253. Exeter: cathedral chapter

Appropriation at Exeter, with the consent of the abbot and convent of Sherborne, of the church of Littleham to the twenty-four canons of Exeter, saving a vicarage of one hundred shillings and the episcopal rights. 17 March 1234

A = Exeter D. & C. ms. 1147. Endorsed: Appropriacio ecclesie de Litelham. Approx. 190 × 92 + 20 mm. Sealing on 3 tags; turn-up, 1 + 1 + 1 slits; remains of 2 tags, no seals.
Pd from A in Oliver, *Lives* 415.

Universis Cristi fidelibus has litteras visuris vel audituris W. miseracione divina Exoniensis ecclesie minister humilis salutem eternam in domino. Noverit universitas vestra nos de communi consensu et consilio abbatis et conventus de Schireburn' ita ordinasse circa ecclesiam de Littleham, videlicet ut cum eam vacare contigerit, in proprios usus viginti et quatuor canonicorum Exoniensis ecclesie convertatur cum omnibus ad eam pertinentibus, salva vicaria centum solidorum vicario perpetuo continue residenti in dicta ecclesia, qui sustinebit omnia onera tam episcopalia quam archidiaconalia; salvo etiam nobis et successoribus nostris iure episcopali et Exoniensis ecclesie dignitate. In cuius rei testimonium tam sigillum nostrum quam sigilla dictorum abbatis et conventus huic scripto sunt apposita. Dat' Exon' sexto decimo kalend' Aprilis anno consecrationis nostre decimo.

254. Exeter: dean and chapter and vicars choral

Grant at Exeter, at the wish of the priory of Montacute and with the consent of the abbot of Cluny, of the church of Altarnon in Cornwall to the canons, with provision for a vicarage of not more than five marks. In return they are to make various payments to the twenty-four vicars choral, the twelve clerks of the second form (secondaries) and the fourteen boy clerks of the third form (choir boys), a proportion of whom (five, five, four) are to be present at the daily mass of the Blessed Virgin Mary in the chapel dedicated to her. Also detailed regulations for the celebration of his obit, and that of William Brewer senior, their benefactor. 30 June 1236

A = Exeter D. & C. ms. 600. Endorsed (contemp.): Carta W. episcopi de ecclesia de Alternon'. Approx. 240 × 150 + 15 mm. Sealing on cords; turn-up, 2 eyelets; cord and seal lost.
B = Ibid. V/C 3274 (complementary grant of the D. & C., dated Exeter 1237).
Pd from B in Oliver, *Lives* 417–18; calendared in *HMCR var. collect.* iv 66.

Universis Cristi fidelibus presens scriptum visuris vel audituris Willelmus miseratione divina Exoniensis ecclesie minister humilis salutem in domino sempiternam. Ad universitatis vestre noticiam volumus pervenire nos, de voluntate prioris et conventus de Monte Acuto necnon et abbatis Cluniac' assensu, dedisse et concessisse et hac presenti carta nostra confirmasse deo et ecclesie sancti Petri Exon' et canonicis ibidem deo famulantibus ecclesiam de Alternon in Cornubia liberam et solutam cum omnibus subscriptis inperpetuum pacifice tenendam et possidendam. Tenentur siquidem dicti canonici vicario perpetuo in eadem ecclesia personaliter et perpetuo residenti et eidem deservienti, qui curam habeat animarum, sustentationem de bonis illius ecclesie, bonorum virorum arbitrio, competentem sine difficultate providere, ita tamen quod summam quinque marcarum non excedat vicaria. Quem quidem vicarium successive tenentur nobis et successoribus nostris presentare. Qui quidem vicarius nobis et successoribus nostris et archid' et offic' nostris in omnibus integre respondeat de hiis in quibus rector^a ecclesie ex consuetudine antiqua et ordinaria respondere consuevit. Tenentur etiam ex ordinatione nostra viginti quatuor vicariis Exoniensis ecclesie duodecim marcas,^{b} duodecim clericis de secunda forma sex marcas, quatuordecim vero clericis pueris de tercia forma, horis statutis circa cultum dei in eadem ecclesia laborantibus, septem marcas annuas inter se iuxta statum cuiuslibet predicti gradus pro equis portionibus distribuendas per manus senescalli capituli solvere. Quorum predictorum vicariorum quinque, de secunda forma quinque, et de pueris predictis quatuor cotidiane misse beate virginis in capella ipsius in eadem ecclesia Exoniensi, omni excusatione postposita, diligenter intererunt et devote. Quod qui facere neglexerit, nec alium sui ordinis pro se ad hoc necessarium subrogaverit, per ministrum altaris beate virginis super hoc accusatus et convictus, coram decano et capitulo,^{c} penam subtractionis portionis diei sibi debite gratis et sine contradiccione pro defectu cuiuslibet diei subibit. Et quod ei scilicet absenti hac de causa fuerit subtractum, presentibus eiusdem gradus vel alterius eiusdem ecclesie clericis eodem die defectum adimplentibus, ita quod dictus numerus non diminuatur, sine dilatione accrescat. Fiet autem distributio inter predictos vicarios et clericos, ut predictum est, qualibet septimana die sabbati, ita quod quilibet vicariorum predictorum quinque pro qualibet die unum denarium, clerici vero predicti et pueri pro qualibet die obulum recipient. Quolibet autem termino, quando fiunt taill[agia] canonicorum, de residuo per senescallum capituli fiet inter omnes distributio, ita quod quilibet in suo gradu de summa residui portionis sibi assignate sit contentus. Tenentur etiam post decessum nostrum quolibet anno inperpetuum die obitus nostri anniversarium nostrum solempniter et devote celebrare, ita dumtaxat quod singuli canonici, qui secundum antiquam ecclesie consuetudinem et approbatam anniversarii nostri celebrationi interfuerint, quatuor denarios, vicarii quoque similiter presentes duos; alii vero quicumque fuerint in choro sive in prima sive in secunda forma debito more unum denarium; clerici vero et pueri, quotquot similiter in choro fuerint, scilicet in tercia forma, singuli singulos obulos dicto die percipient. Ob nostram etiam reverentiam concesserunt nobis predicti canonici ut singulis annis die obitus nobilis viri laudabilis memorie Willelmi Briwer' senioris, benefici nostri, celebretur in ecclesia nostra solempne anniversarium eiusdem, observata annua prestatione denariorum in choro tempore misse secundum quantitatem in obitu magistri Ysaac vel obitu consimili taxatam. In cuius rei testimonium presenti scripto sigillum nostrum apponi fecimus. Dat' Exon' anno gratie millesimo ducentesimo tricesimo sexto, pridie kalendas Iulii, consecrationis nostre anno terciodecimo.

[a] *add* illius B   [b] *add* et B   [c] *add* Exon' B

Montacute claimed that Alternon had been the gift of William count of Mortain: *Bruton and Montacute cartularies*, Montacute nos. 1,2,4,5,8,9.

William Brewer senior had died in 1226. His obit was celebrated in the cathedral on 23 Nov., a day before the bp's. Mr Isaac died on 11 Feb. 1228 × 9.

255. Exeter: cathedral chapter

Appropriation at Crediton, on the resignation or death of Mr I. de Kilkenny the rector, of the church of St Winnow in Cornwall for the use of the twenty-four canons of the old foundation, free from all episcopal and archidiaconal rights.   July 1238

A = Exeter D. & C. ms. 1502. Endorsed (contemp.): Carta Willelmi episcopi de sancto Winnoco. Approx. 180 × 750 + 15 mm. Sealing on tag; turn-up, 1 slit; bit of tag, seal lost.
Pd (calendar) in *HMCR var. collect.* iv 67.

Universis Cristi fidelibus presentem cartam inspecturis Willelmus miseratione divina Exoniensis episcopus salutem in domino. Noveritis nos divine pietatis intuitu dedisse, concessisse et hac carta nostra confirmasse ecclesiam sancti Wynnoci in Cornubia cum omnibus pertinenciis suis tam in temporalibus quam spiritualibus, magistro I. de Kilkenny eiusdem ecclesie rectore cedente vel decedente, pleno iure in perpetuum possidendam, ab omni exactione, petitione, censu et omnibus aliis ius episcopale et archidiaconale contingentibus liberam et quietam, convertendam in proprios usus viginti quatuor canonicorum viginti quatuor antiquarum prebendarum Exoniensis ecclesie. Ut autem hec nostra donatio et concessio in perpetuum robur obtineant firmitatis, presentem cartam sigilli nostri impressione fecimus roborari, anno consecrationis nostre quintodecimo mense Iulii. Hiis testibus: Petro Wimundi precentore ecclesie de Crideton', Henrico capellano eiusdem ecclesie thesaurario, Beniamin', magistro Willelmo de Coriton', Radulfo de Simb'ne, canonicis ecclesie predicte, et aliis.

> Although 'quintodecimo' is written as one word and followed by a stop, it is possible that 10 July in the fifth year was intended, i.e. 10 July 1228.
> For Peter Wimund see above p. lxxvi n. 65.

256. Exeter: cathedral treasureship

Appropriation at Exeter of the prebendal church of Probus to the use of the treasurer for the maintenance of lights in the cathedral, especially on the feasts of its dedication, Christmas, the Circumcision and the Commemoration and Conversion of St Paul, saving a vicarage to be taxed by the bishop.

21 Apr. 1241 × 20 Apr. 1242

> B = Exeter DRO, Bishops' registers 12, pt 2 (Booth), sewn in between fos. 44 and 45, a notarial copy by Robert Stephen, dated 22 Oct. 1429.
> Pd from B in *Mon. Exon.* addit. suppl. 60–2.

Omnibus Cristi fidelibus ad quos littere presentes pervenerint Willelmus miseratione divina Exoniensis episcopus eternam in domino salutem. Noverit universitas vestra nos, consideratis tenuitate proventuum thesaurarie ecclesie nostre Exoniensis et onere quod eidem ad sustentationem luminis in ecclesia Exoniensi penitus incumbit, de consensu et assensu capituli nostri Exoniensis concessisse thesaurarie predicte ecclesie nostre Exoniensis ad sustentationem luminis, maxime in festo dedicationis ecclesie nostre Exoniensis [29 June] sicut in die natalis domini et in commemoratione [30 June] necnon et in conversione [25 Jan.] beati Pauli sicut in die circumcisionis domini, ecclesiam sancti Probi in Cornubia, in proprios usus perpetuo sine omni cura animarum habendam et possidendam, cum collatione prebendarum et omnibus aliis pertinentiis, de qua quidem ecclesia dicta thesauraria duos aureos annuos percepit, ordinato vicario in dicta ecclesia sancti Probi, nobis et successoribus nostris a thesaurario qui pro tempore fuerit presentando, qui omnem curam animarum habebit et omnia onera dictam ecclesiam contingentia sustinebit, reservata nobis vel alicui ex successoribus nostris qui pro tempore fuerit dicte vicarie taxatione. Volumus etiam et statuimus ut liceat thesaurario qui pro tempore fuerit libere et quiete auctoritate presentium dictam ecclesiam sancti Probi, nobis aut successoribus nostris irrequisitis, ingredi et prebendas conferre cum easdem vacare contigerit. In cuius rei testimonium presenti scripto sigillum nostrum unacum sigillo capituli nostri apponi fecimus. Dat' Exon' consecrationis nostre anno decimo octavo.

For the earlier history of the church of Probus and its deans see Henderson iii 411-24.

257. Exeter: cathedral chapter

Grant of the churches of Winkleigh in Devon and Sancreed and Trevalga in Cornwall to the dean and chapter, with permission to appropriate them on the resignation or death of the rectors and also (?to serve them). Meanwhile the dean and chapter are to receive the pensions hitherto paid to the abbot and convent of Tewkesbury. 6 Jan. 1242 × 3

 A = Exeter D. & C. ms. 1942. Endorsed (1): Winkeleye; (2) Appropriacio ecclesie de Winkelegh' et aliarum ecclesiarum de advocacione abbacie de Teukesbr', videlicet de sancto Sancredo et Trevalga. Approx. 180 × 100 + 15 mm. Sealing on tag; turn-up, 1 slit; fragment of green wax seal on tag. The left margin and the central strip of the ms. are mostly illegible.
 Pd from A in Oliver, *Lives* 419-20.

Universis sancte matris ecclesie filiis presens scriptum visuris vel audituris Willelmus miseracione divina Exoniensis ecclesie minister humilis [eternam] in domino salutem. Noverit universitas vestra nos divine pietatis intuitu dedisse, concessisse et hac presenti carta nostra confirmasse decano et capitulo Exoniensis ecclesie [has ecclesias], scilicet ecclesiam de Winkeleg' in Devon' et ecclesias^a de sancto Sancredo [et de]^b Trevalga in Cornubia, cum omnibus pertinentiis suis tam in temporalibus quam in spiritualibus, cedentibus vel decedentibus earumdem rectoribus pleno iure in perpetuum [tenendas] et in perpetuam elemosinam libere et quiete convertendas [in proprios u]sus viginti quatuor canonicorum viginti quatuor antiquarum prebendarum Exoniensis ecclesie. Licebit autem dictis decano et capitulo, nostro vel successorum nostrorum [?irrequisito conse-]nsu,^{c} ingredi libere dictas ecclesias cum eas vacare contigerit, [et ad eas servi]endum^d tenore presentium eisdem liberam concedimus auctoritatem. Interim autem dicti decanus et capitulum [omnes]^e debitas et consuetas omnium earumdem ecclesiarum [percipi]ent pensiones quas abbas et conventus de Teukebiri [?hactenu]s consueverunt de predictis ecclesiis [percipere]. Ut autem^f hec nostra donacio, concessio et presentis carte nostre [confirmacio] robur perpetuitatis inviolab[iliter habeat], presens scriptum sigilli nostri apposicione duximus roborandum. Hiis testibus: domino Manessero filio Math', [?Adam] Aaron, [Rog'] Cole^g, Petro Wimundi, Waltero capell' seneschallo et^h Thoma Capell' canonic[is]^i ... ... Thoma et Henrico tunc clericis episcopi, et multis aliis. Dat' die epiphanie anno gracie milles[imo ducentesimo] quadragessimo secundo.

^{a} ecclesiam *Oliver* ^{b} Sancredi et ecclesiam de *Oliver*
^{c} nostrorum assensu et consensu *Oliver* ^{d} et ad illas deserviendum *Oliver*
^{e} expensas *Oliver* ^{f} Et ut *Oliver* ^{g} Mathei, Radulfo Cole *Oliver*
^{h} capellanis et *Oliver* ^{i} canonico *Oliver*

For this business see note to no. 137 above. The Dean and Chapter successfully appropriated Winkleigh and Sancreed but failed with Trevalga.
Below no. 297 bears the same date and is connected.

258. Exeter: dean and chapter

Permission at Exeter to appropriate the church of Harberton for the daily commons.   15 April 1244

A = Exeter D. & C. ms. 1014. Endorsed (contemp.): Huberton' de ecclesia de Teyngton'. Lycchfeld. Approx. 157 × 67 mm. Sealing on tongue; no wrapping tie; seal lost.
B = Exeter D. & C. ms. 3672 (cartulary) 81–2. Titled: Hurberton' de ecclesia de Teington'. s.xv in.
Pd from B in Oliver, *Lives* 419.

Universis Cristi fidelibus ad quos presens scriptum pervenerit W. miseracione divina Exoniensis episcopus salutem in domino. Noverit universitas vestra nos dilectis in Cristo filiis decano et capitulo ecclesie nostre Exoniensis tenore presencium concessisse liberam et specialem potestatem, nostro vel cuiuscumque alterius irrequisito consensu, ingrediendi corporalem possessionem ecclesie de Hurberton' cum capellis et aliis omnibus pertinenciis suis quamcito ipsam vacare contigerit. Quam quidem ecclesiam per consensum omnium eorum quorum intererat nuper eisdem concessimus in proprios usus cotidiane distribucionis possidendam. In cuius rei testimonium presenti scripto sigillum nostrum apponi fecimus. Dat' Exon' xvii kal' Maii anno domini m°cc°xl° quarto.

For the antecedents to this business see below nos. 289–90.
On the order of John archdn of Totnes (c. 1254–9) an inquisition into the value of the major and minor tithes was carried out by Richard vicar of South Brent, rural dean of Totnes, and the clergy of the deanery, including Roger vicar of Harberton: Oliver *Lives* 418–19. An inquisition into the value of the vicarage, dated Totnes 1 July 1270, found that a vicar had been admitted and instituted by bp W. (?Walter), who had also taxed the

vicarage, which is fully itemized. Harberton's chapels were Leigh (All Saints) in Harberton, Luscombe, Washborne and Engelbourne: Cartulary 82.

259. Exeter: dean and chapter

Confirmation and grant at Crediton to the cathedral church of property near to St Stephen's Exeter, bequeathed by Mr Ralf Cole to his brother, Richard Cole, parson of Kentisbeare church, and renounced by him in favour of the dean and chapter — saving the usufruct for life to H. de Cirencester, canon of Exeter, who is to celebrate Ralf's anniversary with the same solemnity as for the soul of Mr Isaac. After H.'s death, because of his long and costly defence of the property in the secular court, the dean and chapter are to celebrate his anniversary in the same way as for the souls of Mr Isaac and Mr H. de Warwick. 10 June 1244

B = Exeter D. & C. ms. 3672 (cartulary) 349–51. s. xv in.

Omnibus Cristi fidelibus presentem cartam visuris vel audituris Willelmus miseratione divina Exoniensis ecclesie minister humilis salutem in domino. Noverit universitas vestra quod cum bone memorie magister Radulfus Cole in vi[350]ta decederet^a et in testamento suo, coram nobis per testes ydoneos legitime probato, reperiretur dictum magistrum Radulfum terram suam cum domibus et edificiis quam habuit in civitate Exoniensi prope ecclesiam sancti Stephani Ricardo Cole, persone ecclesie de Kentelesbere, fratri suo, in testamento predicto assignavisse^b, idem Ricardus in presentia nostra constitutus gratis et propria voluntate omni iuri quod in eadem terra cum pertinentiis habuit precise renuntiavit, supponendo eas nostre voluntati et ordinationi, coram dilectis^c in Cristo filiis dominis R. de Ilstincton', T. et W. Totton' et Barn' archidiaconis, magistro I. de Sancto Gurano, R. de Thoriz, dominis W. de Wllaneston' et M. Prudhum', canonicis Exon', I. de Kenteleya, W. de Curiton' et Thoma de Wera, clericis, dominis Hereberto de Pym, R. de Tresloske, militibus, Andr' Terry et G. Longo, et pluribus aliis. Nos igitur deum habentes pre oculis, de consensu et instantia memorati Ricardi Cole, dedimus et concessimus et hac presenti carta nostra confirmavimus dictam terram cum omnibus edificiis, areis et virgultis et eorum pertinentiis ecclesie beati Petri Exon' . . decano et capitulo eiusdem habendam et^d inperpetuum possidendam, salvo usufructu dicte terre cum domibus et suis pertinentiis dilecto in Cristo filio domino H. de Cyrencestr', canonico Exoniensi, quam diu vixerit. Et faciet dictus H. annuatim, nomine dictorum . . decani et capituli, dominis fundi servitium inde debitum pro manu sua; faciet etiam fieri annuatim idem H. servitium pro defuncto debitum die aniversarii eiusdem magistri Radulfi Cole cum quanta solemnitate fieri solet pro anima magistri Ysaac in ecclesia cathedrali supradicta. Et quantum prenominatus H. pro defensione dicte terre et domorum in foro civili diuturnos sustinuit labores, necnon et plures sumptus apposuit, ut oculata fide intelleximus, volumus et ordinamus ut cum idem H. debitum nature persolverit, dictus . . decanus et capitulum singulis annis obitum suum celebrari faciant sicut pro magistro Ysaac vel magistro H. de Warewyke facere obligantur cum oneribus[e] supradictis. Ut autem hec donatio, concessio et confirmatio et ordinatio robur firmitatis inperpetuum optineant, presens scriptum sigilli nostri inpressione roboravimus. Dat' Criditon', quarto idus Iunii anno domini millesimo ducentesimo quadragesimo [351] quarto et consecrationis nostre vicesimo primo.

[a] decedent B   [b] assignat(is) B   [c] dilecto B   [d] s'(?sibi) B   [e] om'bus, ?omnibus B

The tenement seems to have been situated in St Martin's Lane, just behind High St., between those belonging to the clerk Payn, Benedict fitzSerlo and Walter le Tours. Because its ownership was contentious a collection of relevant deeds was assembled, including quitclaims of John Rof (archdn of Cornwall) 'in accordance with the ordinance of the bp' and of Serlo and Benedict, sons of William fitzSerlo: Cartulary pp. 345–9. Also involved was another Exeter property owner, Andrew Terry (or Turri), the son of Jordan Terry. Geoffrey Terri is listed among the Exeter Exeter kalendar brethren: Orme, 'Kalendar Brethren' 163. R. de Ilsington was probably precentor.

    The obit of Mr R(alf) Cole, 'pro quo fiat servicium sicut pro canonico', was celebrated in the cathedral on 7 March: *Martyrologium Exoniense*.

260. Exeter: cathedral treasureship

Confirmation at Torre (or ?Tywardreath) of the church on his manor of Bishops Nympton for the support of the treasurer, saving a vicarage.

14 Apr. 1242

    B = Exeter DRO, Bishops' Registers 12, pt 2 (John Booth), sewn in between fos 44 and 45, a notarial copy, dated 22 Oct. 1429, of various documents concerning the treasury, item 2, lines 14–17.
    C = ibid. item 3, lines 19–22 (D. & C.'s inspection of Archbp Boniface's inspection of 1259).
    Pd from B and C in Oliver, *Lives* addit. suppl. 61.

Universis sancte matris ecclesie filiis ad quos littere presentes pervenerint Willelmus divina miseratione Exoniensis ecclesie minister humilis eternam in domino salutem. Noverit universitas vestra nos, diligentissime pensatis et consideratis dignitate et onere thesaurarie ecclesie nostre[a] Exoniensis, volentes eam in hac parte temporibus nostris prout decet relevare, concessisse ecclesiam manerii nostri de Nimeton' cum omnibus pertinentiis suis dicte thesaurarie necnon et thesaurario, qui pro tempore fuerit, perpetuo habendam et possidendam, salva in eadem vicarii sustentatione, qui omnia onera tam spiritualia quam temporalia sustinebit; qui etiam nobis et successoribus nostris a thesaurario, qui pro tempore fuerit, erit presentandus. In cuius[b] rei testimonium presentibus litteris sigillum nostrum apponi fecimus. Dat' apud Torre[c] xviii kal' Maii anno consecrationis nostre xviii.

[a] *om.* nostre C   [b] huius C   [c] Tywardray C

Probably at Torre as the bp was at Chudleigh next day: below no. 311.

*261. Exeter: hospitals of St John the Baptist and St Mary Magdalene

Exchange with the mayor and citizens of Exeter of the patronage of the latter for that of the former.   [*c.* 1244]

Mentioned only in the *Historia fundationis hospitalis S. Iohannis Baptiste*: Exeter, DRO Mun. Book 53A fo. 58r. s. xv. Pd *Mon. Exon.* 302 no. 1.

Et circa annos domini mccxliiii et regni regis Henrici filii Iohannis xxviii, tempore dicti Willelmi episcopi, facta fuit permutatio fundatorum hospitalis sancti Iohannis Baptiste Exon' et hospitalis leprosorum sancte Marie Magdalene extra portam australem civitatis predicte, ut patet per cartas, quia nunquam ante hoc tempus scribitur quod hospitale sancti Iohannis Baptiste predictum requisivit consensum alicuius episcopi in rebus suis locandis.

See also above nos. 94, 98 n.

262. Exeter: St Mary (?Arches)

Indulgence at Exeter of (?) twenty-four days to those visiting the church on the anniversary of its dedication.   21 Apr. 1231 × 20 Apr. 1232

A = Exeter DRO 332 A PF 2 add. Much decayed and semi-legible. Endorsed (s.xvii): Charta Willelmi Brewer tempore Henrici 3. II. Approx. 160 × 65 + 8 mm. Sealing on white/blue cord; turn-up, 3 slits; part of black wax seal and counterseal.

Universis Cristi fidelibus presentem paginam visuris vel audituris Willelmus dei gratia Exoniensis episcopus salutem eternam in domino. De Iesu Cristi misericordia necnon et meritis gloriose dei genitricis Marie et omnium sanctorum confisi, omnibus qui ad ecclesiam sanctissime virginis Marie, retro publicam stratam in civitate Exon', in anniversario die dedicationis eiusdem, quod erit semper in vigilia [festi sancte trini]tatis, causa [devotionis venient(?)], si de peccatis fuerint confessi et vere contriti, de iniuncta penitentia sibi vigintiquatuor dies misericorditer relaxamus. Dat' Exon' consecrationis nostre anno octavo.

263. Exeter: priory of St Nicholas

Appropriation at Exeter of the church of Poughill (Devon), saving a suitable vicarage and the episcopal customs. 6 July 1226 [?*recte* 1227]

> B = BL ms. Cotton Vit. D ix (cartulary of St Nicholas' priory) fo. 35v. s. xiii med.
> Calendared from B by T. Phillipps in *Collectanea topographica et genealogica* i (1834) 63 no. 38.

Universis Cristi fidelibus ad quos presens scriptum pervenerit W. dei gratia Exoniensis episcopus salutem in domino. Noverit universitas vestra quod nos divine caritatis intuitu concessimus et confirmavimus deo et ecclesie beati confessoris Nicholai Exonien' et monachis ibidem deo devote famulantibus, ad ipsorum sustentationem et hospitum susceptionem, ecclesiam de Pochillee, cum omnibus rebus suis, terris et universis ad eam pertinentibus, in proprios usus illorum in perpetuum convertendam, salva competenti vicaria vicarii in eadem perpetuo ministrantis, salvo etiam iure et consuetudine episcopali in omnibus. Quod ut ratum et inconcussum permaneat in perpetuum, presentis scripti testimonio et sigilli nostri munimine roboravimus. Dat' Exon' ii non' Iulii consecrationis nostre anno tertio. Hiis testibus: S. decano Exon', domino B. archidiacono Exon', magistro Ada cantore Exon', magistro Ricardo cancellario Exon', magistro R. de Winkeleg' archidiacono Toton', magistro Hugone de Willton' archidiacono Tanton', domino Rogero Cole, Willelmo de Bisnam, Gaufrido de Bisuman, Matheo de Bisman, canonicis Exon', magistro I. Rof, Willelmo capellano, Radulfo de Ilstinton', Beniamin, huius scripti notario, et aliis.

> For the date see above no. 250 n.

264. Glastonbury abbey

Appropriation at Chudleigh of the church of Uplyme to the monks, saving a vicarage of one hundred shillings. 16 Dec. 1238

> B = Marquess of Bath, Longleat ms. 39, fo. 14r. s. xiv med.
> Pd from B by A. Watkin in *The Great Chartulary of Glastonbury*, i (Somerset Rec. Soc. lix, 1947) p.(xiv) no. XXXIV.

Omnibus sancte matris ecclesie filiis presentes literas visuris vel audituris

Willelmus miseratione divina Exoniensis ecclesie minister humilis eternam in domino salutem. 'Quoniam omnes stabimus ante tribunal Cristi recepturi prout in corpore gessimus, sive bonum fuerit sive malum, eapropter nos oportet diem messionis extreme misericordie operibus prevenire, ac eternorum intuitu seminare in terris quod reddente domino cum multiplicato fructu recolligere debeamus in celis.' Et licet omnibus misericordie[a] opera passim inpendere teneamur, viris tamen religiosis, qui abnegantes salubriter semetipsos elegerunt in paupertate Cristo pauperi ad placitum famulari, habundantius viscera pietatis in operibus misericordie favore religionis suadente debemus aperire. Hinc est quod deo et ecclesie beate Marie Glaston' et Michaeli abbati et successoribus suis et eiusdem loci conventui ecclesiam de Uplym divini amoris intuitu cum omnibus eius pertinentiis dedimus in proprios usus in perpetuum possidendam, ita quod per ipsum Michaelem pro discretionis sue arbitrio adeo salubriter fructuum nostre largitionis in pios usus fiat conversio ut ecclesie Glaston' benefactores fructuosas a domino recipient remunerationes, et, nostre gratie et eiusdem Michaelis prudentis ac salubris ipsorum temporalium dispositionis exemplo, plurimorum ad ipsius ecclesie incrementa beneficiorum excitetur devotio, salva tamen vicaria centum solidorum in eadem ecclesia per nos taxata et dictorum abbatis et conventus perpetua presentatione ad eandem cum vacaverit. Vicarius vero qui pro tempore fuerit omnia onera ordinaria sustinebit, extraordinariis inter ipsum et prefatos abbatem et conventum pro rata partiendis. In cuius rei testimonium presenti scripto sigillum nostrum apponi fecimus. Dat' apud Chiddelegh' anno gratie millesimo ccxxxviii° mense Decembris, xvii kal' Ianuarii pontificatus nostri anno xv.

[a] mia B

A similar arenga (*Extra* V. 38, 14) is used in a grant to Cowick priory (above no. 237).
    Glastonbury held the valuable Devonshire manor of Uplyme in 1086: *Exon Dday* fo. 161. The appropriation of the church seems to have been ineffective, for it remained a rectory.

264A. Pope Gregory IX

He, together with the patriarch of Jerusalem, the archbishops of Caesarea, Nazareth and Narbonne, the masters of the Hospital of St John, the Temple and the Hospital of the Teutonic Knights and Peter bishop of Winchester, reports from Acre that, because of the non-appearance of the Emperor Frederick II in August 1227, it had been decided by the Crusaders after much debate to break the truce with the Saracens, fortify Caesarea and

Jaffa and advance on Jerusalem. The troops had been ordered to be ready to move on 2 November, and it was hoped that they would be able to attack Jerusalem during the winter of 1228–9. [end of Oct. 1227]

> Rehearsed in Pope Gregory IX's letter acquiescing, dated 23 Dec. 1227, pd Matthew Paris, *Chron. Maj.* iii 128–9. Cf. *EEA* IX no. 129 (cal.).

265. Hartland abbey

Confirmation at Bishopsteignton to the monks of their annual pension from the church of Molland. Dec. 1238

> B = Exeter DRO, Bishops' registers, 1 (Bronescombe) fo.22r (inspeximus by Bp Bronescombe, 5 Oct. 1261).
> Pd *Reg. Bronescombe* 101.

Omnibus sancte matris filiis ad quos presentes littere pervenerint Willelmus miseratione divina Exoniensis episcopus salutem in domino. Noveritis nos debitam et antiquam pensionem quam viri religiosi . . abbas et conventus Hertilond' percipere consueverunt de ecclesia [de] Mollond' dictis abbati et conventui, quantum in nobis est, confirmasse. In cuius rei testimonium huic scripto sigillum nostrum apponi fecimus. Dat' apud Teynton' consecrationis nostre anno xv mense Decembris.

> Confirmation by Dean Roger and the chapter, 6 Jan. 1242, ibid. fo. 22r, *Reg. Bronescombe* 101.

266. Hartland abbey

Confirmation at Hartland to the monks of their annual pension of five marks from the church of Knowstone. 24 Aug. 1243

> B = Exeter DRO, Bishops' registers 1 (Bronescombe) fo. 22r (Inspeximus of Bp Bronescombe, 5 Oct. 1261).
> Pd *Reg. Bronescombe* 100.

Universis sancte matris ecclesie filiis ad quos presens scriptum pervenerit Willelmus miseratione divina Exoniensis ecclesie minister humilis salutem in domino. Noverit universitas vestra quod, cum nobis dilucide constaret religiosos viros abbatem et conventum monasterii beati Nectani de Hertilond' annuam pensionem quinque marcarum ab antiquo de ecclesia de Cnudston' continue percepisse, nos predicti monasterii paupertati paterna affectione levamen adhibere volentes et religionis ipsorum meritum attendentes, predictam pensionem predictis viris religiosis, sicut hactenus percipere consueverunt, in perpetuum percipiendam, quantum in nobis est, concedimus et auctoritate episcopali confirmamus. In cuius rei testimonium presenti scripto sigillum nostrum apponi fecimus. Dat' apud Hertilond' ix kal' Septembris anno domini m°cc°xl°iii° et consecrationis nostre xx°.

> On 1 Aug. 1247 Dean Roger and the chapter confirmed this with the assent of John, rector of Knowstone: fo. 22r, *Reg. Bronescombe* 100–1

267. King Henry III

Report on his unsuccessful attempt, with the help of the sheriff of Devon and a local army, to execute the royal commission to take Fawkes de Bréauté's castle at Plympton into custody. On his arrival there on 1 Aug., the constable and garrison had refused to surrender. He and the sheriff had then blockaded the castle for eight days while siege engines (two mangonels) and scaling ladders were brought up. But on the seventh day the troops had refused to remain, and it was decided by common counsel that the sheriff with ten knights and sixty serjeants (thirty horsed, thirty on foot) — to which the bishop contributed three knights and five serjeants — should remain on the scene, and, as provisions and expenses, provided by the bishop, were running out, supplies should be taken from Fawkes's lands. The bearer of the letter, Mr Martin, the bishop's clerk, would provide the king with further information, and the bishop awaited further instructions. [c. 8 Aug. 1224]

> A = PRO SC 1/2 no. 184. Approx. 180 × 123 mm. Mounted in book. Sealing on tongue; tongue and seal missing.

Excellentissimo domino suo H. dei gracia illustri Anglorum regi, domino Hybern', duci Normann', Aquitann' et comiti Andeg' W. miseracione divina Exoniensis ecclesie minister humilis salutem in eo qui dat salutem regibus. Noverit celsitudo maiestatis regie quod die sancti Petri ad vincula [1 Aug.] venimus Plinton' et litteras excellencie vestre constabulario et hiis qui in castro Plinton' sunt ostendimus, monentes attencius ut secundum regium mandatum castrum illud nobis restituerent. Quod nullo modo facere voluerunt, nec fecerunt. Nos igitur cum militibus et servientibus omnibus qui aderant per octo dies continuos ibidem sumptibus nostris propriis moram facientes, providimus quod nichil dampni interim per castellanos exterius factum fuit. Et interim bellica machinamenta, videlicet duos mangunellos, cum vicecomite fecimus Plinton' deferri; et scalas et quedam alia construi fecimus. Septimo vero die plene congregatis militibus, qui in comitatu fuerunt, unacum vicecomite, cum barones omnes illius comitatus sint in exercitu vestro, et proposito mandato regio coram eis, videlicet ut vicecomes una nobiscum provideret ne castellani ad malum faciendum egrederentur, responderunt unanimiter se nec posse nec debere huiusmodi custodiam facere, cum domini sui sint in exercitu vestro, quibus sua debent servicia. Et quia nec audebamus nec volebamus aliquo modo in tanto periculo negocium vestrum derelictum remanere, presertim cum castrum illud munitissimum sit servientibus et armis et aliis apparatibus, providimus communi consilio fidelium vestrorum ut vicecomes cum decem militibus et sexaginta servientibus, triginta videlicet in equis et armis et triginta peditibus, de quibus invenimus tres milites et quinque servientes ex parte nostra, ibi moram faciant ad custodiam predictam faciendam. Et quia sumptus de nostro proprio post octo dies ad illos exhibendos nobis non subpetebant, provisum est communi consilio ut sumptus ad illos exhibendos caperentur de auxilio hominum in terris que fuerunt in manu Falconis in Devonia, salvis vobis omnibus proventibus in predictis terris, in redditibus, bladis et instauris et aliis omnibus. Hanc autem provisionem fecimus usque in quindecim dies, donec regia maiestas significaverit quid inde fieri decreverit. Et si nobis sumptus de nostris propriis subpeterent, ad honorem vestrum conservandum nullo modo alienum peteremus auxilium. De aliis vobis intimandis verba nostra posuimus in ore magistri Martini, latoris presencium, clerici nostri. Conservet dominus celsitudinem regiam et honorem per tempora longa.

> Fawkes de Bréauté was in possession of Plympton castle because King John had given him as wife in 1216 Margaret, widow of Baldwin, son and heir of William de Vernon (Reviers), earl of Devon, to the fury of the earl. On the earl's death in 1217, his heir was Margaret's infant son, Baldwin (III). No doubt enemies of Fawkes, because of his low birth and intrusion, were the husbands of William de Vernon's daughters, William Brewer II and Robert Courtenay. For Fawkes's rebellion in 1224 and his position at Plympton see Kate Norgate, *The Minority of Henry the Third* (1912) 182–3, 223–4, 245; F. M. Powicke, *King Henry III and the Lord Edward* i 49–66; idem, *The Thirteenth Century, 1216–1307* 24–8; D.A. Carpenter, *The Minority of Henry III* (1990) 344–70. His comrade-in-arms, the sheriff, would seem to be his cousin, William Brewer II, given the county on 23 Jan. 1224 and superseded by William de Ralegh on 20 Oct. 1225: *Cal. Patent Rolls* i (1216–25) 421, 554. Henry III's mandates that the castle should be handed over to the bp are dated 19 July and (after Fawkes had surrendered at Bedford on 15 Aug.) on 19 Aug. 1224. On 6 Sept. he ordered him to hand it over to John of Bayeux: ibid. 456, 463, 468. Presumably William had taken possession from Fawkes's men by that time.
>
> Mr Martin may be the man who (?later) acted as the bp's official.

268. Launceston priory

Confirmation at Exeter of the gift by Reginald earl of Cornwall of the church of Linkinhorne, saving a perpetual vicarage. 14 Apr. 1227

B = Lambeth Palace ms. 719 (Launceston priory cartulary) fo. 210v. s.xv.
Pd (calendar) from B by Hull in *Launceston priory cartulary* no. 527.

Omnibus Cristi fidelibus ad quos presens scriptum pervenerit Willelmus dei gratia Exoniensis episcopus salutem in domino. Noverit universitas vestra nos divini amoris intuitu concessisse et contulisse deo et beato Stephano de Lancavaton' et canonicis ibidem deo servientibus ecclesiam de Lankynhorn' cum omnibus suis pertinentiis quam Reginaldus comes Cornub', eiusdem ecclesie patronus, ipsis dederat habendam et possidendam in proprios usus perpetuo, salva perpetua vicaria in eadem perpetuo vicario qui in dicta ecclesia divina perpetuo ministrabit. Salva etiam nobis in omnibus^a nostra et successorum nostrorum auctoritate et ecclesie Exoniensis dignitate. In cuius rei testimonium has litteras nostras sigillo nostro fecimus communiri. Hiis testibus: domino Serlone^b decano et A. thesaurario, A. precentore, H. cancellario, B. archidiacono Exon' etc. Dat' Exon' xviii kalend' Maii consecrationis nostre anno tertio.

^{a} etiam ?monicionibus B ^{b} Stephano B

The D. & C. also confirmed: ibid. nos. 528, 500
    Linkinhorne was probably one of the penitential gifts of the earl following his excommunication by Bp Robert I during the civil war in Stephen's reign: see above no. 110B. There are a number of documents concerning this church in the cartulary: see particularly nos. 500, 534–5.

269. Launceston priory

Order to J. official of the archdeacon of Cornwall or the dean of East Wivelshire to put the prior and convent in corporal possession of the church of Poughill. [?1230 × 1231]

B = Lambeth Palace ms. 719 (Launceston priory cartulary) fos. 160v–161r. s.xv.
Pd (calendar) from B by Hull in *Launceston priory cartulary* no. 408.

Willelmus miseratione divina Exoniensis ecclesie minister humilis magistro I. officiali archidiaconi Cornub' vel decano de Est Wyvelschire salutem, gratiam et benedictionem. Mandamus vobis, in virtute obedientie firmiter precipientes, quatenus priorem et conventum de Lanstavaton' corporalem possessionem ecclesie de Powghwill' ingredi et eiusdem pacifica possessione gaudere permittatis, ingressosque auctoritate [fo. 161r] nostra in predicta possessione tueamini. Valete.

For the date cf. ibid. no. 405 and below no. 270.

270. Launceston priory

Confirmation at his manor of Chudleigh, with the assent of the chapter, of the grant of the abbot and convent of Cleeve, patrons of the church of Poughill (Cornwall), to the priory of an annual pension of half-a-mark from the church, saving the perpetual vicarage of Gilbert the clerk for life. 31 Dec. 1231

B = Lambeth Palace ms. 719 (Launceston priory cartulary) fo. 161r-v. s.xv.
Pd (calendar) from B by Hull in *Launceston priory cartulary* no. 410.

Omnibus sancte matris ecclesie filiis ad quos presens scriptum [fo. 161v] pervenerit Willelmus miseratione divina Exoniensis ecclesie minister humilis in vero salutari salutem. Ad universitatis vestre notitiam volumus pervenire nos divine caritatis intuitu, de assensu nostri capituli, ad presentationem religiosorum virorum abbatis et conventus de Clyve, Cisterciensis ordinis, patronorum ecclesie de Poghwell', contulisse, concessisse et tenore presentium confirmasse ecclesie beati Stephani prothomartiris de Lanzavaton' et canonicis in eo deo famulantibus pensionem dimidie marce in predicta ecclesia de Poghwell', vacante, percipiendam annuatim nomine personatus, salva Gilberto clerico perpetua vicaria quoad vixerit in eadem. In huius autem nostre collationis concessionis et confirmationis testimonium et evidentiam pleniorem presens scriptum sigilli nostri munimine duximus roborandum. Dat' apud manerium nostrum de Cheddeleg' anno gratie millesimo cc^{mo} xxxi° ii kal' Ianuarii coram hiis testibus: Radulfo archidiacono Berdestapol', Willelmo Gern' clerico, Willelmo cantore et Henrico capellano nostro, Alexandro seculari domino Legum, Martino Prodome, Thoma de Pere etc. et multis aliis.

The Cistercian abbey of Cleeve in Somerset granted the whole church to Launceston: Hull, no. 405. The clerk, Gilbert Potte, was remiss in his payments, and after a belated payment to Philip (de Bagtor), precentor of Exeter, and William de Arundel, vicar of the bp, took an oath to pay regularly. This was witnessed by Thomas archdn of Totnes, Mr J. de St Goran and R. de Warwick: ibid. no. 409. For Gilbert see also no. 283.

271. Launceston priory

Inspeximus at Crediton of Bishop Henry's confirmation of the church of Lewannick and the chapels of Egloskerry and Boyton to the priory.

7 Mar. 1234

B = Lambeth Palace ms. 719 (Launceston priory cartulary) fo. 43r-v. s.xv.
Pd (calendar) from B by Hull in *Launceston priory cartulary* no. 98.

Universis sancte matris ecclesie filiis ad quos presens scriptum pervenerit Willelmus miseratione divina Exoniensis episcopus eternam in domino salutem. Noverit universitas vestra nos confirmationem venerabilis patris H. Exoniensis episcopi predecessoris nostri prioratui sancti Stephani de Lanstaveton' et canonicis ibidem deo famulantibus factam sub hac forma inspexisse. Universis sancte matris ecclesie filiis . . . [as above no. 201A] . . . et multis aliis. Quam ratam habentes et gratam, eam auctoritate episcopali et presenti[s] scripti testimonio roboramus. Dat' Criditun nonas Martii anno pontificatus nostri decimo.

272. Launceston priory

Confirmation at Exeter of the settlement of a dispute between, on the one side, the prior and convent and, on the other, W. rector and Roger vicar of Sydenham Damerel, over the sheaf tithes of Panson, both from the demesne and the villeinage. They were to be divided equally between the parties, and the rectors were to pay the convent twelve pence a year at Christmas for the sake of peace.

8 Oct. 1236

B = Lambeth Palace ms. 719 (Launceston priory cartulary) fos. 121v–122r. s. xv.
Pd (calendar) from B by Hull in *Launceston priory cartulary* no. 299.

Universis Cristi fidelibus ad quos presens scriptum pervenerit W. divina miseratione Exoniensis episcopus salutem in domino. Cum mota esset controversia inter priorem et conventum de Launcevaton' ex una parte et W. rectorem et Rogerum vicarium ecclesie de Sideham ex altera super decimis garbarum de Paneston' Passemer', tam de dominico quam de villenagio, lis tandem inter eos amicabili compositione conquievit in hunc modum, videlicet quod dicti prior et conventus annuatim percipient medietatem dictarum decimarum et rectores ecclesie de Sideham, qui pro tempore fuerint, medietatem aliam. Idem vero rectores annuatim in festo beati Michaelis duodecim denarios pro bono pacis et quietis dictis priori et conventui exsolvent. Nos vero dictam formam pacis ratam habentes, episcopali auctoritate confirmamus eandem. In [fo. 122r] cuius rei testimonium presenti scripto sigillum nostrum apposuimus. Dat' apud Exoniam anno ab incarnatione domini millesimo cc°xxxvi^{to} die Mercurii proximo post festum beate Fidis virginis.

> See also ibid. no. 298 for a later settlement of the dispute on 7 July 1261 by Bp Walter Bronescombe.

*273. Launceston priory

Order to the dean and the chapter of Launceston to hold an inquisition into the identity of the true patron of the chapel of St Juliot.

[1223 × 1244, ?c.1238]

> Mentioned only in a return from the dean and the chapter which provides a history of the chapel and refers to a previous inquisition by order of a bishop of Exeter (? Bartholomew) in the time of Walter (fitzDrogo) archdeacon of Cornwall (?1177–1216). Pd (calendared) in *Launceston priory cartulary* no. 344.
>
> There does not seem to be any other reference in this period to a dean of Launceston, but some official other than the prior and chapter might be expected to act in such a matter. For the chapel and the mother church of St Gennys see above no. 111.

274. Launceston priory

Notification at Exeter that, whereas Richard Cole, acting as patron of the chapel of St Juliot, had presented Mr Ralf Cole to him for admission and for a time had disputed the priory's right to the advowson of the church in both the royal court and his own, eventually Richard had fully recognized in both courts Launceston's rights. Whereupon the bishop had relaxed the sequestration he had imposed and confirmed that St Juliot pertained to the mother church of St Gennys and to the priory. 13 Apr. 1238

> B = Lambeth Palace ms. 719 (Launceston priory cartulary) fo. 139v. s. xv.
> Pd (calendar) form B by Hull in *Launceston priory cartulary* no. 346.

Universis sancte matris ecclesie filiis ad quos littere presentes pervenerint W. miseratione divina Exoniensis ecclesie minister humilis eternam in domino salutem. Noverit universitas vestra quod, cum Ricardus Cole, gerens se pro patrono capelle beate Iulite in Cornubia, magistrum Radulfum Cole ad eandem nobis presentasset, dilectos filios viros religiosos priorem et conventum de Lanstavaton' aliquando super advocatione, possessione et proprietate eiusdem capelle tam in foro regio quam nostro molestando, demum saniori usus concilio ius dictorum prioris et conventus, tam in curia domini regis quam in presentia nostra, advocationis, possessionis et proprietatis plene recognovit. Nos vero sequestrum quod fecimus de eadem capella occasione dicte presentationis relaxantes, ius advocationis, possessionis et proprietatis in sepedicta ecclesia, ad matricem ecclesiam sancti Genesii pleno iure pertinente, sepedictis priori et conventui adiudicavimus; et etiam confirmavimus eisdem in usus proprios prout antea habuerunt et secundum tenorem litterarum predecessorum nostrorum episcoporum eisdem concessarum. Dat' apud Exoniam die Martis proxime post clausum Pasche anno gratie millesimo cc xxxviii°.

See also ibid. nos. 342–4, 345, 347, and above nos. 111, 273.

275. Launceston priory

Confirmation at Paignton of the appropriation of Poughill church (Cornwall) by the priory on the death of Gilbert Put, saving the rights of the bishop and archdeacon and the provision of a competent vicarage, to be taxed by him. 28 Mar. 1244

B = Lambeth Palace ms. 719 (Launceston priory cartulary) fo. 161v. s. xv.
Pd (calendar) from B by Hull in *Launceston priory cartulary* no. 411.

Omnibus sancte matris ecclesie filiis ad quos presens scriptum pervenerit Willemus miseratione divina Exoniensis ecclesie minister humilis salutem eternam in domino. Noverit universitas vestra quod, cum viri religiosi prior et conventus Lanstavaton' dimidiam marcam nomine pensionis ab ecclesia de Poghwill' percepissent, et eandem, ipsa vacante per mortem Gilberti Put, tam auctoritate iuris quam nostra ingressi essent, dictam ecclesiam, quantum ad nos pertinet, salvo in omnibus iure nostro et successorum nostrorum et archidiaconi loci, eisdem in proprios usus confirmavimus. Salva etiam in eadem ecclesia competenti vicaria, cuius quidem taxationem nobis reservamus. Dat' apud Peyinton' die Lune proximo post annunciationem dominicam anno gratie m°cc^{mo} xliiii^{to} consecrationis nostre anno vicesimo.

See also above nos. 269–70.

*276. Launceston priory

Taxation of a vicarage in the church of Stratton. [1224 × 1244]

Mentioned only in a revised taxation of the vicarage made by Archbishop John Pecham at Exeter on 24 March 1282, when on a visitation of the city and diocese: *Launceston priory cartulary* no. 422.

By Bishop William's taxation the vicar, Andrew de Kayninges, had been awarded all the tithes of the sheaves together with the glebe, altarage and all other obventions, both great and small. For this he was to make a single payment to the prior and convent of twenty-five marks in cash. This, however, the archbishop judged, was contrary to ancient law.

For the church see also ibid. nos. 415–21. Andrew was one of the jurors who inquired into the value of the vicarage and parsonage of Poughill (Cornwall) on 18 March 1282 by order of the archbishop: ibid. no. 414. For the metropolitan visitation in 1282, see I.J. Churchill, *Canterbury Administration* (1933) i 296–7, 303–4.

*277. Laurence, monk of the Holy Valley of Jehoshaphat, outside Jerusalem

With the patriarch of Jerusalem, the abbot of the Holy Valley and Peter bishop of Winchester, he certifies the genuineness and holiness of a cross, containing various reliquaries and a fragment of the True Cross, which Laurence, an Englishman, was intending to take to England.

[Oct. 1227 × June 1229]

Mentioned only in the account of how William of Trumpington, abbot of St Albans, obtained a cross from Laurence, who was hoping to become prior of Brightwell: *Gesta Abbatum Monasterii Sancti Albani*, ed. H.T. Riley (RS 1867) i 291.

278. Le Val abbey

Admission and institution to the parsonage of the church of Upottery at the presentation of the abbot and convent, of Richard de Warwick, saving the ancient pension due to Le Val.

[1227 or ?22 Mar. 1231 × Apr.–Aug. 1241]

B = Exeter, D. & C. ms. 3672 (cartulary) p. 197. s. xv in.

Omnibus sancte matris ecclesie filiis ad quos presens scriptum pervenerit Willelmus miseratione divina Exoniensis episcopus in vero salutari salutem. Ad universitatis vestre notitiam volumus pervenire nos divine caritatis intuitu ad presentationem religiosorum virorum . . abbatis et conventus de Walle, verorum patronorum ecclesie de Upotery, admisisse Ricardum de Warewyk' clericum ad dictam ecclesiam cum suis pertinentiis omnibus et ipsum in eadem canonice instituisse personam, salva debita et antiqua pensione dictis abbati et conventui in eadem. In cuius rei testimonium et evidentiam pleniorem presens scriptum sigilli nostri munimine duximus roborandum. Hiis testibus: magistro R. cancellario Exoniensi, domino M.

Produmme canonico Exoniensi, W. de sancta Cristina clerico, H. capellano, W. de Molendin' clerico, et aliis.

> Date: Either, on the eve of the bp's departure on Crusade (spring 1227), or, after his return (?22 Mar. 1231) and before 1238 (no. 279); and William des Moulins may have become treasurer c. 1239. As Martin Prodom is not noticed as a canon before the Crusade (the earliest date is 1 Apr. 1236: no. 315), the latter date is likelier.
> Upottery passed later into the patronage of the D. & C.

279. Le Val abbey

Changes to be made in the light of the decrees of the Council of London held by the papal legate Otto (Nov. 1237) concerning the sons of former ministers of a church and the dispensation annexed. He has decreed, in consultation with the abbey, that a vicar should be constituted in the church of Upottery who will have the cure of souls, enjoy the minor tithes and all obventions at the altar and have a house and garden adjacent to the church. The remainder will go to Richard de Warwick as a perpetual benefice and provision, notwithstanding that he is the son of a former minister. [1237 × ?1241]

> B = Exeter, D. & C. ms. 3672 (cartulary) pp. 197-8. s. xv in.

Omnibus sancte matris ecclesie filiis ad quos presens scriptum pervenerit W. miseratione divina Exoniensis ecclesie minister humilis eternam in domino salutem. Noverit universitas vestra nos, celebrato concilio apud Londoniam sub venerabili patre O. dei gratia sancti Nicholay in carcere Tulliano diacono cardinali apostolice sedis legato, audita constitutione de filiis proximo ministrantium edita, et eiusdem [p. 198] constitutionis indulgencia super ea omnibus episcopis generaliter concessa, habita deliberatione et tractatu diligenti super ecclesia de Upotery, de consensu et voluntate procuratoris . . abbatis et conventus de Walle, patronorum eiusdem ecclesie, ordinasse secundum formam interpretationis et indulgencie eiusdem legati, videlicet quod in eadem ecclesia vicarius constituatur curam habens animarum parochie, qui onera eiusdem ecclesie ordinaria et consueta sustineat sine exceptione, extra ordinaria vero proportione ipsum contingente. Percipiat autem dictus vicarius omnes decimas minutas ecclesie et omnes obventiones altaris. Habebit etiam prope ecclesiam domum competentem cum orto. Residuum vero, scilicet maiores decimas parochie cum dominico et domibus in dominico et aliis, concessimus Ricardo de Warewyk' nomine perpetui beneficii et provisionis sine cura animarum, non obstante eo quod filius [est] aliquando ministrantis. Cui quidem super portione ipsum contingente nullam ab aliquo temporibus suis molestiam volumus inferri. Quod ut robur firmitatis perpetuum obtineat presenti scripto sigillum nostrum apponi fecimus. Hiis testibus: magistro W. precentore Exoniensi, magistro R. de Swind', Henrico de Swynd', et aliis.

> The relevant canons are 15 and 17; the dispensation is, 'nisi cum eis fuerit exigentibus meritis eorum canonice dispensatum': *Councils and Synods* II ii 252-3. The campaign to break hereditary succession to benefices started in England with Anselm's Council of Westminster in 1102, but had only moderate success in the twelfth century: see Barlow, *English Church* 128, 131-4. On 10 June 1202 Pope Innocent III authorized Bp Henry Marshal to deprive the sons of deceased vicars or parsons who had immediately succeeded to their fathers' benefices as though by hereditary right: *Cal. Pap.* i 11; Cheney and Cheney no. 426; C.R. Cheney, *Innocent III and England* 32.

?*†280. Liskeard (Menheniot): hospital of St Mary Magdalene

Indulgence of forty days [1224 × 1244]

> Listed only in a s.xv letter of confraternity issued by the brethren and sisters: PRO E 163/26/I[6], of unknown provenance, ed. by Roy M. Haines, 'A confraternity document of St Mary Magdalene's Hospital, Liskeard', *Bulletin of the Institute of Historical Research* 45-6 (1972-3) 128-35.
> See above, no. 202 n.

280A. Marmoutier abbey

Inspection at Crediton of Bartholomew le Curbe's quitclaim for the abbot, priors and monks of Marmoutier, wherever they may in France or England, from all debts, suits etc., dated 19 April 1243.   23 May 1244

> B = Paris, Bibl. Nat. ms. L.5441, pt 3 p.473. s.xix in. With note that the seal is lost.

Omnibus — Willelmus Exoniensis episcopus — literas inspeximus sub hac forma: Universis — Bartholomeus le Curbe — salutem — Ego quietos clamavi abbatem, priores et monachos Maioris Monasterii ubicunque fuerint, sive in regno Fr' sive in regno Angl', ab omnibus debitis, querelis etc. — 1243, die Lune post Quasimodo [19 Apr.] — Datum die Lune in ebdomada pentecostes apud Criditon', anno gratie 1244, consecrationis nostre 21.

281. Montacute priory

Grant at Exeter of permission to appropriate the churches of St Neot, St Veep, a moiety of Ermington, Monkleigh and Holcombe (Rogus), when they fall vacant, with provision for vicarages and with reference to the cells of St Cadix and Kerswell. 21 Apr. 1236 × ?24 Mar. 1237; [?May × July]

> B = Oxford, Bodleian Libr., Trinity Coll. ms. 85 (Montacute priory cartulary) fo. 96r-v. s.xiv in.
> Pd (calendar), *Two Cartularies of . . . Bruton and . . . Montacute* (Somerset Rec. Soc. viii, 1894) 196 no. 190.

Universis Cristi fidelibus ad quos presens scriptum pervenerit Willelmus divina miseratione Exoniensis ecclesie minister humilis eternam in domino salutem. Noveritis nos caritatis intuitu dedisse et concessisse deo et ecclesie beatorum apostolorum Petri et Pauli de Monte Acuto et monachis ibidem deo servientibus quod ecclesie subscripte absque omni diminutione cum suis portionibus in proprios eorum usus convertantur, salvis earumdem vicariis per nos taxatis. Videlicet, sancti Nioti ecclesia, salva vicaria centum solidorum in sanctuario et altilagio et aliis rebus fideli estimatione taxanda, ita quod, decedente Rogero capellano nunc residente, taxetur vicaria per priorem et alios fidedignos sicut prenotatum est. Ecclesia sancti Vep, salva vicaria vicario perpetuo qui procuretur in mensa prioris sancti Cirici et habeat de evectionibus prioris ad visitandos infirmos et ad alios ecclesie usus necessarios; et habeat domum iuxta ecclesiam cum curtilagio; habeat etiam duas marcas et dimidiam ad se vestiendum et sustinendum omnia onera episcopalia et archidiaconalia. Item [fo. 96v] medietas ecclesie de Ermingtone, salva vicaria quinque marcarum in altilagio; et provideatur vicario in domo competenti. Et ecclesia de Legha, salva vicaria vicario, cui cedant domos persone cum sanctuario et altilagio et cum una marcata bladi per fideles estimata. Ecclesia vero de Holecumba, salva vicaria, cedat monachis de Kerswell' inperpetuum scilicet manso et curtilagio Ricardi vicarii et preterea sex marcis in altilagio. Prior vero et conventus ad vicarias pretaxatas nobis et successoribus nostris ydonios vicarios pro tempore presentabunt, qui de eisdem episcopo et archidiacono et eorum officialibus respondebunt et omnia onera episcopalia et archidiaconalia sustinebunt et obedientias facient quas rectores dictarum ecclesiarum antea facere consueverunt, priore et monachis in suis libertatibus et privilegiis plenarie permanentibus, cum, ratione dictarum ecclesiarum ad eorumdem usus deputarum, nichil penitus debeat dictis monachis servitutis vel subiectionis accrescere. Ad extraordinaria vero onera vel superinducta, si forsan accreverint, monachis iniuste non parentibus, dictarum ecclesiarum sequestratione compescantur. Ut autem ea que per nos sunt salubriter ordinata nullo quorumlibet labefactentur incursu, auctoritate gloriose virginis et beatorum apostolorum Petri et Pauli et Exoniensis ecclesie, cui auctore deo presidemus, de consensu capituli nostri cathedralis, eisdem monachis duximus indulgendum ut, cedentibus vel decedentibus dictarum ecclesiarum rectoribus vel vicariis, in possessiones dictarum ecclesiarum ingrediantur et in pace possideant, salvis vicariis nobis et successoribus nostris a priore Montis Acuti presentandis ad vicarias pretaxatas, quas de consensu capituli nostri volumus in perpetua firmitate consistere. Nos enim dictos priorem et monachos in plenaria possessione sua et privilegiorum libertate tueri tenemur et fovere. Ut autem ea que prescripta sunt bona fide serventur in posterum, presenti scripto sigillum nostrum duximus apponendum. Dat' Exon' anno gratie m° ducentesimo tricesimo sexto consecrationis nostre anno tertiodecimo.

> The D. & C.'s confirmation is calendared ibid. no. 191.
> Probably in return for the bp's grant, the Cluniac priory of Montacute in July 1236 conveyed to him the Cornish churches of Crantock and Altarnon (*Mon. Exon.* 55 no. 1); on 30 June 1236 he conveyed the latter to the D. & C. (above no. 254); and in 1237 the D. & C. acknowledged their obligations in return for the grant (*Mon. Exon.* 55–6 no. II). Henderson, ii 107, also suggests that it was at this time that the bp refounded Crantock as a college consisting of a dean and nine canons. On 17 Apr. 1245 the king ordered Bp Richard to execute a royal appointment made before his consecration as bp, viz. to induct one of his clerks, William Passelewe, into the prebend in the church vacant by the death of Nicholas Chapeleyn: *Cal. Pat. 1232–47* 450. But it was to Bp Stapledon's ordination of the church that Bp Grandissson referred: *Mon. Exon.* 58 no.5.
> For St Carantoc and his churches, see Orme, *Nicholas Roscarrock's Lives of the Saints* 123–4. For the cell of St Cadix in the parish of St Veep, see also the next actum.

282. Montacute priory (cell of St Cadix)

Grant at Exeter, with the consent of the chapter, to the cell of St Cadix (in the parish of St Veep) of an interim payment of five marks a year from the property of the bishopric in compensation for the six marks, four shillings and three halfpence a year it used to receive from the church of St Nonna (in the parish of Altarnon), which he wishes to apply integrally to other uses. He will make better provision as soon as possible.

31 May [?30 June] 1236

> B = Oxford, Bodleian Libr., Trinity Coll. ms. 85 (Montacute priory cartulary) fo. 92v. s. xiv in.
> Pd (calendar) in *Two Cartularies of . . . Bruton and . . . Montacute* (Somerset Rec. Soc. viii, 1894) 190–1 no. 178.

Universis Cristi fidelibus ad quos presens scriptum pervenerit Willelmus miseratione divina Exoniensis ecclesie minister humilis eternam in domino salutem. Cupientes ecclesiam sancte Nonne in Cornubia usibus illis integre cedere ad quos eam provida deliberatione duximus deputandam, nolentes etiam cellulam sancti Cirici[a] quacumque ratione defraudari que singulis annis de dicta ecclesia sex marcas quatuor solidos et tres obolos consuevit recipere, nos divine caritatis intuitu, de capituli nostri consensu, dedimus eidem cellule et concessimus quinque marcas de bonis episcopatus nostri, solvendas eidem singulis annis pro equis portionibus ad eosdem terminos quibus dictam pensionem sex marcarum quatuor solidorum et trium obolorum recipere consuevit, donec eidem fuerit per nos vel aliquem successorum nostrorum competentius vel eque provisum; quod quidem facere tenemur quamcito poterimus comode. Et ut hec nostra collatio futuris temporibus rata et inconcussa permaneat, presens scriptum sigilli nostri necnon et decani et capituli cathedralis sigillorum munimine fecimus roborari. Dat' Exon' anno gratie m°cc°xxx°sexto pridie kal' Iunii consecrationis nostre anno xiii°.

[a] Caraci *in heading*

Probably part of a general settlement between the bp and Montacute: for which see no. 281. Presumably St Nonna was included in the grant to the chapter of the church of Altarnon (above no. 254). And as that (in an original) is dated at Exeter, 'pridie kal' Iulii', this may be the correct date for both acta.

283. Mont Saint-Michel abbey

Inspeximus and confirmation of Bishop Henry's charter (above, no. 206), giving permission to appropriate their churches in the diocese, viz. Otterton with its chapel of ' La Hederlande', Sidmouth, Yarcombe, Harpford with its chapel of Venn Ottery, and, in Cornwall, Moresk and St Hilary; also confirmation of the cathedral chapter's consenting charter.

[1224 × 1225]

A = Archives de la Manche, ser.II, fonds d'Otterton (destroyed at Saint-Lô in 1944).
B = Exeter DRO (Lord Coleridge) ms. (Otterton cartulary) 49. s. xiii med. C = Archbp Stephen Langton's confirmation (Sept. 1225) ibid.50. D = Paris, BN ms. L10072 no. 84 fo. 70 (transcript of A).
Pd from A by L. Guilloreau, 'Chartes d'Otterton', *Revue Mabillon* v (1909) 186–7 no. XIV. The following text is based on this.

Omnibus sancte matris ecclesie filiis has literas visuris vel audituris Willelmus divina permissione Exoniensis episcopus salutem in domino. Inspeximus cartam venerabilis patris bone memorie H. quondam Exoniensis episcopi in qua videlicet deo$^{a\text{-}}$ et ecclesie sancti Michaelis de Monte in periculo maris et monachis ibidem deo servientibus, ad peregrinorum et hospitum sustentationem et susceptionem,^{b} ecclesias subscriptas, in episcopatu Exoniensi constitutas, cum primo vacaverint, in proprios usus suos in puram et perpetuam elemosinam habendas et possidendas cum pertinentiis suis auctoritate episcopali confirmavit, videlicet ecclesiam de Otrinton' cum cappella sua^c de La Hederlande, ecclesiam de Sydemue, ecclesiam de Artycumb', ecclesiam de Herpeford' cum$^{d\text{-}}$-capella sua de Fenotery$^{\text{-}d}$, et in Cornubia ecclesiam de Morres et ecclesiam sancti Hillarii$^{\text{-}a}$; et similiter cartam consensus et assensus capituli Exoniensis super predictis ecclesiis cum capellis et aliis pertinentiis suis, salva honesta sustentatione capellanorum ecclesiis illis deservientium, qui ei et successoribus suis de episcopalibus respondeant. Nos igitur predicti predecessoris nostri confirmationi gratum gratanter prebentes assensum, omnes predictas ecclesias cum capellis et omnibus aliis pertinentiis suis in usus proprios habendas prefato monasterio sancti Michaelis de Monte in periculo maris et monachis ibidem deo famulantibus confirmamus, salva honesta sustentatione capellanorum ecclesiis predictis deservientium, qui nobis et successoribus nostris de episcopalibus respondeant; salvo^e etiam nobis et successoribus nostris iure et auctoritate episcopali in omnibus et ecclesie Exoniensis dignitate. Ut autem hec nostra confirmatio firmitatis robur obtineat, eam presentis scripti testimonio et sigilli nostri appositione corroboravimus. Hiis testibus: B. archidiacono Totton', B. archidiacono Wint', canonicis Exon', magistro Martino, tunc officiali, magistro Ada, Willelmo capellano, Gilleberto Put, Martino Prodome, Beniamin, clericis, et multis aliis.

$^{a\text{-}}\ldots^{\text{-}a}$ extract from no. 206. ^{b}om. sustentationem et B; om. et susceptionem C ^{c} om. sua D, Guilloreau $^{d\text{-}}\ldots^{\text{-}d}$ om. cum . . .Fenotery B ^{e} salva AD

Bartholomew archdn of Totnes was moved to Exeter in ?1225. Bartholomew archdn of Winchester and canon of Exeter died on 12 Dec. 1230: *Mart. Exon.*; *Fasti* ii 93. Gilbert Put is listed among the kalendar brethren (Aug.): Orme, 'Kalendar Brethren' 163.

284. Mont Saint-Michel abbey (Otterton priory)

Confirmation to the abbey of the church of Otterton and its chapel of ' La Hederland' with permission to appropriate, provided it supplies a removeable chaplain to be maintained at the monks' table.

[?1226 × spring 1227 or ?22 Mar. 1231 × 31 Dec. 1231]

B = Exeter DRO (Lord Coleridge) ms. (Otterton cartulary) pp. 49–50. s.xiii med.

Universis etc. Willelmus dei gratia Exoniensis ecclesie minister humilis salutem. Ad universitatis vestre volumus pervenire notitiam nos divine karitatis intuitu de consilio et assensu decani et capituli nostri Exoniensis concessisse deo et ecclesie sancti Michaelis de Monte in periculo maris et monachis ibidem deo servientibus ecclesiam de Otriton', cum capella sua de La Hederland' et omnibus pertinentiis suis, in puram et perpetuam elemosinam in proprios usus convertendam ad susceptionem peregrinorum et hospitum sustentationem, et eamdem ecclesiam de Otriton' cum dicta capella et dictis pertinentiis suis eisdem monachis auctoritate episcopali confirmasse, dum tamen ibidem capellanum pro voluntate sua idoneum inveniant, in mensa sua exhibendum, quem eisdem amovere liceat cum sibi expedire viderint et alium sibi utiliorem substituere; salvo nobis et successoribus nostris iure et auctoritate episcopali in omnibus et ecclesie Exoniensis dignitate. Ut autem hec nostra concessio et confirmatio robur obtineat firmitatis, eam presentis scripti testimonio et sigilli nostri appositione roboravimus. Hiis testibus: domino Serlone decano Exon', domino Bartholomeo archidiacono Exon', domino Ricardo cancellario Exon', [p. 50] domino Rogero archidiacono Toton', magistro Iohanne Rof, Waltero persona de Huneton', Bartholomeo persona de Suweton', et multis aliis.

Date: Either, after Serlo, Richard and Roger take office (?1226) and before the bp's departure on Crusade (spring 1227), or, after his return (?22 Mar. 1231) and before Serlo's death (31 Dec. 1231).

285. Otterton priory

Confirmation at Exeter to the monks of two thirds of the tithes of corn from the demesne of the principal lord of Broad Clyst.
St Keverne's day [?18 Nov. 1238 or 5 Mar. 1239]

B = Exeter DRO (Lord Coleridge) ms. (Otterton cartulary) p. 51. s. xiii med.

Omnibus etc. Willelmus divina miseratione Exoniensis ecclesie minister humilis salutem. Noveritis nos divine karitatis intuitu concessisse et confirmasse prioratui et priori de Otriton' qui pro tempore fuerit duas partes decimarum garbarum dominici principalis domini de Cliston', ut videlicet dictas duas partes decimarum in pace possideat ad usus proprios vel alii conferat sicuti per tempora longissima facere consuevit. In cuius rei testimonium presenti scripto sigillum nostrum apponi fecimus. Dat' apud Exoniam anno consecrationis nostre quinto decimo, die sancti Keverini martiris.

Note in margin: 'Item habemus aliam confirmationem nomine abbatis et conventus de eodem Willelmo.' A folio has been torn out of the cartulary between pp. 50 and 51.

Because St Keverne was (wrongly) equated with St Piran (and both with the Irish St Ciarán of Saigir) feasts of 18 Nov. and 5 Mar. have, at different times and places, been assigned to both.

286. Penryn: burgesses

Confirmation at Penryn to his burgesses of the free tenure of their burgages at an annual rent of twelve pence an acre, with relief at the same rate. Fines in the court are to be limited to six pence, except for violence against the bishop or his bailiffs. 29 Aug. 1236

B = Exeter DRO, Bishops' registers I (Bronescombe) fo.61v (inspeximus of Bp Bronescombe, 13 Apr. 1275).
Pd from B in *Reg. Bronescombe* 220–1, *Mon. Exon.* 415.

Universis Cristi fidelibus ad quos presens scriptum pervenerit Willelmus miseratione divina Exoniensis episcopus eternam in domino salutem. Noveritis nos pro nobis et successoribus nostris concessisse et hac carta nostra confirmasse probis hominibus nostris burgensibus de Penryn et heredibus suis vel assignatis quod burgagia sua libere de nobis teneant, et pro qualibet acra integra et debito modo mensurata reddant nobis et successoribus nostris duodecim denarios de redditu per annum ad duos terminos, videlicet in festo omnium sanctorum et in kalendis Maii, pro equis portionibus pro omni servitio. Concessimus etiam eisdem burgensibus nostris quod cum, ipsis cedentibus vel decedentibus, antedicta burgagia debeantur releviari, pro qualibet acra integra reddant nobis et successoribus nostris duodecim denarios. Qui autem maius et qui minus tenuerint, consimiliter tam de redditu quam de relevio reddant secundum quantitatem tenementorum que optinuerint. Et si in misericordiam nostram vel successorum nostrorum per iudicium curie rationabiliter inciderint, dabunt nobis vel successoribus nostris sex denarios de emenda pro qualibet misericordia, nisi forte, quod absit, in nos vel in aliquem ballivorum nostrorum ausu temerario manus iniecerint violentas. Quare volumus et precipimus quod predicti burgenses nostri omnia supradicta habeant et possideant cum omnibus libertatibus et liberis consuetudinibus imperpetuum. Quod ut ratum et stabile temporibus futuris perseveret, presenti pagine sigillum nostrum duximus apponendum. Dat' apud Penryn die decollationis beati Iohannis baptiste anno gratie m^{o}cc^{o}xxx^{mo} sexto, consecrationis nostre anno tertio decimo.

For the manor of Penryn see Henderson ii 48.

286A. Pontigny abbey

Inspection at Pontigny, with Bishops [Walter Cantilupe] of Worcester and [William Ralegh] of Norwich, of the late Archbishop Edmund's confirmation in 1238 of Archbishop Stephen Langton's grant [in 1222] to the abbey of fifty marks annually from the church of New Romney, to which Edmund adds ten, in gratitude for its services to Archbishops Thomas Becket and Langton in their exiles. [Jan. × 24 Mar.] 1240 = 1241

A = Auxerre, Archives départementales de la Yonne H 1406, unnumbered piece. Approx. 29.5 × 21 mm. Sealing lost.

Omnibus Cristi fidelibus presentes litteras inspecturis . . miseratione divina Exoniensis, . . Wignornensis et . . Norwicensis episcopi salutem eternam in domino. Noverit universitas vestra nos inspexisse litteras recolende sanctitatis beati Edmundi quondam Cantuariensis archiepiscopi patris nostri sub hac forma: Omnibus Cristi fidelibus . . . . Actum anno domini millesimo ducentesimo tricesimo octavo. Nos igitur in testimonium inspectionis predictarum litterarum has litteras fecimus fieri et sigillorum nostrrorum appositione muniri. Dat' apud Pontin' anno domini millesimo ducentesimo quadragesimo.

> Pontigny, lying about half way between Auxerre and Tonnerre, was just off one of the main overland routes to Rome and a favourite resort of English travellers because of its associations with Archbps Thomas Becket, Stephen Langton and, most recently, Edmund of Abingdon. Edmund had confirmed Langton's grant to the abbey in 1238 when returning from litigating at Rome with his Christ Church monks. (Langton's actum is printed by K. Major, *Acta Stephani Langton* 73–4 no.55.) And in 1240–1 the several English visitors were answering the aged Gregory IX's summons in August 1240 to attend a general council at Rome in the following year. Edmund left probably in October, found the Alpine passes blocked by imperial troops, fell ill at Pontigny and, when attempting to return home, died on 16 Nov. in the nearby small Augustinian priory at Soisy-en-Brie. Whereupon his body was returned to Pontigny for burial. See C.H. Lawrence, *St. Edmund of Abingdon* 168–78. Bishop Brewer, and possibly the other English bishops involved in this actum, left England with the papal legate Otto in January 1241; and Otto, when sailing with a great number of other prelates from Genoa, in order to circumvent the blockade, was captured by imperial galleys and, with the others who escaped drowning, imprisoned at Naples. Bp Brewer was still absent from his see in September 1241; but what happened to him after Pontigny is not known.
> The grants to Pontigny by Stephen Langton in 1222 and Edmund in 1238 were likewise inspected by Bps Walter Suffield of Norwich and Richard Wich of Chichester in September 1245: Lawrence, app.E no.26.

286B. Pontigny abbey

Inspection at Pontigny, with bishops [Walter Cantilupe] of Worcester and [William Ralegh] of Norwich, of letters of protection granted by Archbishop Edmund of Canterbury on 13 November 1240 at Soisy-en-Brie to his chaplain Eustace [of Faversham]. [Jan. × 24 Mar. 1241]

> A = Sens cathedral treasury, Pontigny archive, H 3. Approx. 165 × 125 + 20 mm. Sealing on tags; turn-up, 3 + 3 + 3 slits; fragments of 3 seals attached.
> Pd from A by C.H. Lawrence, *St Edmund of Abingdon* 319

Omnibus Cristi fidelibus presentes litteras inspecturis . . miseratione divina Exoniensis, . . Wignornensis et . . Norwicensis episcopi salutem eternam in domino. Noverit universitas vestra nos litteras recolende sanctitatis beati Edmundi quondam Cantuariensis archiepiscopi patris nostri inspexisse, quarum tenor talis est: Omnibus Cristi fidelibus . . . . Datum apud Soysy Idus Novembris pontificatus nostri anno septimo. Nos igitur in testimonium inspectionis predictarum litterarum has litteras nostras fecimus fieri et sigillis nostris signari. Datum apud Pontin'.

> For the date and occasion see above no. 286A. Eustace of Faversham, monk of Christ Church, Canterbury, wrote the first *Vita* of St Edmund, printed by Lawrence 203–21. His adherence to the archbp during his master's quarrel with the Canterbury monks put him in special need of protection after Edmund's death, three days after their arrival at Soisy. Edmund on his deathbed had written similarly on behalf of others of his household, including one recommendation to the bishop of Norwich: Matthew Paris's life of St Edmund, printed ibid. 267–8.

286C. Pontigny abbey

Postulation for the canonization of Edmund of Abingdon, the late archbishop of Canterbury. [1241 × ?2]

> A = Sens cathedral treasury, Pontigny archive, H 11. Endorsed: Sigillum Willelmi Exoniensis episcopi. Ave Maria gracia plena. Dominus tecum. Approx. 153 × 68 + 15 mm. Sealing on cords; turn-up, 2 slits; fragment of seal. Several stains and some words illegible.
> Pd (calendar) from A by C.H. Lawrence, *St Edmund of Canterbury*, appendix E.

Sanctissimo patri et domino reverendo . . dei gratia summo pontifici W. miseratione divina Exoniensis ecclesie minister humilis devota pedum oscula beatorum. . . . [2–3 words] . . . et amena miram suavis novitatis spirante fragrantiam, qua, sicut credo, nares vestre iam afflantur, de miraculis scilicet beate memorie Eadmundi, quondam Cant' archiepiscopi, desiderio desideravi descendere et videre locum quo odor fame respirat. Ego vero ad ecclesiam Pontin', in qua reliquie eiusdem requiescunt, accedens, inveni et ex certa multorum relatione accepi quod, quasi sit^a preciosa in conspectu domini mors dicti patris, divina operante clementia, ad declaranda sancti sui merita populis ad tumulum (suum con)fluentibus, miraculorum frequentia publice manifestat. Quorum assiduitas in tanta iam revelatur gloria quod apud exteras regiones sub (?velamine ig)norantie non est passa teneri. Unde michi talis ac tanta suborta est et exuberat exultatio quod linguam a laudibus divinis co(hibere) non poss(um). Ad pedes igitur sanctitatis vestre devotissime et humillime inclinatus, obsecro quatinus tante tamque eximie sanctitatis archipraesulem vestra dignetur sanctitas in sanctorum cathalogo numerare, cum evidentissime et irrefragabiliter ipsius probent sanctitatem miracula, que per ipsum ad ostensionem sanctitatis eius misericors dominus operatur. Vitam et incolumitatem vestram conservet dominus ecclesie sue per tempora longiora.

^{a} quod . . . sit *conjectural reading*

Through the advocacy primarily of Pontigny and the French church, Innocent IV, after a long and thorough process, canonized Edmund, and on 11 Jan. 1247 issued the bull *Novum matris ecclesie*: Lawrence 7–30. On 13 Jan. he issued a letter of indulgence to those visiting the shrine at Pontigny (ibid. app. E no. 48). Similar indulgences from bps William Ralegh of Winchester in April 1247, William Bitton I of Bath and Wells on 18 Feb. 1249 and Richard Wich of Chichester in Sept. 1252 (ibid. nos. 50, 53, 77) have been preserved, but nothing from Richard Blund. English devotees of the saint include Richard earl of Cornwall: Powicke, *Henry III and the Lord Edward* 197.

287. St Buryan

Grant of an indulgence of three hundred days to those present at his dedication of the church on 26 Aug. 1238 and to those who visit it within the octave, and of thirty days to those who attend the anniversary service or visit the church within the octave. Also inspeximus of a grant to the church by King Athelstan which he has seen there. [Aug. 1238]

    B = Exeter: DRO, Bishop's registers 4 (Grandisson) ii 25v (inspeximus by bp Grandisson).
    Pd from B in *Mon. Exon.* 8–9, no.i; *Reg. Grandisson* i 84–6; text and photograph in C.B. Crofts, *A Short History of St Buryan* (Camborne, West Cornwall Field Club, 1955), plate opposite p. 16.

Willelmus miseratione divina Exoniensis ecclesie minister humilis universis Cristi fidelibus presens autenticum inspecturis et audituris salutem, gratiam et benedictionem. Noverit devotio vestra quod nos, gratia dei adiuti, dedicavimus presentem ecclesiam sancte Beriane in Cornubia nostre diocesis ad honorem dei et ad titulum gloriose virginis Marie, genitricis domini nostri Iesu Cristi, principaliter, et postmodum ad honorem sancti Andree apostoli et beati Thome martiris ac beati Nicholai confessoris necnon et beate Beriane virginis et omnium sanctorum dei, mense Augusti, videlicet vii° kalen' Septembris [26 Aug.] anno incarnationis domini m°cc^{mo}xxxviii°. De misericordia autem dei et beate Marie et sanctorum apostolorum Petri et Pauli auctoritate confisi, concessimus singulis qui eidem dedicationi interfuerint studio pietatis ccc dies indulgentie super hiis de quibus legitime sunt confessi; et etiam illis qui ipsam ecclesiam visitabunt^a infra octabas dedicationis eiusdem. Statuimus quoque ut ipsa dedicatio futuris temporibus annis singulis in ecclesia ipsa et tota eius parochia die sui anniversarii solempniter celebretur; et indulsimus triginta dies remissionis predicto similiter modo visitaturis ecclesiam ipsam in festo et infra octabas anniversarii sui. Notificamus quoque universis et singulis nos dedicasse, sicut predictum est, eandem ecclesiam, ad confirmationem, protectionem et ad defensionem sanctuarii sui et libertatis ab annis antiquis concesse sibi a felicis et clare recordationis Ethelstano rege Anglorum; et tenorem concessionis ipsius, sicut in ecclesia ipsa scriptum vidimus, presenti autentico de verbo ad verbum fecimus ad firmitatem et fidem perpetuam annotari. Tenor igitur talis est. Regnante domino nostro Ihesu Cristo [. . . . . .] Ego Beordaf' Ethelmarch' testis. Si quis igitur, quod advertat deus, predicte nostre dedicationis, protectionis et confirmationis sanctuarii et libertatis, presenti autentico inserte, fuerit invasor, nisi resipuerit, indignationem dei et beate Marie ac omnium sanctorum se noverit incursurum ac nostre et Exoniensis ecclesie sententie et ultioni per districtionem ecclesiasticam subiacebit usque ad condignam satisfactionem. Omnes autem illi qui predicta omnia firmiter et fideliter observaverint et iuverint statum ac libertatem et sanctuarium antedictum ecclesie sepedicte studio pietatis, adiuti gratia et protectione dei et beate Marie et eorum quorum honori dedicata est ecclesia necnon omnium sanctorum ac nostris et Exoniensis et omnium ecclesiarum dei orationibus, vitam cum sanctis optinere mereantur eternam. Nos autem ad innovationem et perpetuam memoriam et ne privilegium et scriptum sanctuarii ac libertatis predicte, ab antiquo confectum, deperire posset propter vetustatem, presens memoriale autenticum in missali et autenticis libris sepedicte ecclesie precepimus annotari, ut maneant et valeant et sint in testimonium veritatis cum dei et beate Marie ac nostra benedictione. Amen

^{a} visitarunt B

The bp's grant to Crediton minister in 1236 (above, no. 240) can be compared, and the oddities in style may be due to the contamination of spurious Anglo-Saxon charters. For Athelstan's charter see P. Sawyer, *Anglo-Saxon Charters: an annotated list and bibliography* (Royal Hist. Soc. 1968) no. 450, where the literature and opinions on its authenticity are listed. Pd W. de Gray Birch, *Cartularium Saxonicum* ii (1885) no. 785. This inspeximus is the only ms. source of the text. The indulgences of 300 and 30 days in the actum, however, come within the limits imposed by 4 Lat. Council (1215 c.62: *Extra* V.38, 14.)

Henderson ii 56 suggests that it may have been on this occasion that the bp established the deanery and three prebends of this collegiate church.

288. St-Pierre sur Dives abbey (Modbury priory)

Admission and institution at Exeter of the monk Richard to the priorate of Modbury on the presentation of Sir Reginald (III) de Vautortes.

19 August 1240

B = Eton Coll. mun. 1/32 (Modbury cartulary) p. 43. s.xiv in.

Omnibus Cristi fidelibus ad quos littere presentes pervenerint W. miseratione divina Exoniensis ecclesie minister humilis in domino salutem eternam. Noverit universitas vestra nos dilectum nobis fratrem Ricardum monachum ad presentationem domini Reginaldi de Valletorta ad prioratum Modbyr' admisisse et ipsum ibidem canonice priorem instituisse. In cuius rei testimonium presentibus litteris sigillum nostrum duximus apponendum. Dat' Exon' anno domini m°cc°quadragesimo xiiii° kal' Septembris.

Richard had been sent to Reginald from St-Pierre by Abbot P. (?) to replace Geoffrey who had behaved badly and incontinently and had wasted the priory's goods: ibid.

289. Salisbury cathedral

Inspeximus by the bishop, dean R. and the chapter of an indult of the late Pope Honorius III, dated 6 June 1224, confirming the bishop of Salisbury's reallocation of the prebend of Teignton to the common fund of the cathedral.

[1224 × 1244]

A = Exeter D. & C. ms. 1823 Endorsed (contemp.): (1) Hurberton' de prebend' de Teyngton'. (2) Lycchfeld'. Approx. 165 × 145 + 25 mm. Sealing on tags; turn-up; 1 + 1 slits; 2 tags, fragment of the bp's green wax seal.

B = Ibid. ms. 3672 (cartulary) 76–7. Headed: Hurberton' de prebenda de Teington'. s.xv in. C = Exeter DRO, Bishops' registers 3 (Grandisson) i 196r. Headed: De prebenda de Teyngtone Regis. Papal bull only.

Pd (calendared) from A in *HMCR var. collect.* iv 65; from C in *Reg. Grandisson* ii 1181; papal bull: *Cal. Pap.* i 97.

Universis sancte matris ecclesie filiis ad quos presens scriptum pervenerit, W. miseracione divina Exoniensis ecclesie minister humilis, R. decanus et eiusdem loci capitulum salutem in domino. Literas felicis memorie Honorii pape tercii sine omni vicio et falsitatis nota inspeximus in hac forma. Honorius episcopus servus servorum dei venerabili fratri episcopo Saresbir' salutem et apostolicam benediccionem. Solet annuere sedes apostolica piis votis et honestis petencium precibus favorem benivolum inpertiri. Ex tua sane relacione didicimus quod, cum proventus possessionum ad communam ecclesie Saresbir' spectancium usque adeo essent exiles, quod ad cotidianam distribucionem residentium in eadem ecclesia non sufficerent ministrorum, tu cultus consideracione divini residentibus, qui portant pondus diei et estus, cupiens, cum plurimum id expediret ecclesie, providere, de unanimi tui assensu capituli statuisti prebendam de Tengton', quam in Exoniensi habebat diocesi ecclesia supradicta, consenciente loci diocessano, in usus ipsorum residencium convertendam. Nos igitur, tuis devotis supplicacionibus inclinati, quod a te super hoc pie ac provide factum dinoscitur, dum tamen imminui non contingat certum qui esse dicitur in prefata ecclesia numerum prebendarum, auctoritate apostolica confirmamus et presentis scripti patrocinio communimus. Nulli ergo omnino hominum liceat hanc paginam nostre confirmacionis infringere vel ei ausu temerario contraire. Si quis autem hoc attemptare presumserit indignacionem omnipotentis dei et beatorum Petri et Pauli apostolorum eius se noverit incursurum [a]. Dat' Later' viii Id' Iunii pontificatus nostri anno octavo. In huius vero rei fidem et testimonium ad instanciam venerabilis patris episcopi Sar' predictas literas fecimus de verbo ad verbum fideliter exemplari et transcripto sigilla nostra apponi.

[a] incursum A

The prebend of Teignton consisted of the churches of Kingsteignton, Yealmton, Kenton and West Alvington, with Harberton in dispute, all in the diocese of Exeter. The first four manors (Harberton is not named in DB) were on royal demesne in 1086 (DB 100r-v). They were granted probably by King Henry I to his servant Serlo, who, with royal consent, transferred them to Salisbury cathedral to be held as a prebend by his son Richard and subsequently by other kin of the founder: see above p. lxiii n. 19 and F. Barlow, 'John of Salisbury and his brothers'. *Journ. of Eccles. Hist.* 46 (1995) 95–109. Later they came under the control of the Reviers family; but Earl Baldwin I restored them to Salisbury probably in 1148: *Redvers family charters*, nos. 29–30, cf. 6. See also E. King, 'The anarchy of King Stephen's reign', pp. 137–8. On 22 June 1198 Peter, a deacon, had recently been deprived of the prebend: Cheney and Cheney no. 32. At some point the prebend was annexed to the precentorship of Salisbury; but Bp Richard Poore (1217–28). with the consent of his chapter, ordained that, when next the prebend fell vacant, it should be reassigned to the common fund of the chapter. This Pope Honorius III confirmed on 6 June 1224: *Cal.Pap.* i 97. On 15 Aug. 1227 Mr Richard de la Cnoll, Mr Michael de Buketon and other members of the founder's kin renounced their claims on the prebend: *Register of St Osmund* i 382, ii 79.

On 14 Oct. 1235 the D. & C. of Exeter, by authority of 4 Lateran Council (?can.32: failure to provide a sufficient vicarage), granted the church of Harberton to Geoffrey de Bisiniaco, an Exeter canon: *HMCR var. coll.* iv 66 no. 1011; and the consequent dispute between, on the one hand, Roger [of Salisbury], precentor of Salisbury and, on the other, Geoffrey and Bp William was settled after much litigation in Exeter cathedral on 26 Nov. 1236. The precentor was to have the church but pay 8 marks a year to Geoffrey and also establish a vicarage of 5 marks: Oliver, *Lives* 415–16; *Sarum charters* 239 no. CCXII, witnessed by Mr R. de Winkleigh dean, Mr Bartholomew archdn of Exeter, Mr. R. Blunde chancellor, Helias de Badestone clerk, and others. On 29 Mar. 1244 Bp Robert Bingham and the chapter of Salisbury appointed proctors, E. archdn of Berkshire and N. subdn, to get Exeter's consent to a new agreement: Exeter D. & C. ms. 3672, pp. 77–8. On 15 Apr. Bp William gave the D. & C. of Exeter permission to appropriate Harberton (above, no. 258) and about the same time confirmed the agreement with Salisbury (below no. 290). On 11 Sept. Roger of Salisbury was consecrated bp of Bath and was succeeded in the precentorship and prebend by Andrew, Pope Innocent IV's nephew. And the pope confirmed the settlement on 5 May 1245. See Exeter D. & C. ms. 3672, pp. 75–82; *Reg. Grandisson* ii 1181–2; *Cal.Pap.* i 216.

290. Salisbury cathedral

Ordinance, in accordance with the indult of Pope Honorius III, in respect of the prebend of Teignton. With the agreement of all parties, the churches of Kingsteignton, with its chapel of ' Teignwick', and Yealmton, with its chapel (of Revelstoke), are to remain prebendal, and, on their vacancy, the bishops of Salisbury, as patrons, will present a prebendary, saving competent vicarages, to the bishops of Exeter for institution. But the revenues of the churches of Kenton and West Alvington, saving competent vicarages, are to be assigned to the common fund of the church of Salisbury. And, as recompense for the consequent losses to Exeter, the church of Harberton with its chapels is to be assigned to the common fund of the canons of Exeter. March × April 1244

B = Exeter D. & C. ms. 3672 (cartulary) 75–6. Headed: Concessio episcoporum et capitulorum Exon' et Sar' de ecclesia de Hurbertone s. xv in. C = Ibid. 76 (Memorandum). D = Exeter DRO, Bishops' Registers 1 (Bronescombe) fo. 91v (copy inserted by Registrar W. Germyne) s. xvi ex. E = Ibid. Bishops' Registers 3 (Grandisson) fo. 196r –v (recital by Pope Innocent IV).

Pd from D in *Reg. Bronescombe* 6; from E in *Reg. Grandisson* 1182. Cf. *Sarum Charters and Documents* (RS 1891) 171 no. CLII.

Omnibus[a-] Cristi fidelibus ad quos presens scriptum pervenerit Willelmus miseracione divina Exoniensis episcopus salutem eternam in domino. Noverit universitas vestra quod nos[-a], inspecta indulgencia felicis memorie Honorii pape tercii, venerabili patri episcopo Sar' et eiusdem loci capitulo super prebenda de Teington', quam habuit ecclesia Sar' in nostra diocesi, in usus perpetuos commune Sar' concessa, de capituli nostri Exon' assensu unanimi et communi, necnon$^{b\text{-}}$ de consensu unanimi et communi venerabilis patris domini R. Sar' episcopi et eiusdem loci capituli, dicte prebende patronorum, ordinationi nostre sponte se subicientium$^{\text{-}b}$, dampno ecclesie nostre Exoniensi et necessitate ecclesie Sar' ex concessione huiusmodi, sicut decet, ponderatis, communicato discretorum et deum timentium consilio de ecclesiis ad dictam prebendam spectantibus, invocata spiritus sancti gratia, ordinavimus in hunc modum, videlicet quod ecclesia de Teignton' cum capella de Teinguewyke et ecclesia de Ealminton' cum capella sua et omnibus bonis ad dictas ecclesias et capellas spectantibus decetero sint prebendarie, et eas episcopi Sar', qui pro tempore fuerint, cum vacaverint, futuris et perpetuis temporibus conferant ut patroni, ita tamen quod nobis et successoribus nostris representetur et a nobis et successoribus nostris instituatur is cui fuerit collata prebenda supradicta, salvis competentibus vicariis. Ecclesie vero de Kenton' et de Alfinton' cum earum capellis et proventibus et bonis quibuscumque ad eas spectantibus et decime de Evetruwe^c in commune Sar' perpetuos usus cedant, salvis competentibus vicariis. Ecclesia vero de Hurberton' cum$^{d\text{-}}$ capellis eiusdem et proventibus et bonis quibuscumque ad eas spectantibus cedat in perpetuos usus cotidiane distribucionis canonicorum Exoniensis ecclesie$^{\text{-}d}$ pro recompensacione multiplicis lesionis quam sustinet ecclesia nostra Exoniensis ex concessione supradicta.^{e} Et ut hec nostra ordinatio rata et stabilis et inconcussa permaneat inperpetuum, presenti scripto sigillum nostrum, una cum venerabilis patris episcopi Sar' [p. 76] et capitulorum Sar' et Exon' sigillis, apponi fecimus.

$^{a\text{-}}$ . . . $^{\text{-}a}$ Memorandum quod venerabilis pater W. dei gratia episcopus Exon', *with similar third-party variations* C
$^{b\text{-}}$ . . . $^{\text{-}b}$ mediantibus magistro E. archidiacono Berksir' et N. subdecano Sar', episcopi et capituli Sar' dicte prebende patronorum procuratoribus, et in ordinacionem canonicam dicti episcopi Exon' consentientibus C ^{c} Evetre C
$^{d\text{-}}$ . . . $^{\text{-}d}$ cedas in usus perpetuos commune Exon' C ^{e} C *ends*

291. Tavistock abbey

Confirmation at Dunkeswell of the appropriation to the abbey of the church of Hatherleigh and induction of Abbot John into its corporal possession.

17 Sept. 1225

B = Exeter DRO W 1258 M/D/84/3 (Russell cartulary of Tavistock abbey) fo. 18v. Badly stained s.xiii in. C = Ibid. D/84/19 (formerly 18) (roll) item 3. s. xv in.
Pd from B and C by Finberg, 'Tavistock charters' 376 no. lvii.

Universis sancte matris ecclesie filiis has literas visuris vel audituris Willelmus dei gratia Exoniensis episcopus salutem eternam in domino. Pastoralis officii cura nos amonet subditis nostris, pie ac regulariter viventibus, ne paupertatis sarcina deficiant, ac[a] inedia macerati torpeant, consolationis misericorditer impendere beneficia, ut per nostram consolationem melius et fortius in divinis obsequiis valeant respirare. Nos igitur bonis benefacere cupientes, habito respectu ad paupertatem domus Tavistoch', divini amoris intuitu, de consensu capituli nostri Exoniensis, deo et beate Marie et sancto Rumono et ecclesie Tavistoch' ac monachis ibidem deo devote famulantibus ecclesiam de Hatherlegea cum omnibus pertinentiis suis in perpetuum auctoritate episcopali in proprios usus confirmamus, in corporalem possessionem eiusdem ecclesie cum universis suis pertinentiis Iohannem abbatem Tavistoch' nomine universitatis inducentes, salva tamen in omnibus auctoritate nostra et successorum nostrorum et ecclesie dignitate Exoniensis. Ut autem que a nobis rite et canonice facta sunt futuris temporibus firmitatem obtineant, presentem paginam in facti nostri testimonium sigillo nostro roboravimus. Hiis testibus: domino Stephano Cantuariensi archiepiscopo, domino W. Briwer, magistro Roberto de Pennes, magistro Waltero de Sumercotes, magistro Andrea de Cromdene, magistro Waltero[b] de Beanton', magistro Ada de Hoo, domino Willelmo capellano, Beniamin et Nicholao clericis, et aliis. Dat' apud Donekeswille[c] xv° kal. Octobris consecrationis nostre anno ii°.

[a] ac B; ne C [b] Waltero B; Willelmo C [c] Dunkewylle C

John of Rochester, abbot 1224–33, had been a chaplain of archbp Stephen Langton, who witnesses. The archbp was at Salisbury on 29 Sept.: *Acta Stephani Langton*, ed. K Major (Cant. and York Soc. 50, 1950) 167. Robert de Pennes and Walter de Somercotes were the archbp's clerks. William Brewer senior died in 1226 and was buried in his foundation at Dunkeswell.

292. Tavistock abbey

Appropriation of the vacant church of Abbotsham to the abbey, saving a suitable vicarage. [1223 × 1225]

B = Exeter DRO W 1258 M/D/84/3 (Russell cartulary of Tavistock abbey) fo. 18r. s. xiii in. C = Ibid. D/84/19 (formerly 18) (roll) item 5. s.xv in.
Pd from B by Finberg, 'Tavistock charters' 376–7 no. lviii.

Universis sancte matris ecclesie filiis has literas visuris vel audituris Willelmus dei gratia Exoniensis episcopus salutem eternam in domino. Pastoralis officii cura nos amonet, immo karitas Cristi nos compellit, ut domos religiosas, nostre maxime cure subiectas, pie in domino diligendo, ipsarum calamitatibus et egestatibus condolentes, pia ac paterna affectione solatiis ipsarum et relevationibus solicite ac misericorditer intendamus. Unde, cum domus de Tavistok' multis hactenus pressuris fuerit depressa et quandoque per incuriam propriorum pastorum ita adnichilata ut vix de ipsius relevatione spes haberetur, nos ad ipsius domus relevationem et hospitum pariter et pauperum ibidem advenientium[a] recreationem divini amoris intuitu ecclesiam de Abbedeshame vacantem, in qua ius habuerunt patronatus abbas Tavistok' et eiusdem loci conventus, cum omnibus suis pertinentiis, ipsis in proprios usus concedimus et auctoritate episcopali confirmamus, salva tamen vicaria honesta in eadem ecclesia assignanda[b] iuxta facultates ecclesie vicario perpetuo qui in eadem divina perpetuo ministrabit; salva etiam in omnibus nostra et successorum nostrorum et ecclesie Exoniensis[c] dignitate. Ut igitur hec nostra concessio robur in posterum firmitatis obtineat, ipsam scripti presentis[d] testimonio et sigilli nostri appositione corroboravimus. Hiis testibus: B. archidiacono Totton', magistro Rogero de Winkaleg', magistro Martino tunc officiali, domino Nicholao monacho et capellano, Radulfo de Ilstinton', Martino Prodome et Beniamin clericis, et multis aliis.

[a] advenienencium B   [b] asignanda B   [c] Exonie B   [d] presentis in B

293. Tewkesbury abbey

Letters patent issued at Chard, a manor of the bishop of Bath, to obviate all difficulties caused by his absence re the church of Winkleigh. Dean Roger, although beneficed elsewhere, can hold the church, and without prejudice to the right of the patron to present despite the lapse of time.

21 Apr. 1232 × 20 Apr. 1233

B = BL ms. Cotton Cleop. A vii (Tewkesbury cartulary) fo.77v. s. xiii med.

Omnibus sancte matris ecclesie filiis W. miseratione divina Exoniensis ecclesie minister humilis eternam in domino salutem. Ne dilecto nostro domino R. decano Exoniensi absentia nostra vertatur in dampnum et detrimentum, ex spirituali indulgentia eidem concedimus et istarum litterarum auctoritate indulgemus quod, licet sit alias beneficiatus, dum ab episcopatu nostro absentes fuerimus possit dictus decanus ecclesiam de Winkeleya cum omnibus pertinentiis suis pacifice possidere, ita quidem quod patrono eiusdem ecclesie nullum generetur preiudicium ex lapsu temporis licet non presentaverit. Et in huius rei testimonium has literas patentes sigillo nostro signavimus. Dat' apud Cerde, manerium episcopi Bathon', anno consecrationis nostre ix°.

Cf. below no. 315 (2).

*294. Tewkesbury abbey

Confirmation in the bishop's consistory at Exeter of all pensions possessed by the abbey in his diocese. [20 March 1235]

Mentioned only in *Ann. Theok.* 94 on the occasion of a transaction concerning the church of Winkleigh: 'et dictus episcopus, viz. Willelmus de Briwere, ex mera liberalitate confirmavit suo autentico omnes pensiones ex integro quas huiusmodi haberemus in episcopatu suo.' Cf. above nos. 137–9.

*295. Tewkesbury abbey

Indulgence of thirty-nine days. [Nov. 1238]

Mentioned only in *Ann. Theok.* 111. Grant on the occasion of the dedication of the altars of St James and St Nicholas to all pious visitors. The dedication is dated '2 Non. Nov. 1238, feria 5'; but 4 Nov. 1238 was a Friday not Thursday.

296. Tewkesbury abbey

Admission and institution at Exeter, on the presentation of the abbot and convent of Tewkesbury, of Mr W. de Staneweie and Benedict of St Wenn to the churches of St Wenn and Crowan respectively, as parsons.

8 Nov. 1238

B = BL ms. Cotton Cleop. A vii (Tewkesbury cartulary) fo. 76r. s. xiii med.

Universis Cristi fidelibus presentes literas inspecturis W. miseratione divina Exoniensis ecclesie minister humilis salutem in domino. Noverit universitas vestra nos ad presentationem religiosorum virorum abbatis et conventus Theok', verorum patronorum sancte Wenne et sancte Crowenne, dilectos in Cristo filios magistrum W. de Staneweie et dominum Benedictum de sancta Wenna ad easdem admisisse et ipsos in eisdem canonice instituisse personas. In cuius rei testimonium sigillum nostrum presentibus duximus apponendum. Datum Exon' anno gratie mccxxxviii° die sanctorum quatuor coronatorum.

Subsequently, according to *Ann. Theok.* 117, '1240 in Martio consolidata est ecclesia de Chitelhamptune per dominum W. de Bruere episcopum Exoniensem et abbatem et conventum Theokesberiae, veros patronos, et collata est per eosdem magistro W. de Staneweya. Nichilominus comendavit eidem dominus episcopus et commendatam concessit ecclesiam sanctae Wennae in Cornubia ad presentationem verorum patronorum, abbatis et conventus Theokesberiae.' Later, the rector allowed Herbert fitzMatthew, lord of Chittlehampton, to have a chantry in his chapel at Slough (in Chittlehampton), ibid.

William de Stanwey was connected with the abbey from at least 31 Oct. 1235 when he witnessed a fealty done in the chapter-house: *Ann. Theok.* 99 and cf. 111. On 17 Nov. 1241 the bp sent him to Rome on unknown business and, possibly as a result, admitted Stephen d'Anagni, a papal chaplain who had been a papal collector in England in 1229 (Wendover in *Councils and Synods* II i 168), to St Wenn, 'procurante magistro Willelmo de Stanewey': *Ann. Theok.* 120, 127. At about the same time the bp instituted Deodatus, presumably another foreigner, to Crowan: ibid. It recovered the church in 1250: ibid. 141.

In 1252 × 4 Mr William, canon of Exeter, succeeded John Rof as dean.

297. Tewkesbury abbey

Permission at Exeter for the monks to appropriate the churches of Chittlehampton, St Wenn and Crowan as soon as they fall vacant. Vicarages will be taxed by the bishop. 6 Jan. 1242 × 3

A^1 = Exeter D. & C. ms. 2088. Endorsed: (1) (contemp.) Appropriacio ecclesie de Chytelhamton' (2) (s. xiv) Wenne et Crowenn' facta monachis de Teukysbur'. Approx. 175 × 95 + 13 mm. Sealed on 2 tags; turn-up, 1 + 1 slits; 2 tags; fragment of left-hand green wax seal and counterseal.

A^2 = Ibid. 2088a. Endorsed (contemp.): Chitelhampton'. Approx. 185 × 103 + 17 mm. Sealed on 2 tags; turn-up, 1 + 1 slits; fragment of left-hand green wax seal and counterseal.

Omnibus sancte matris ecclesie filiis ad quos presens scriptum pervenerit[a] Willelmus miseratione divina Exoniensis episcopus salutem in domino. Noverit universitas vestra nos divine caritatis intuitu de consensu totius capituli nostri Exoniensis concessisse et hac carta nostra confirmasse deo et beate Marie et ecclesie Theokesbur'[b] et monachis ibidem deo servientibus ecclesiam de Chitelhampton' in Devonia et ecclesias sancte Wenne et sancte Crowenne in Cornubia cum omnibus suis pertinentiis in usus suos proprios quam cicius vacare contigerint, habendas et pacifice in perpetuum possidendas, ordinatis per nos in eisdem vicariis pro ecclesiarum facultatibus nobis et successoribus nostris a predictis abbate et conventu pro tempore presentandis. Qui quidem vicarii omnia honera debita et consueta sustinebunt. Et liceat eisdem abbati et monachis dictas ecclesias ingredi cum eas vacare contigerit[c] sine aliqua contradictione. In cuius rei testimonium tam sigillum nostrum quam sigillum capituli nostri huic scripto sunt appensa. Dat' apud Exoniam octavo Idus Ianuarii anno domini millesimo ducentesimo quadragesimo secundo.

^a littere presentes pervenerint A²   ^b Theokesbir' A²   ^c contigerit A²; contigerint A¹

On the same occasion abbot Robert of Tewkesbury finalized the negotiations concerning the abbey's churches in the diocese by ceding Winkleigh, Sancreed and Trevalga to the dean and chapter and church of Exeter and retaining Chittlehampton, St Wenn and Crowan: *Ann. Theok.* 128. Above no. 257, with the same date, was consequential. The Tewkesbury notice, although under 1242, comes at the end of the year and would seem to be Feb. 1243. In 1254 Mr William de Stanwey, then dean of Exeter, resigned the church of Chittlehampton: *Ann. Theok.* 155.

298. Tewkesbury abbey

Taxation at Crediton of the vicarages of Crowan, St Wenn and Chittlehampton (details only for the first): the altarage, sanctuary and half the tithes of hay, saving an area for the construction of the necessary buildings by the abbot.   **27 Oct. 1244**

B = Truro, Royal Institution of Cornwall, St Aubin mun. HA/2/53. s. xv.
Pd (calendared) by Henderson iv 128.

Omnibus Cristi fidelibus ad quos presens scriptum pervenerit Willelmus divina miseratione ecclesie Exoniensis minister humilis salutem. Noverit universitas vestra nos vicarias ecclesiarum sancte Crowenne, sancte Wenne et ecclesie de Chitelhampton' ordinasse et in hunc modum taxasse, videlicet quod vicarius creandus in ecclesia sancte Crowenne habebit totum altalagium dicte ecclesie; habebit etiam totum sanctuarium cum medietate decimarum feni, excepta competenti area prope ecclesiam in qua abbas Teuk' possit edificia necessaria construere, etc. Act' apud Cridint' in vigilia apostolorum Simonis et Iude anno gratie m cc° xliiii° consecrationis nostre xxi°.

The bp died on 24 Nov.
In the following taxations of vicarages the corn and hay associated with the altarage (see also nos. 302, 304–5) seem sometimes to be the crop, sometimes its tithe. But perhaps the latter is usually intended.

299. Torre abbey

Inspeximus of the charters of Bishops Henry and Simon.   [1224 × 1244]

B = Dublin, Trinity College ms. E.5.15 (Torre cartulary) fo.37r-v. s. xiii med.
C = PRO E 164/19 (Torre cartulary) fo. 12r. s. xv.

Omnibus sancte matris ecclesie filiis ad quos presens scriptum pervenerit W. miseratione divina Exoniensis [ecclesie]^a minister humilis salutem eternam in domino. Quia longinquitate sepe fit temporis ut non clarescat veritas originis, ad instantiam dilectorum filiorum nostrorum abbatis et conventus de Thorre que preteritis temporibus acta sunt ne lapsu temporis evanescere contingat, cum sit meritorium testimonium perhibere veritati, duximus memorie fideliter commendanda. Cum igitur cartas bone memorie [fo. 37v] H. et S. predecessorum nostrorum inspexerimus, easdem verbo ad verbum in presenti pagina fecimus transcribi sub hac forma. Universis sancte matris ecclesie filiis ad quos presens etc. Verte folium.[b]

[a] episcopus B; *om*. C [b] filiis, ut proximo supra C

Dean Serlo and the chapter [1225 × 7] confirmed the charters of bps Henry, Simon and William *re* the churches of Torre, Bradworthy and Wolborough (Henry), Shebbear (Simon), Buckland and Townstall (William) and Hennock. Witnesses are Mr H. archdn of Taunton, Mr Isaac archdn of Totnes, Mr H. de Warwick chancellor, Anselm treasurer, Mr Adam of St Bride cantor, Roger de Limesy, Roger Cole seneschal, Mr Michael de Buketon, Daniel de Longchamp, Mr Eustace, William de Swindon and Thomas Mauduit: Exeter DRO DD 60508, 60748; TCD cartulary fo. 130v. On 28 Sept. 1283 Bp Peter Quinel inspected and confirmed the charters of the same bps: ibid. fo. 28v. But no texts of the earlier acta are provided by these records, and Quinel's actum was not entered in his register.

300. Torre abbey

Inspection and rehearsal of privileges granted to the Premonstratensian order by Popes Alexander (III), Lucius (III), Urban (III), Clement (III), Innocent (III) and Honorius (III) which he has examined in the General Chapter of the order. [1224 × 1244]

B = Dublin, Trinity College ms. E. 5. 15 (Torre cartulary) fo.23r. s. xv.

W. dei gratia Exoniensis ecclesie minister humilis omnibus hanc paginam inspecturis vel audituris eternam salutem in domino. Noverit universitas vestra nos in generali capitulo Premonstraten' inspexisse beneficiorum privilegia, integre et legittime bullata, que professioni ordinis Premonstraten' felicis recordationis Alexander, Lucius, Urbanus, Clemens, Innocentius et Honorius[a] summi pontifices ad totius ordinis tuitionem indulserunt. Set quia tutum non est quotiens necessitas exegerit ipsa privilegia bullata circumferre propter varia que itinerantibus emergunt pericula, nolentes dilectos in domino fratres de Thorre Premonstraten' ordinis, que in partibus transmarinis cum summa ut novimus diligentia ab omnibus custodiuntur illese, privilegiorum suorum beneficiis privari, presenti eorum transcripto sigillum nostrum caritative duximus apponendum, firmiter inhibentes ne aliquis in preiudicium huius pagine, privilegiorum suorum continentis seriem, temere aliquid presumat attemptare. Honorius episcopus servus servorum dei dilectis filiis abbati Premonst' etc. Require supra.

a *all names in genitive*, B

301. Torre abbey

Taxation, with the consent of the abbot and convent, of a perpetual vicarage in the church of Bradworthy, viz. seven marks in coin or its equivalent in goods, two houses in the cemetery and testamentary gifts. The vicar is to acquit the church of all customary exactions and serve the church [with one companion]. [1224 × 1244]

> B = Dublin, Trinity College ms. E.5.15 (Torre cartulary) fo. 110v–111r. s. xiii. Partly illegible. C = PRO E 164/19 (Torre cartulary) fo. 53v. s. xv.

Omnibus Cristi fidelibus ad quos littere presentes pervenerint Willelmus miseratione divina Exoniensis ecclesie minister humilis eternam in domino salutem. Ad universitatis vestre notitiam volumus pervenire nos, de voluntate et consensu in Cristo dilectorum filiorum abbatis et conventus de Thorra, perpetuam vicariam in ecclesia de Braworthi sic ordinasse, videlicet quod vicarius quicumque pro tempore fuerit percipiat in dicta ecclesia septem marcas argenti in denariis, vel in rebus aliis equivalentibus assignatis, et duas domos in cimiterio et testamenta rationabilia eidem legata. Vicarius vero tenetur adquietare ecclesiam de synodalibus, episcopalibus et archidiaconalibus exactionibus [fo. 111r] consuetis, et ipsam ecclesiam deservire cum [uno socio]. Et ut hec [nostra ordinatio] rata et stabilis perpetuo conservetur, presens scriptum [sigilli nostri munimine duximus corroborandum. Hiis testibus]*a*

a *text in brackets provided by* C

302. Torre abbey

Taxation, with the consent of the abbot and convent, of a perpetual vicarage in the church of Bradworthy, viz. the altarage as well as the sheaves of corn and ten cart-loads of hay, to be provided by the abbot and convent, two houses in the cemetery with a croft extending to the eastern part of the road leading to the land of La Leye, and testamentary gifts. The vicar is to acquit the church of all customary exactions and serve the church with one companion. [1224 × 1244]

B = Exeter DRO DD 60748 (S.M. 1038 no. 6) (notarial copy, dated 1376, of an exemplification by Bp Bronescombe's official of item 1 of some Torre deeds, dated 10 July 1279).

Omnibus Cristi fidelibus . . . [as no. 301] . . . perpetuam vicariam in ecclesia de Braddeworth' sic ordinasse seu taxasse, videlicet quod vicarius quicumque pro tempore fuerit percipiat in dicta ecclesia totum altallagium preter garbas et decem carrucas feni annuatim per manum dictorum abbatis et conventus et duas domos in cimiterio cum una crofta, que se extendit ad orientalem partem vie versus terram de la Leye, et testamenta rationabilia eidem legata. . . . ordinatio seu taxatio . . . corroborandum.

303. Torre abbey

Appropriation of the church of Buckland, the gift of Sir William Brewer, the patron, to the canons, saving a perpetual vicarage of seven marks.

[21 Apr. 1224 × ?23 Nov. 1226]

B = Dublin, Trinity College ms. E.5.15 (Torre cartulary) fos. 118v–119r. s. xiii med.
C = PRO E 164/19 (Torre cartulary) fo. 60r. s. xv

Universis sancte matris ecclesie filiis has literas visuris vel audituris W. dei gratia Exoniensis episcopus salutem eternam in domino. Noverit universitas vestra nos divine caritatis intuitu ecclesiam de Bokelanda cum omnibus pertinentiis suis vacantem, quam ex dono domini W. Briewer', eiusdem ecclesie patroni, canonici de Thorre sunt assecuti, in proprios usus ecclesie sancte Trinitatis de Thorre et canonicis ibidem deo famulantibus, ad eorum sustentationem et pauperum pariter ac hospitum ibidem advenientium recreationem, perpetuo auctoritate episcopali et presenti carta nostra confirmasse, salva competenti vicaria ad usus perpetui vicarii, qui in dicta ecclesia de Bokeland' [fo. 119r] divina perpetuo ministrabit, ad valentiam septem marcarum taxata. Et debet idem vicarius sustinere omnia consueta honera episcopalia, archidiaconali[a] et parochialia. Salva etiam in omnibus nostra et successorum nostrorum episcoporum Exoniensium auctoritate et ecclesie Exoniensis dignitate. Hiis testibus:

If William Brewer senior was still alive, the date would be before 23 Nov. 1226. His son and heir, William II, died in 1233. The gift of the former and the confirmation of the latter precede the bp's acta in C.

304. Torre abbey

Taxation, with the consent of the abbot and convent, of the vicarage of Buckland. The vicar shall have seven marks of silver in coin, twelve acres of land in the sanctuary, half the tithes of corn from the part of the sanctuary cultivated by the abbey, and all the testamentary bequests to him. The vicar shall acquit the church of all customary exactions and serve it with one companion. [1224 × ?1226]

    B = PRO E 164/19 (Torre cartulary) fo. 60r-v. s. xv.

Omnibus Cristi fidelibus ad quos presentes litere pervenerint W. miseratione divina Exoniensis ecclesie minister humilis eternam in domino salutem. Ad universitatis vestre notitiam volumus pervenire nos, de voluntate et consensu in Cristo dilectorum filiorum abbatis et conventus de Torre, perpetuam vicariam in ecclesia de Bokelande sic ordinasse, videlicet quod vicarius quicumque pro tempore fuerit percipiat in dicta ecclesia septem marcas argenti in denariis et duodecim acras terre de sanctuario que iacent a parte boreali ecclesie, et medietatem decimarum garbarum de sanctuario quod dicti abbas et conventus ibidem excolent, et [fo. 60v] testamenta rationabilia dicto vicario legata. Vicarius vero tenetur acquietare ecclesiam de synodalibus, episcopalibus et archidiaconalibus exactionibus consuetis, et ipsam ecclesiam deservire cum uno socio. Et ut hec nostra ordinatio rata et stabilis perpetuo conservetur, presens scriptum sigilli nostri munimine duximus corroborandum. Hiis testibus:

305. Torre abbey

Taxation, with the consent of the abbot and convent, of the vicarage of Buckland. The vicar shall have all the altarage, as well as the sheaves of corn, and two houses situated to the east of the spring hard by the meadow pertaining to the vicarage, twelve acres of land to the north of the church, half the tithes of corn from the part of the sanctuary cultivated by the abbey, and all testamentary gifts. The vicar shall acquit the church of all customary exactions and serve it with one companion. [1224 × 1244]

    B = Exeter DRO DD 60748 (S.M. 1038 no. 6) (notarial copy, dated 1376, of an exemplification by Bp Bronescombe's official of item 3 of some Torre deeds, dated 10 July 1279).

Omnibus Cristi fidelibus . . . [as no. 304] . . . in ecclesia de Boccland sic ordinasse seu taxasse, videlicet quod vicarius quicumque pro tempore fuerit percipiat in dicta ecclesia totum altallagium preter garbas et duas domos que site sunt ex parte orientali fontis que est iuxta pratum ad vicariam pertinens et duodecim acras terre . . . garbarum sanctuarii quod dicti . . . legata. Vicarius qui pro tempore fuerit tenetur acquietare . . . ordinatio nostra seu taxatio rata . . . corroborandum.

306. Torre abbey

Confirmation at Combe in ?Teignhead of the right of the chapel of Donningstone to be provided by the church of Clayhanger with the service of a chaplain to conduct religious services on three days a week, viz. Mondays, Wednesdays and Fridays. 9 June 1232

> B = Dublin, Trinity College ms. E. 5. 15 (Torre cartulary) fo. 100v. Partly illegible. s. xiii med. C = PRO E 164/19 (Torre cartulary) fo. 44r. s. xv.

Universis Cristi fidelibus has litteras visuris vel audituris Willelmus miseratione divina Exoniensis ecclesie minister humilis salutem eternam in domino. Cum ecclesia de Clehangr' vel persona dicte ecclesie qui pro tempore fuerit teneatur tribus diebus in qualibet ebdomada invenire capellanum qui deserviat[a] capelle de Dunnyngeston', celebrando ibidem divina, scilicet feria secunda et quarta et sexta, volentes dictam capellam perpetuo imposterum prefata libertate gaudere, eam auctoritate episcopali confirmavimus et presenti pagina communivimus. In cuius rei testimonium . . . scripto sigillum nostrum apponi fecimus.[b] Dat' apud Cumb' quinto Idus Iunii anno consecrationis nostre nono.

[a] *the remainder in* B *is mostly illegible* [b] rei etcetera C

307. Torre abbey

Confirmation at Exeter that the abbot and convent of St Dogmells, the patrons, and Mr Walter de Pembroke, the rector, of Rattery have renounced any claim to the chapel of Cockington, which is confirmed as pertaining to the parochial church of Torre Mohun.

8 Jan. 1233 × 4 *or* 1243 × 4

> B = Dublin, Trinity College ms. E. 5.15 (Torre cartulary) fos. 39v–40r. s. xiii med. C = PRO E 164/19 (Torre cartulary) fo. 86v. s. xv.

Omnibus Cristi fidelibus ad quos presens scriptum pervenerit, W. miseratione divina Exoniensis episcopus salutem in domino. Noverit universitas vestra nos, de consensu et voluntate expressa religiosorum virorum abbatis et conventus sancti Domuelis, patronorum, et magistri Walteri de Pembroc', rectoris, ecclesie de Rat[fo. 40r]trewe, cedentium et concedentium, [confirmasse]^a quod omne ius, si quod habuerunt vel habere potuerunt in capella de Kokinton' ratione dicte ecclesie de Rattrewe, pertineat libere et quiete et absolute ac iure perpetuo ad parochialem et matricem ecclesiam de Thorre, ita quod religiosi viri abbas et conventus de Thorre dictam cappellam cum [omnibus]^b pertinentiis suis pleno iure possideant inperpetuum tanquam capellam ad dictam ecclesiam parochialem suam de Thorre pertinentem. Hoc [nos]^a auctoritate diocesana concessisse, statuisse et presentis scripti^c testimonio noveritis^b confirmasse. Dat' Exon' anno m^{o}cc^{mo} [. . .]^d iii^o vi^{to} Idus Ianuarii.

^{a} *om.* BC ^{b} *om.* B ^{c} scripto B ^{d} *om.* xxx *or* xl BC

For the case see above no. 126.

308. Torre abbey

Confirmation at Feniton of the grant of Robert de Courtenay of the prebend of Ashclyst to the abbot and convent, to be appropriated after the resignation or death of Mr Thomas, its present occupier, saving episcopal and archidiaconal rights, should any be due despite there being no cure of souls, and saving the service due from the prebend to the chapel of Exeter castle.   *c.* 31 March 1237

B = Dublin, Trinity College ms. E. 5.15 (Torre cartulary) fos.103v–104r. s. xiii med.
C = PRO E 164/19 (Torre cartulary) fo.45r. s. xv.

Omnibus sancte matris ecclesie filiis ad quos presens scriptum pervenerit W. miseratione divina Exoniensis episcopus salutem eternam in domino. Noverit universitas vestra quod, intellecto tenore concessionis et collationis a nobili viro, sicut a vero patrono, domino R.^{a} de Curtenay, pro se et heredibus suis facte, de prebenda de Asseclist, dilectis in Christo viris religiosis abbati et conventui de Thor' in proprios usus habenda et possidenda cum suis pertinentiis perpetuo post cessionem sive decessionem magistri Thome, eiusdem prebende possessoris, eandem collationem, sicut canonice facta est dictis viris religiosis abbati et conventui et domui predicte, in proprios usus perpetuo possidendam, [fo.104r] ut superius expressum est, auctoritate ordinaria misericorditer confirmamus, salvo tamen in omnibus iure pontificali et archidiaconali, si quod de iure debetur, eo quod illi prebende cura animarum non sit annexa, et salvo etiam servitio debito et antiquo capelle castri Exon', quod consuevit fieri ex dicta prebenda. In cuius rei testimonium et evidentiam pleniorem presentem paginam sigilli nostri munimine duximus roborandam. Dat' apud Fynetun', anno domini m°cc°xxx°vii, exeunte mensi Martis.

^a Roberto C

> For this dispute see H.M. Colvin, *The White Canons* 160–1. Abbot Lawrence of Torre renounced his claim to the advowson of the church of Crawleigh in the royal court on 19 Apr. 1238 in return for Robert de Courtenay's grant of the prebend of Ashclyst (in the parish of Broad Clyst) and declaration that neither he nor his heirs would henceforth present a clerk to that prebend: *Devon Feet of Fines*, ed. O.J. Reichel (Devon and Cornwall Record Soc. 6, 1912) i 139–40 no. 279. For Robert de Courtenay see above no. 236. The namesake canon of Exeter, who died on 27 Dec. 1257 (*Mart. Exon.*), may have been his son. The chapel in Exeter castle had been granted to Plympton priory in 1142 by Adelis, sheriff Baldwin's daughter, the great grandmother of the baron's mother, Hawise d'Aincourt: *Ann. Plympton* 29. For Adelis see above no. 42 n. Subsequently William Avenel, the son of Ranulf Avenel and Alice the daughter of Adelis, notified Bp Robert I and Earl Baldwin I and his son that he had confirmed to Plympton priory the gifts made to it by his father and his father's mother-in-law (Adelis), viz. the church in Exeter castle with its 4 prebends and lands, tithes and all other rents, together with the churches of Alphington and Kenn: *Mon. Ang.* vi 54; *Redvers family charters*, app. II, no. 8. Robert's heir, John de Courtenay, who violated Torre's rights in the prebend, made amends in 1262 × 3: Collison 'Courtenay Cartulary' no. 70.

309. Torre abbey

Taxation, with the consent of the abbot and convent, of a perpetual vicarage in the church of Shebbear, viz. all the altarage as well as the sheaves of corn and, save two-and-a-half marks to the abbot and convent, all the land pertaining to the church to its south, and testamentary gifts. The vicar is to acquit the church of all customary exactions and serve the church with one companion. [1224 × 1244]

> B = Dublin, Trinity College ms. E.5.15 (Torre cartulary) fo.114v. s. xiii med. C = PRO E 164/19 (Torre cartulary) fo.57r. s. xv. D = Exeter DRO DD 60748 (S.M. 1038 no. 6) (notarial copy, dated 1376, of an exemplification by Bishop Bronescombe's official of item 2 of some Torre deeds, dated 10 July 1279).

Omnibus Cristi fidelibus ad quos presentes litere pervenerint Willelmus miseratione divina Exoniensis ecclesie minister humilis eternam in domino salutem. Ad universitatis vestre notitiam volumus pervenire nos, de voluntate et consensu in Cristo dilectorum filiorum abbatis et conventus de Thorre, perpetuam vicariam in ecclesia de Shefber'^a sic ordinasse,^b videlicet quod vicarius quicumque pro tempore fuerit percipiat in dicta ecclesia totum alteragium preter garbas, salvis tamen duabus marcis et dimidia dictis abbati et conventui de ipso alteragio, et totam terram iacentem^c a parte australi ecclesie que pertinet ad ipsam ecclesiam et testamenta rationabilia dicto vicario legata.^{d} Vicarius vero tenetur adquietare ecclesiam de sinodalibus, episcopalibus et archidiaconalibus exactionibus consuetis, et ipsam ecclesiam deservire cum uno socio. Et ut hec nostra ordinatio rata et stabilis perpetuo conservetur, presens scriptum sigilli nostri munimine duximus corroborandum.^{e} His testibus etc.

^{a} Schefber' C; Scheftebeare D ^{b} add seu taxasse D ^{c} tota terra iacente C
^{d} testamentis rationabilibus . . . legat' C ^{e} D ends

310. Torre abbey

Appropriation at Exeter to the abbot and convent of its church of Townstall as soon as it shall fall vacant.   20 May 1232

> A = Exeter DRO DD 60514. Endorsed (contemp.): Confirmatio domini W. Exon' episcopi de ecclesia de Tunstal. Approx. 175 × 113 + 22 mm. Sealing on tag; turn-up, 1 slit; tag, no seal.
> B = PRO E 164/19 (Torre cartulary) fo. 64r. s. xv.
> Pd (calendared) in Watkin *Dartmouth* 279, S.M. 757.

Universis sancte matris ecclesie filiis ad quos presens scriptum pervenerit Willelmus miseracione divina Exoniensis ecclesie minister humilis salutem in domino. Qui celum terramque regit pietatis sue miseracione disposuit ut cultum divini nominis ampliantes intuitu caritatis partem cum ipso possideant in regno celorum et vitam sempiternam. Cum igitur laborantibus in vinea domini^a Sabaoth panem dominicum largiri conveniat et eorum augmentare facultates, iuri consonum ac deo sit acceptum qui, divinis oracionibus iugiter insistentes, virtutum ac vite decorantur excellencia, necnon hospitalitatis munera iuxta suarum vires facultatum conferentes, ad se confluentibus vultum hylarem pretendunt, nos divine caritatis intuitu ecclesiam de Tunestall', quamcito eam vacare contigerit, ad donacionem religiosorum virorum abbatis et conventus de Thorr' de iure spectantem, eisdem abbati et conventui, quantum in nobis est, contulimus et concessimus in proprios usus inperpetuum possidendam, cum omnibus ad eandem pertinentibus, ita tamen quod eadem ecclesia divinis inposterum officiis non fraudetur, set continue resideat ibidem capellanus secularis honestus et ydoneus qui se in ecclesia memorata excerceat utiliter et honeste. Salva sit etiam in omnibus episcopalis et Exoniensis ecclesie dignitas. In cuius rei testimonium huic scripto sigillum nostrum apponi fecimus. Dat' Exon' in ascensione domini consecracionis nostre anno nono.

^{a} domini in Sabaoth AB, no. 312, AB

Although the reading *domini in Sabaoth* is supported by all versions of this actum (and shows the close connection between nos. 310 and 312) the *in* must be instrusive. *Dominus Sabaoth = dominus exercituum =* the Lord of Hosts. Cf. Isaiah 5:7, 'vinea enim domini exercituum domus Israel est' and 16: 8, 9, 'vineam Sabama domini gentium exciderunt'. Cf. also Brooke, John of Salisbury, *Letters*, i 57 and n.

311. Torre abbey

Permission at Chudleigh to appropriate the church of Townstall as soon as it falls vacant. 15 Apr. 1242

> A = Exeter DRO DD 6052 (S.M. 758). Endorsed (contemp.): Confirmacio W. episcopi de ecclesia de Tunst'. Approx. 155 × 85 + 27 mm. Sealing on tag; turn-up, 1 slit; fine green wax seal and counterseal.
> B = Ibid. DD 60748 (S.M. 1038) (notarial copy, dated 1376, of item 2 of some Torre deeds). C = PRO E 164/19 (Torre cartulary) fo. 65r. s. xv.
> Pd (calendared) from A in Watkin *Dartmouth* 279, with good photograph, pl. XVI.

Universis Cristi fidelibus ad quos presens scriptum pervenerit Willelmus divina miseratione Exoniensis ecclesie minister humilis eternam in domino salutem. Noverit universitas vestra nos viris religiosis abbati et conventui de Torre ecclesiam de Dunstalle,[a] cuius ecclesie ipsi veri sunt patroni, divini amoris intuitu, quantum in nobis est, concessisse in proprios usus, quam cito ipsam vacare contigerit, possidendam. In cuius rei testimonium presenti scripto sigillum nostrum apponi fecimus. Dat' apud Chiddeleg'[b] xvii° Kal. Maii anno consecrationis nostre[c] decimo octavo.[d]

> [a] Tunstalle B; Tounstalle C [b] Schudelegh' B; Chuddelegh' C
> [c] nostre etc C [d] octavo etc. B.

312. Torre abbey

Appropriation, with the consent of the chapter, to the abbot and convent of the church of Townstall, now vacant, subject to the perpetual residence of a chaplain. [15 Apr. 1242 × 9 June 1243]

> A = Exeter DRO DD 60507. Endorsed (contemp.): Confirmatio domini W. episcopi de ecclesia de Tunstali. Approx. 190 × 100 + 17 mm. Sealing on tag; turn-up, 1 slit; damaged ?green varnished brown seal and counterseal.
> B = Ibid. DD 60748 (S.M. 1038) (notarial copy, dated 1376, of item 3 of some Torre deeds).
> Pd from A in *HMCR* 5th report (MSS of the Corporation of Dartmouth) 600a.

Universis . . . [as in no. 310] . . . ecclesiam de Tunestall',[a] vacantem et ad donacionem religiosorum virorum abbatis et conventus de Thorr' de iure spectantem, eisdem abbati et conventui, de consensu capituli nostri Exoniensis, contulimus^b . . . apponi fecimus.^{c}

^{a} Tounstalle B ^{b} *lines 7–8*: divinis operibus B; *line 16*: set quod continue B
^{c} fecimus etc. B

Date: between nos. 311 and 313. It seems to be in the same hand as no. 310 and could have been provided at the same time for future use.

313. Torre abbey

Taxation at Crediton of the vicarage of Townstall, viz. seven marks, to be paid annually by the abbey at four terms, and legitimate testaments. The vicar shall acquit the church of all the traditional dues.   9 June 1243.

B = Exeter DRO DD 60748 (notarial copy, dated 1376, of an exemplification by Bp Bronescombe's official of item 4 of some Torre deeds, dated 10 July 1279).
Pd (calendared) from B in Watkins *Dartmouth* 287, s.m. 1038 no. 6.

Omnibus Christi fidelibus ad quos presentes litere pervenerint W. miseratione divina Exoniensis ecclesie minister humilis eternam in domino salutem. Ad universitatis vestre notitiam volumus pervenire nos de voluntate et consensu in Cristo dilectorum filiorum abbatis et conventus de Torre perpetuam vicariam in ecclesia de Tounstalle sic ordinasse seu taxasse, videlicet quod vicarius qui pro tempore fuerit percipiat annuatim in dicta ecclesia per manum procuratoris abbatis et conventus septem marcas nomine vicarie ad quatuor anni terminos equis portionibus, videlicet ad natale domini vel infra quindenam viginti tres solidos et quatuor denarios, ad pascha sequens vel infra quindenam viginti tres solidos et quatuor denarios, ad festum sancti Iohannis Baptiste vel infra quindenam viginti tres solidos et quatuor denarios, et ad festum sancti Michaelis vel infra quindenam viginti tres solidos et quatuor denarios, et testamenta rationabilia dicto vicario legata. Vicarius qui pro tempore fuerit tenetur acquietare ecclesiam de synodalibus episcopalibus et archidiaconalibus exactionibus consuetis. Et ut hec nostra ordinatio seu taxatio rata et stabilis perpetuo conservetur presens scriptum sigilli nostri munimine duximus corroborandum. Dat' apud Criditon' v Idus Iunii anno consecrationis nostre vicesimo. Hiis testibus: domino [R.] decano Exoniensi, B. archidiacono Exoniensi, Thoma archidiacono Totton', R. cancellario Exoniensi, Martino Produmme, Adam canonico et Henrico capellano domini episcopi et multis aliis.

314. Episcopal temporalities

Confirmation of the grant by Bartholomew, archdeacon of Exeter, then episcopal vicegerent, to Laurence fitzRichard of the custody of all the lands, including the advowson of the churches of St Columb and Lanherne, which Andrew fitzRichard held of the bishop, as well as the marriage of his heirs. [? 1232 × 1234; 1236 × 1244]

> A = Truro CRO, ARB 140/1232. Damaged and pasted on board: no endorsements. Approx. 150 × 78 mm. Originally sealed on tongue; this and seal now missing.

Universis Cristi fidelibus has literas visuris vel audituris Willelmus miseratione divina Exoniensis ecclesie minister humilis salutem eternam in domino. Noverit universitas vestra nos ratam et gratam habere collationem et concessionem custodie terrarum omnium quas Andreas filius Ricardi de nobis tenuit, cum omnibus pertinent*ibus* et cum advocatione ecclesiarum sancte Columbe et de Lanhern' et cum maritagio heredum eiusdem Andree, factam dilecto nostro Laurencio filio Ricardi a dilecto in Cristo filio Bartholomeo archidiacono, tunc vices nostras gerente, prout eiusdem B. archidiaconi Exon' carta, eidem Laurencio super hoc confecta, testatur; et dictas collacionem et concessionem predictorum tenore presencium confirmamus, et eas eidem Laurencio usque ad tempus in dicta carta prenominati archidiaconi prefinitum warantizare tenemur contra omnes homines. In cuius rei testimonium presenti scripto sigillum nostrum apponi fecimus. Valete.

> Lanherne was an episcopal manor in 1086: *Exon Dday* 200r. The churches of St Columb Major and St Mawgan were in the hundred and deanery of Pyder. The bishop's tenant Andrew fitzRichard, whose estate and infant children are put in the wardship of Laurence fitzRichard, probably their uncle, was eventually succeeded by his son, John de la Herne, who left an heiress Alice, who married Remfrey de Arundell. Lanherne became the *caput* of the Arundell family's Cornish estates.

315. Bishop William Brewer: court proceedings

1. 1232 × 3. *Coram* bp William, archdn Bartholomew and chancellor Richard: amicable settlement of the case between Ralf Peverel, rector of Sandford, and the canons of Canonsleigh *re* the tithes of Lunor (Leonards in Halberton) moor.

> BL ms. Harley 3660 (Canonsleigh cartulary) fos. 42v–43r; pd (calendar) *Cartulary of Canonsleigh abbey* no. 71.

2. 1235, 20 March. *Coram* the bp in full consistory at Exeter: grant by the

abbot and convent of Tewkesbury of the church of Winkleigh to Mr William de Molendino, after Robert de Capella had renounced his right and Mr William had renounced the right he had had by the gift of the bishop. See above no. 293.

<small>Ann. Theok. 94.</small>

3. 1236, 1 Apr. *Coram* bp William and the chapter of Exeter: amicable settlement of the cases between the abbot and convent of Forde and John rector of Payhembury. The rector is to receive one hundred shillings annually for life from the abbey's chamber and a goodwill payment of twenty marks in return for abandoning his claim to *Witewell* and one acre near the abbey's chapel at Tale. In return the abbey renounces its claim to corn taken by the rector and all other suits against him in all types of court. The resulting chirograph is sealed by the litigants (alternately) and by the bp and chapter of Exeter.

Hiis testibus: dicto domino episcopo, Tom' archidiacono Toton', magistris R. cancellario et W. de Arundell', Martino Produm' can(onicis) Exon', magistro I de Sancto Gorono tunc officiali et W. et H. capellanis dicti episcopi, et aliis.

<small>BL Add. Ch. 13,970.</small>

RICHARD BLUND

316. Profession of obedience

Profession of canonical subjection to the church of Canterbury and its vicars. [22 Oct. 1245]

> A = Canterbury D. & C. C.A. C 115/109. Approx. 145 × 25 mm.
> B = Ibid. register A (prior's register) fo. 244r. s.xiv. med.
> Pd in Richter, *Canterbury Professions* no. 183.

Ego Ricardus ecclesie[a] Exoniensis electus profiteor sancte Dorobernensi ecclesie eiusque vicariis canonicam subiectionem.+

> [a] ecclesie *interlined and almost illegible* A; *om.* ecclesie B

> This jejune and carelessly formulated profession was a result of the incapacity of Archbp Boniface of Savoy. Boniface, the queen's uncle, elected in 1241, had been consecrated by Pope Innocent IV at Lyons on 15 Jan. 1245, but had stayed to attend the famous council held there in June, when he had commanded the papal guards, and then perform other services for the pope. Hence he was not enthroned at Canterbury until 1 Nov. 1249. See F. A. Gasquet, *Henry III and the Church* (1905) 191–282. It is noticeable that Richard Blund's successor, Walter Bronescombe, was required in 1258 to provide Boniface with an unusually elaborate profession.

*317. Chichester cathedral.

Indulgence of forty days remission of penance to those visiting the church and giving alms to the fabric. [*c.* 23 May 1247]

> Mentioned only as similar to the grant of Fulk Basset, bp of London, dated 23 May 1247. Pd (calendar) by W. D. Peckham, *The Chartulary of the High Church of Chichester* (Sussex Rec. Soc., xlvi, 1946) no. 81.

318. The community of the Realm

Excommunication at Westminster, together with the archbishop of Canterbury and the bishops of London, Ely, Lincoln, Worcester, Norwich, Hereford, Salisbury, Durham, Carlisle, Bath, Rochester and St David's, and in the presence of the king, Richard earl of Cornwall and other magnates, of all transgressors of the great charter and the charter of the forest. 13/15 May 1253

> B = Wells, *Liber Albus* I (R. I) fo. 228. s.xiii med.
> C = ibid. II (R.III) fo. 249d. s.xv ex.
> Pd from PRO E 164/2 (Liber rubeus) fo. 184r in *Statutes of the Realm* i 6; *Calendar of the Register of John de Drokensford*, ed. E. Hobhouse, (Somerset Rec. Soc. i, 1887) 26; *HMCR Wells* 257.

For the circumstances see F. M. Powicke, *King Henry III and the Lord Edward* (1947) i 368.

319. Crediton minster

Ordinance at Exeter that canons may have at their testamentary disposal for charitable purposes the profits of their prebends in the year after their deaths. 25 Dec. 1253

> B = Exeter: DRO, Bishops' registers 1 (Bronescombe) fo. 22v (inspeximus of Bp Bronescombe)
> Pd from B in *Mon. Exon.* 79 no. 1, in *Reg. Bronescombe* 59–60.

Omnibus sancte matris ecclesie filiis ad quos presens scriptum pervenerit Ricardus dei gratia Exoniensis episcopus eternam in domino salutem. Cum semper pium sit . . . [as in above, no. 189] . . . ad universitatis vestre notitiam tenore presentium volumus pervenire quod nos, de unanimi consensu et assensu dilectorum filiorum decani et capituli Exoniensis ecclesie, divine pietatis intuitu liberaliter concedimus et tenore presentium confirmamus et deinceps decrevimus inviolabiliter observari, scilicet quod quilibet canonicus ecclesie Criditonensis in extremis agens, ad suplementum testamenti sui et ad relevationem fructuum unius anni, qui debentur ex antiqua ordinatione singulis canonicis fabrice predicte ecclesie, sive in vita sive in morte, omnium bonorum prebende sue proximi anni post decessum cuiuslibet canonici liberam in omnibus habeat dispositionem, ita quod illa bona quibus et in quos usus pios voluerit integre poterit assignare. Et ut hec nostra concessio et confirmatio inperpetuum robur firmitatis obtineat, presentem paginam sigilli nostri munimine, una cum appositione sigillorum decani et capituli predicti, fecimus roborari. Dat' Exon' anno domini m°cc°l^{mo}tercio in festo nativitatis dominice et consecrationis nostre nono.

> The date shows that Richard's year started later than Christmas day. See also no. 327 and n.

320. Exeter: cathedral chapter

Inspeximus and confirmation at Faringdon (Hants) of Bishop William's inspeximus of Bishop Henry's settlement of the jurisdictional dispute between the chapter and archdeacon of Exeter, with certain further modifications and additions, especially removing the dean and chapter's power to impose an interdict on the city and generally restoring episcopal authority. 6 Jan. 1247

B = Exeter D. & C. mun. 2923 (roll) item 3. s.xv. C = Ibid. ms. 2577 item 2. s.xv.

Omnibus Cristi fidelibus presentes litteras visuris vel audituris Ric(ardus) miseratione divina Exoniensis ecclesie minister humilis eternam in domino salutem. Cartam bone memorie W. predecessoris nostri, tenorem carte bone memorie H. predecessoris sui continentem, inspeximus in hec verba. Omnibus Cristi fidelibus . . . [above no. 252] . . . et multis aliis. Quam quidem cartam, tenorem carte bone memorie H. quondam Exoniensis episcopi continentem, de assensu et consensu B. tunc archidiaconi Exon' ratificantes, ipsam auctoritate nostra tenore presentium duximus confirmandam. Hoc in nostra presenti confirmatione moderamine adhibito et fideliter observato, quod si forte aliquando de hac particula *et homines*, que ponitur supra parum post principium, ubi dicitur videlicet *quod omnes ecclesie et capelle et capellani parochiani quoque et homines* et cetera, vel de alia particula *sive conveniant*, que ponitur versus finem, ubi dicitur *volentes et statuentes expressius ut predicti capellani et clerici sive conveniant* et cetera, vel de illa clausula, que ponitur supra parum ante medium, ubi dicitur sic, *Exceptis etiam civibus in urbe Exon' constitutis in terris canonicorum non manentibus* et cetera, questio seu contentio inter partes propter generalitatem seu ambiguitatem illarum imposterum oriatur, declarationem seu interpretationem earundem arbitrio nostro duximus reservandam. Excipimus etiam precise ab hac nostra confirmatione et ratificatione articulum illum de civitate Exoniensi per decanum et capitulum supponenda interdicto, nolentes aliqua ratione sine nostro speciali mandato aut alicuius superioris precepto memoratam civitatem supponi interdicto. Tota quidem omnia superius evocata firmitatis perpetue volumus robur obtinere. In cuius rei testimonium presenti scripto sigillum nostrum duximus apponendum. Dat' apud Farendon' die epiphanie consecrationis nostre secundo anno.

> Item 1 of C is a notification that the D. and C. and Master R. de Toriz, archdn, have agreed, on the intervention of Bp Richard, at Exeter in 1249 on the matter of jurisdiction. The bp as well as the two parties, has sealed the document.

The ordinance of 6 Jan. 1247 may have been made in anticipation of archdn Bartholomew's death (22 Sept. 1247) and his replacement by Roger de Toriz, the future dean.

321. Hailes abbey

Confirmation at Beaulieu, with the consent of the chapter of Exeter, of Earl Richard of Cornwall's grant of the church of Breage to the abbey, saving a vicarage to be worth about ten marks. 18 June 1246

> A = Exeter D. & C. ms. no. 1381. Endorsed, contemp.: Appropriatio ecclesie sancte Briace. Approx. 180 × 115 + 20 mm. Sealing on 2 tags; turn-up, 3 + 3 slits; 1 tag and both seals lost.

Universis sancte matris ecclesie filiis ad quos presens scriptum pervenerit Ricardus miseracione divina Exoniensis ecclesie minister humilis salutem in domino. Noverit universitas vestra nos divini amoris intuitu, capituli nostri Exoniensis interveniente consensu, ecclesiam de sancta Breaca cum capellis ad eandem pertinentibus et omnibus aliis pertinenciis suis, de consensu et voluntate expressa nobilis viri Ricardi comitis Cornub', dictarum ecclesie et capellarum veri patroni, dilectis filiis abbati et conventui de Heyles, ordinis Cistertient', in proprios usus dedisse, concessisse et pontificali auctoritate confirmasse, salva vicaria ad estimacionem decem marcarum perpetuo vicario memorate ecclesie deservienti in ordine quem ecclesie cura requirit assignanda. Qui quidem vicarius honera debita et consueta episcopalia et archidiaconalia sustinebit, salvo etiam nobis et successoribus nostris iure episcopali in omnibus. Prefati vero abbas et conventus ad memoratam vicariam, cum eam vacare contigerit, virum idoneum loci diocesano presentabunt. Decrevimus$^{a\text{-}}$ autem quod nostra taxatio firma sit et stabilis perpetuis temporibus, ne per nos sive per nostros successores quoquo modo possit augeri vel minui; sed eadem sic taxata vicarius remaneat contentus, nichil amplius volens vendicare nomine vicarie in ibidem.$^{\text{-}a}$ In cuius rei testimonium sigillum nostrum, una cum sigillo capituli Exoniensis, presenti scripto fecimus apponi. Dat' apud Bellum Locum Regis anno gratie millesimo ducentesimo quadragesimo sexto, quarto decimo kalendas Iulii, consecracionis nostre primo.

> $^{a-a}$ *interlined in smaller script,* A

> Breage (*Egglosbrec*) was one of the churches given by Earl Robert of Gloucester to his clerk Picard, who transferred them to Tewkesbury abbey and St James's priory in 1147: above, no. 139 n.

*322. King Henry III

Notification by letters patent (Significavit) that a clerk defamed of the homicide of his wife has purged himself.   29 Aug. 1253

> Mentioned only in royal letters close: *Close Rolls 1254–6* 130.
> For this type of document see above p. xcvii.

*?†323. Liskeard (Menheniot): hospital of St Mary Magdalene

Indulgence of thirty days   [1245 × 1257]

> Listed only in a s.xv letter of confraternity issued by the brethren and sisters: PRO E 163/26/I^6, of unknown provenance, ed. by Roy M. Haines, 'A confraternity document of St Mary Magdalene's Hospital, Liskeard', *Bulletin of the Institute of Historical Research* 45–6 (1972–3) 128–35.
> See above, no. 202 n.

324. London: St Paul's cathedral

Inspeximus at London, together with bishops Walter of Worcester and William of Salisbury, of an indulgence of Pope Innocent IV of one year and forty days to those assisting the completion of the rebuilding of St Paul's.   24 Jan. 1252 × 3

> A = BL Add. Ch. 5957. Endorsed: Transcriptum literarum de indulgentia unius anni et xl dierum. From Bp Butlers lib(rar)y. July 1841. Sale cat. 725. Approx. 225 × 120 + 20 mm. Sealing on 3 tags; turn-up; 1 + 1 + 1 slits; first tag and seal with counterseal (bp of Worcester); others lost.

Universis Cristi fidelibus presentes litteras inspecturis W. dei gratia Wigorn', W. Sarr' et R. Exoniensis episcopi salutem in domino. Noverit universitas vestra nos litteram domini pape, non cancellatam, non abolitam nec in aliqua sui parte viciatam, inspexisse sub hac forma. Innocentius episcopus . . . Data Perusii xvi° kalendas Aprilis pontificatus nostri anno decimo. In cuius rei testimonium presentibus litteris sigilla nostra duximus apponenda. Dat' London' ix° kalend' Februarii anno domini m°cc° l° secundo.

> Date as no. 325. Note the variety in style.

325. London: St Paul's cathedral

Indulgence at London of twenty days to those visiting the tomb of Bishop Roger (Niger) of London (1229–41) in the church of St Paul's or contributing to its fabric fund. 22 Jan. 1252 × 3

A = London Guildhall Library, dioc. St Paul's 25124/16. No early endorsement. Approx. 195 × 85 mm. Sealing on tongue. Large fragment of uncoloured wax seal.

Omnibus Cristi fidelibus presentes literas visuris vel audituris Ricardus miseratione divina Exoniensis ecclesie minister humilis salutem in domino sempiternam. De dei misericordia gloriose virginis Marie genitricis eius omniumque sanctorum meritis confidentes, omnibus parochianis nostris et aliis quorum diocesani hanc nostram indulgentiam ratam habuerint, vere contritis et confessis, qui tumbam venerabilis patris Rogeri bone memorie quondam episcopi London' in ecclesia sancti Pauli Lond' quiescentis orationis causa devote visitaverint, seu ad fabricam dicte ecclesie de bonis suis sibi a deo collatis aliqua caritatis subsidia duxerint conferenda, viginti dies de iniuncta sibi penitentia misericorditer relaxamus. Dat' London' die sancti Vincentii martyris anno gratie millesimo ducentesimo quinquagesimo secundo.

326. Polsloe priory

Admission, on the presentation of Isabella de Brente, prioress, and the convent, of Richard, chaplain of (East) Ogwell, to the vicarage of Holbeton, which he taxes, viz. the altarage, except for the tithe of hay from John de Albamora, two houses and their gardens and a piece of land defined by its boundaries. ?31 Dec. 1255 × 21 Oct. 1256

B = Exeter DRO, Bishops' registers 1 (Bronescombe), stitched into the beginning of the vol. s.xv.
Pd from B in *Reg. Bronescombe* 7.

Universis Cristi fidelibus ad quos presens scriptum pervenerit R. miseratione divina Exoniensis ecclesie minister humilis salutem in domino sempiternam. Noverit universitas vestra quod, ad presentationem Isabelle de Brente priorisse et conventus de Polslow, dilectum filium Ricardum, capellanum de Womgwyll', ad vicariam ecclesie de Holbogaton' caritatis intuitu admisimus, et eiusdem ecclesie vicariam de consensu predictarum filiarum sub hac forma ordinavimus: quod vicarius predicte ecclesie habebit nomine vicarie altalagium eiusdem ecclesie cum pomis, feno, obventionibus et omnibus aliis pertinentiis, tam capellarum quam matricis ecclesie, excepto feno domini Iohannis de Albamora. Habebit etiam domum quam Alanus Durant aliquando tenuit, una cum orto adiacente, et domum proximam ex parte aquilonis et ortum pertinentem, et terram adiacentem proximam retro ortos predictos se extendentem versus occidens iuxta gardinum usque ad novam fossam, et per eandem usque ad angulum aquilonarem eiusdem, et ab eodem angulo linialiter versus orientem usque ad viam regiam, et per eandem viam [et]^a versus meridiem usque ad viam tendentem versus predictas domos per eandem usque ad secundum ortum. Supradicta vero omnia habebit antedictus Ricardus quoad vixerit et vicarii post ipsum qui pro tempore fuerint, de nostra ordinatione et gratia speciali, una cum consensu antedictarum priorisse et sanctimonialium, salvis nobis et successoribus nostris iure et dignitate speciali in omnibus. Et si contingat fieri novos ortos ubi maiores decime solebant percipi, de illorum ortorum decimis nichil dicte vicarie accrescat. Et sic remanebunt contenti vicaria per nos taxata, ita quod imposterum nichil amplius exigere possint imperpetuum.^{b} Sustinebit idem vicarius et successores sui omnia onera ordinaria debita et consueta; extraordinaria vero pro rata portionis sibi assignate idem vicarius et successores sui respondebunt. Ut hec predicta nostra ordinatio perpetuam obtineat firmitatem roboris, eandem nostra auctoritate confirmavimus, et presens scriptum sigillo predicti conventus signatum et impressione sigilli nostri corroboravimus. Dat' anno domini m^{o}cclvi^{to}, consecrationis nostre anno xi^{mo}.

^{a} om. B ^{b} in imperpetuum B.

326A. Tavistock abbey

Letter from Faringdon to King Henry III informing him that the monks, after the resignation of the abbot, Robert de Kidknowle, have duly elected Henry of Northampton, cellarer of St Saviour's Bermondsey, in his place. After examining the procedure and the person of the abbot-elect he has confirmed the election and asks the king to grant the temporalities to Henry.   3 Sept. 1257

> A = London, PRO C 84/1/46. Approx. 180 × 85 mm. Sealing on tongue; tongue and seal lost. Stained and hard to read.
> Pd (calendar) from A in *Annual reports of the Deputy-Keeper of the Public Records* v (1844) app. ii, p.70, no. 586.

Serenissimo domino suo H. dei gratia illustri regi Angl' domino Hyb' duci Normann' Aquitann' et comiti Andegav' R. miseratione divina Exoniensis ecclesie minister humilis salutem in eo qui dat regibus salutem et de inimicis triumphum. Monasterio de Tavistochia pastoris solatio per resignationem fratris Roberti de Kytecnolle quondam abbatis loci eiusdem destituto, monachis ipsius loci fratrem Henricum de Norhampton', celerarium sancti Salvatoris de Bermondeshey, petita et obtenta licentia, in pastorem suum et abbatem unanimiter postulantibus, nobisque postmodum predicta postulatione per quosdam fratres dicti monasterii presentata et diligenter, prout[a] decuit, tam in forma postulationis quam in persona electi secundum formam iuris examinata, quia credidimus postulationem predicti Henrici ad predictum monasterium Tavistochie tam in spiritualibus quam temporalibus regimen utilem esse et ydoneum, postulationi de ipso facte pium prebuimus assensum et eandem divine caritatis intuitu et mandati vestri nobis literatorie nuper directi interventu, auctoritate pontificali confirmantes. Hinc est quod vestram regiam celsitudinem spirituali affectione duximus exorandam quatinus supradicto Henrico divini nominis intuitu omnia[a] ea que ad vestram maiestatem pertinent quantum ad temporalia sepedicti monasterii gratiam et favorem benignum impendere dignemini. Valeat vestra regia clementia per tempora longa. Dat' apud Ferendun' tertio nonas Septembris anno domini millesimo ducentesimo quinquagesimo septimo.

[a] *reading uncertain*

The royal licence to elect was granted on 16 June 1257; a mandate to William de Axmouth to take seisin of the house which, in return for a fine, was granted to the prior and convent, was issued on 18 June; the royal assent to the election or postulation, with mandate to the bp of Exeter to do his part, was granted on 7 Aug.; and restoration of the temporalities was sanctioned on 12 Sept. The convent sent the prior Alfred and the monk Martin to the king for the licence to elect. *Patent Rolls 1247–1258, Calendar of*, 560, 573, 577. Finberg, 'Abbots of Tavistock' 187.

327. Torre abbey

Confirmation at Paignton of the vicarage of Townstall, which is defined.

26 Jan.? 1246

B = Exeter DRO DD 60748 (Notarial copy, dated 1376, of item 5 of some Torre deeds).
C = PRO E 164/19 (Torre cartulary) fo. 65r. s. xv.
Pd (calendared) from B in Watkin, *Dartmouth* i 279, 287 no. 5.

Memorandum quod Hugo capellanus, vicarius de Tounstall',[a] tenetur percipere nomine vicarie sue, per manum abbatis de Torre vel procuratoris sui, de altilagio ecclesie de Tunstall'[b] singulis annis septem marchas ad quatuor anni terminos, equis scilicet[c] portionibus, videlicet ad natale domini vel infra quindenam viginti tres solidos et quatuor denarios, ad pascha sequens vel infra quindenam viginti tres solidos et quatuor denarios, ad festum sancti Iohannis Baptiste vel infra quindenam viginti tres solidos et quatuor denarios, et ad festum sancti Michaelis vel infra quindenam viginti tres solidos et quatuor denarios. Tenetur etiam idem Hugo integre et libere percipere ea que extrinsecus lucro suo cedere debent, videlicet denarios suos missales et omnia ea que ex testamento vel ex aliis fortuitis casibus eidem obvenire poterunt. Et sciendum quod idem Hugo omnia onera ordinaria, episcopalia et archidiaconalia, debita scilicet et consueta, in totum sustinebit. In cuius rei testimonium dominus Ricardus Exoniensis episcopus presenti scripto sigillum suum apponi fecit. Dat' apud Peynton' anno domini millesimo ducentesimo quadragesimo quinto^d vii Kal. Februarii.

^{a} Tunstalle C ^{b} om. de Tunstall' C ^{c} om. B ^{d} xlvii^{mo}C

The cartulary heading is: Confirmatio Ricardi Exon' episcopi de vicaria de Tounstalle.

The two versions disagree on the date. B is probably to be preferred to the cartulary copy, and its year, being spelt out, is the firmer. If correct, it is important, for it would show that Richard Blund, who was consecrated on 22 Oct. 1245, probably like his predecessor, started the year at Lady Day, so that 1245 should be corrected to 1246.

APPENDIX I

ITINERARIES OF THE BISHOPS, 1046–1257

Events which cannot be dated to within a month or two have not usually been included. The numbers refer to acta printed above. An asterisk indicates that the bishop occurs as a witness to a (mostly royal) charter.

LEOFRIC (1046–1072)

1046
Apr. 19 — Canterbury, consecrated bp — *Leofric Missal* 26

1068
May 19 — *Westminster, royal court — *Regesta* no. 23

1069
Apr. 13 — *Winchester, royal court — *Regesta* no. 26

OSBERN (1072–1103)

1072
Apr. — Canterbury, consecrated bp — No. 3
c. Apr. 8. — Winchester, legatine council — Malmesbury *GR* ii 351
May 27 — *Windsor, royal court — *Regesta* no. 64; *C & S* i, 2, 601–4

1074 × 5
Dec. 25 1074 × Aug. 28 1075 — *London, provincial council — *C & S* i, 2, 607–16

1087
Dec. 25 — London, royal court — Robert of Torigni 47; Henry of Huntingdon 211

1091
Jan. 27 — Dover, royal court — *Regesta* no. 315

1101
Sept. 3. — *Windsor, royal court — *Regesta* nos. 544, 547–8

WILLIAM DE WARELWAST (1107–1137)

1107
Aug. 11	Canterbury, consecrated bp	No. 11

1108
Feb.	near London (?Lambeth), one of the royal nuncios to archbp Anselm	Eadmer 189
May 24	*Westminster, royal court	Regesta no. 878
July	Chichester area, royal court	Eadmer 197
July 26	Pagham, consecration of Richard de Belmeis to London; to Normandy with the king	Eadmer 197–8

1109
June 13	London, royal court	Eadmer 207–8
Oct. 17	*Nottingham, royal court	Regesta no. 918

1110
May 29	*Windsor, royal court	Regesta no. 945

1111
Aug. 8	*Bishop's Waltham, royal court, 'in transitu regis in Normanniam'	Regesta no. 988

1113
Feb. 2	St Evroult (Normandy), royal court	Ordericus Vitalis vi 174
July	?to England with the king	

1114
Sept. 13	*Westbourne, royal court	Regesta no. 1070
late	to Rome	Eadmer 234; cf Hugh the Chanter 76–9, 78–9 n.1

1116
?summer	Rome, royal embassy	Hugh the Chanter 76–9

1118
Oct. 7	Rouen, ecclesiastical council	Regesta no. 1182; Ordericus Vitalis vi 202 n.
Oct.	Argentan (Normandy), royal court	Regesta no. 1183

1119
summer	*Rouen, royal court	Regesta no. 1204
spring–summer	Rome, royal embassy	Hugh the Chanter 114–15
Oct. 20–c.30 Oct.	Reims, papal council	Eadmer 255; Hugh the Chanter 122–5; C & S i, 2, 719

ITINERARIES OF THE BISHOPS 293

1120
Feb./Mar.   Valence and beyond, papal court   Hugh the Chanter 142–5

1121
Jan. 7   *Westminster, royal court   *Regesta* no. 1243
Mar. 13   Abingdon, royal court   Eadmer 293

1123
c. Mar. 4   *Woodstock, royal court   *Regesta* no. 1391; cf. Hugh the Chanter 186–9

1124
July 29   Exeter   No. 20

1125
Oct. ?   *Rouen, royal court   *Regesta* nos. 1425, 1427; *HRH* 82 n.1

1127
May 22   *Winchester, royal court   *Regesta* no. 1485

1131
c. Sept. 8.   *?Northampton, royal court   *Regesta* no. 1715

1132
c. Apr. 29   *Westminster, royal court   *Regesta* no. 1736

1133
June 14   Exeter   No. 18
July 2   Exeter   No. 22

1137
c. Sept. 26   Plympton priory, died   *Ann. Plympton.* 27

ROBERT I (1138–1155)

1138
Dec. 18   Canterbury, consecrated bp   No. 28

1139
c. Jan.   *Oxford, royal court   *Regesta* nos. 473, 667
Jan. 8× 13   *Godstow, royal court   *Regesta* no. 366
early Apr.   Rome, Lateran (II) council   *C & S* i, 2, 779–81, at 779

1140
?   *Winchester, royal court   *Regesta* no. 991

1143 × 4
Dec. 1143 × Dec. 1144   St Michael's Mount, dedication of the church   Round *CDF* 264 no. 729

1146
Feb. 7   ?Rome   *PUE* ii no. 78 (dated original in Dorset RO)

1148
Aug. 15   Exeter   No. 32

1150
Aug. 12   Crediton   No. 29
July 27   St Germans   No. 44

1153
Nov./Dec.   *Westminster, royal court   *Regesta* no. 272

1154
Dec. 7   Henry II's coronation   Robert of Torigni 182

1155
Feb. 7   Launceston priory   *Launceston priory cartulary* p. xvi and n. 84.

ROBERT II (1155–1160)

1155
June 5   Canterbury, consecrated bp   No. 56

1157
May 23–8   *Colchester, royal court   Eyton 26
Dec. 13   Gloucester, papal judge   No. 63

BARTHOLOMEW (1161–1184)

1161
after Apr. 18   Canterbury, consecrated bp by Walter of Rochester   Gervase, *Chron.* 168–9; Diceto, *Ymagines* 304; no. 76

1162
spring   Normandy, to the king *re* the Canterbury election   Barlow, *Thomas Becket* 69–70
June 3   Canterbury, Thomas's consecration as archbp   Ibid. 72–3

1163
March 8   *Westminster, royal court   Wendover i 22; ?Holt & Mortimer no. 259; Eyton 59
May   Tours, papal council   C & S i, 2, 846, cf. 845–7
Oct. 13   Westminster abbey, translation of St Edward the Confessor   Barlow, *Thomas Becket* 95

1164
Jan. 13–28   Clarendon, royal court   Eyton 67; C & S i, 2, 852–93
Oct.   Northampton, royal court   Eyton 75; C & S i, 2, 913–14
Nov.   royal embassy to Flanders, France and papal court (Sens)   Barlow, *Thomas Becket* 119–22

1165
Sept. ?   *Woodstock, royal court   Eyton 84

1169
Lent   London, meeting of bps   Barlow, *Thomas Becket* 186
May 20–9   Westminster, ecclesiastical meeting   Becket, *Mats.* vi no. 508 p. 606
Sept. 29   Exeter, synod   No. 116

1170
June 14   Westminster, coronation of young Henry   Robert of Torigni 245; Barlow, *Thomas Becket* 206–7

1171
Sept. × Oct.   Milford Haven, royal court   Gerald of Wales vii 61–2
Dec. 21   Canterbury, reconciliation of cathedral, with sermon   Diceto i 349; Wendover i 89; Barlow, *Thomas Becket* 264

1175
May 18   Westminster, ecclesiastical council   *Gesta Regis* 84; C & S i, 2, 965–93, at 983; Gerald of Wales vii 58–60
June × July   *Westminster, royal court   Launceston priory cartulary no. 26
July 1–8   Woodstock, royal council   *Gesta Regis* 92–3; Eyton 192
?   Newbury, papal judge   No. 142
Oct. 18   London, ?royal court   *EEA* VII no. 170

1176
Mar. 14–19   Westminster, legatine council   C & S i, 2, 998–1002, at 1002
Mar. 18   London, St Bartholomew's, Smithfield   ibid.
July 14   Exeter   No. 137
Oct. 17   Cirencester, consecrated the church, the king present   *Gesta Regis* 127–8; Eyton 208

1177
Jan. 20   Windsor, royal court, sent to Amesbury nunnery   *Gesta Regis* 135; Eyton 211

March 13–16	*London, royal court	*Gesta Regis* 144, 154; Eyton 211
June *c.* 14–18	Woodstock, royal court	No. 124
July 10–17	*Stansted, royal court, restoration of Bosham	*Gesta Regis* 181–2; Eyton 217
July 28	Wilton	No. 124

1178
Dec. 25 — *Winchester, royal court — Eyton 224

1179
Oct. 30 — Westminster, exchequer court — Bodl. ms. James 23 p. 154

JOHN (1186–1191)

1186
Oct. 5 — Canterbury, consecrated bp — No. 143

1189
Sept. 3 — Westminster, Richard I's coronation — *Gesta Regis* ii 79

HENRY MARSHAL (1194–1206)

1194
Feb. 10 × Mar. 28	Canterbury, consecrated bp	No. 181
Apr. 20	*Winchester, royal court	Holt & Mortimer no. 368
Apr. 24	*Portsmouth, royal court	Ibid. no. 370

1195 × 6
Mar. 9 — Pawton — No. 201A

1196
Sept. 4 — Lawhitton — No. 203

1197
June 10	Paignton	No. 209
Oct. 3	Exeter	No. 199
Oct. 27	Faringdon (Hants)	No. 210

1198
June 22 — Canterbury, royal mission — *Epp. Cant.* ii 410

1199 × 1200
Feb. 22 — Faringdon (Hants) — Nos. 213–14

1201
June 30 — Pawton — No. 212

1201 × 1202		
Mar. 2	Branscombe	No. 183

1202		
Apr. 17	Crediton	No. 201B
July 8	St Germans	No. 208

1204		
May 24	Exeter	Nos. 187, 191
Dec. 3	Branscombe	No. 204
Dec. 12	Crediton	No. 192

1205		
June 17	Chudleigh	No. 211
Aug. 31	Crediton	No. 206

1205 × 1206		
Mar. 3	Crediton	No. 207

SIMON OF APULIA (1214–1223)

1214		
Oct. 5	Canterbury, consecrated bp	No. 217

1215		
Nov.	Rome, 4th Lateran Council	C & S ii, 1,48

1216		
Nov. 12	*Bristol, royal court	SSC 336

1217		
Aug. 1	Exeter	No. 225(1)

1219		
Apr. 3	Exeter	No. 225(2)
June 12	Exeter	No. 225(3)

WILLIAM BREWER (1224–1244)

1224		
Apr. 21	Canterbury, consecrated bp	No. 226
Aug. 1	besieges Plympton castle	No. 267

1225		
Feb. 11	Westminster, royal council	SSC 350
Sept. 17	Dunkeswell	No. 291
Dec. 7	Chidham (Sussex)	No. 246

1226

May 3	London, St Paul's, English ecclesiastical council	No. 245 n.
Sept. 22	Exeter	No. 250
Sept. 29	Exeter	No. 249 n.

1227

Apr. 14	Exeter	No. 268
May 9	Canterbury, consecration of bp of Rochester	*Flores Historiarum* ii 190
May 28	Crediton	No. 251
July 6	Exeter	No. 263
c. mid-Aug.	Brindisi, embarks with Peter des Roches for Holy Land	Above, pp. l–li
before late Oct.	Acre	No. 264A

1228

	Holy Land	

1229

Feb. 18	Joppa	
Mar. 18	Jerusalem	
May ?	?leaves Holy Land with Peter des Roches	

1231

Apr.	back in England	No. 236, cf. 262
Dec. 31	Chudleigh	No. 270

1232

May 20	Exeter	No. 310
June 9	Combe ?in Teignhead	No. 306

1233 × 4 (or 1243 × 4)

Jan. 8	Exeter	No. 307

1234

Mar. 7	Crediton	No. 271
Mar. 17	Exeter	No. 253
May ?	France, royal mission	*Close Rolls 1231–4* 559–60

1235

Mar. 20	Exeter	No. 315(2)
May 2	*Westminster	*Patent Rolls 1232–47* 102
May 8	Westminster, banquet	Wendover iii 110
May 11	Sandwich, embarked	
May? 15	mouth of Rhine	Ibid. 111
May? 17	Antwerp	
May? 22	Cologne	
May? 28	left for Worms	Ibid. 112

ITINERARIES OF THE BISHOPS

July	Worms, royal marriage	
Aug.? 3	left for England	
1235 × 6		
Jan. 26	London	No. 233
	?Merton, royal court	*Ann. Mon.* i 103
1236		
?spring	France, royal mission	Above, p. lii
Apr. 1	Exeter	No. 315(3)
May 31(?*recte* June 30)	Exeter	No. 282
June 30	Exeter	No. 254
Aug. 26	St Buryan, dedication	No. 287
Aug. 29	Penryn	No. 286
Oct. 8	Exeter	No. 272
Dec. 21	Crediton	No. 240
1237		
Mar. 31	Feniton	No. 308
Nov. 18–21	London, St Paul's, legatine council	No. 279
1238		
Apr. 13	Exeter	No. 274
July	Crediton	No. 255
Nov. 8	Exeter	No. 296
Dec. 16	Chudleigh	No. 264
Dec.	Bishopsteignton	No. 265
1238		
St Keverne's day (?18 Nov. or 5 Mar. 1239)	Exeter	No. 285
1240		
Aug. 19	Exeter	No. 288
1241		
Jan.	crosses Channel with Legate Otto, bound for Burgundy and then Rome	*Ann. Theok.* 116; *Ann. Dunst.* ii 157
before Mar. 25	Pontigny	Nos. 286AB
Sept. 12	still away	Above p. lii
Nov. 28	place unknown. With the bp of Bath and abbot of St Edmunds, papal commissioner to investigate the matter in dispute between the king and the bp of Bath	*Patent Rolls 1232–47* 267
1242		
Apr. 14	?Torre	No. 260

Apr. 15	Chudleigh	No. 311
Sept. 30	Chard	No. 243
Dec. 3	Crediton	No. 241

1242 × 3
Jan. 6	Exeter	No. 297

1243
June 9	Crediton	No. 313
Aug. 24	Hartland	No. 266

1243 × 4 (or 1233 × 4)
Jan. 8	Exeter	No. 307

1244
Mar. 28	Paignton	No. 275
Apr. 15	Exeter	No. 258
May 23	Crediton	No. 280A
June 10	Crediton	No. 259
Oct. 27	Crediton	No. 298

RICHARD BLUND (1245–1257)

1245
Oct. 22	Canterbury, consecrated bp	No. 316

1246
prob. Jan. 26	Paignton	No. 327
June 17–18	Beaulieu, royal court	No. 321; *Ann. Mon.* ii 337

1247
Jan. 6	Faringdon (Hants)	No. 320

1249
May 14	*Launceston, royal assize court	Exeter D. & C. ms. 2093

1252 × 3
Jan. 22	London	No. 325
Jan. 24	London, St Paul's	No. 324

1253
May 13/15	Westminster, royal council	No. 318; *Ann. Mon.* i 306
Dec. 25	Exeter	No. 319

1257
Sept. 3	Faringdon (Hants)	No. 326A
Dec. 26	Exeter, bp's palace, died	*Reg. Bronescombe* fo. 5v; above p. lxxix

APPENDIX 2

FASTI[1]

ABBREVIATIONS

* = remembered as a benefactor of the cathedral treasury: *Ordinale Exoniense* ii 546–9
† = obit entered in *Martyrologium Exoniense* (ms. 3518 and mss. E[1], H, L)
‡ = Kalendar brother (month of death)
a. = *ante*
ac = acolytus
conf. = confirmed
cons. = consecrated
d. = died
diac. = diaconus
E[1] = D. & C. Exeter ms. 3625
el. = elected/election
H = BL Harl. ms. 863
L = Leofric Missal
nos. = reference to acta which he has witnessed
occ. = occurs
p. = *post*
pr. = presbiter
prom. = promoted
res. = resigned
RL = red letter
subd. = subdiaconus
temp. = temporalities restored
VC = D. & C. Exeter 3675 (calendar of the vicars choral)

---

[1] Earlier lists are in J. le Neve and T.D. Hardy, *Fasti Ecclesiae Anglicanae* i (1854); Oliver, *Lives* 269–97; *Reg. Bronescombe* passim; Morey, *Bartholomew* 114–27; Blake, 'Church of Exeter' 168–72.

BISHOPS[2]

Leofric,[3] cons. 19 Apr. 1046, d. 10 × 11 Feb. 1072 † ‡ (Feb.)
Osbern fitzOsbern, cons. Apr. 1072, d. 1103
William de Warelwast, cons. 11 Aug. 1107, d. 27 Sept. 1137 † ‡ (Sept.)
Robert de Warelwast, el. conf. 10 Apr., cons. 18 Dec. 1138, d. 28 (22 VC) Mar. 1155 † ‡ (Mar.)[4]
Robert II, cons. 5 June 1155, d. *a.* 18 Apr. 1161, ?10 Mar. or 10 Nov. 1160[4]
Bartholomew, el. conf. early 1161, cons. 18 Apr. 1161 × ?25 Dec. 1161, [4a] d. 14 (15 VC) Dec. 1184 †
John the Chanter, cons. 5 Oct 1186, d. 1 (2 VC) June 1191 †

---

[2] The dates of the bishops are based on *Handbook of British Chronology*, except that Exeter obit dates are preferred where there is conflict.
[3] The dates are discussed in F. Barlow, 'Leofric and his Times', repr. *The Norman Conquest and Beyond* (1983) 127–8. *Leofric Missal* gives 10 Feb. for the obit, *Mart. Exon.* 11 Feb.
[4] *Ann. Plympton.* 29 provides the date 28 Mar. 1155 for Robert (I)'s death and associates it with the deaths of Earls Baldwin of Exeter and Roger of Hereford. St-Serge, Angers (from Totnes priory) recorded the obit of a Bp Robert of Exeter on 28 Mar. 1155: Anisy transcripts, Paris BN ms. lat. 13819 fos. 285v, 287r. In *Mart. Exon.* under 28 Mar. appears, '?mci obiit venerabilis Robertus Exon' episcopus'. Oliver, *Lives* 18, gives 28 Mar. 1155 on the authority of the 'Tywardreth obituary'. In the list of Exeter Kalendar brethren 'Robertus episcopus iiii' occurs under Mar. : Orme, 'Kalendar Brethren' 166. And this date seems firm enough, although his obit was celebrated by the vicars choral on 22 Mar. The date of Robert II's death is, however, uncertain. *Ann. Plympton.* under 1160 lists the deaths of Robert II 'of Salisbury' and Geoffrey prior of Plympton (25 Aug.). Unfortunately there is no certain entry in *Mart. Exon.* Oliver, *Lives* 21, writes that 'he died happily on 22nd March 1161'. But there seems to be no entry in the Martyrology under xi kal. Apr. Under vi id. Mar. (10 Mar.), however, appears 'Obiit Rob' . . . and in obituary H the date 10 Nov. is given. John of Salisbury's letters written during the vacancy at Exeter after Robert II's death, particularly those concerned with Bartholomew's candidature (nos. 117, ?118, 120, 127–9) give little help because they lack an independent *terminus a quo*. We learn only that Robert died before Archbp Theobald (18 Apr. 1161) and probably some months before. On this evidence the year 1160 seems preferable to 1161, and 10 Mar. or 10 Nov. are possibilities.
[4a] A general confirmation by Earl Richard I of Devon, who died on 21 Apr. 1162, of Christchurch priory's possessions, dated 1161 (*Redvers family charters* no. 49), seems to postdate one document (ibid. no. 48) and predate another (ibid. no. 53), both of which are addressed to Bp Henry of Winchester and witnessed by Bp Bartholomew and Prior Richard of Plympton (*post* 25 Aug. 1160). Payn *capellanus* also witnesses the last. This seems to give a *terminus ad quem* of ?Christmas 1161 for Bartholomew's consecration. Indeed, above no. 84 is dated 1161.

Henry Marshal, el. *a.* 10 Feb. cons. 10 Feb. × 28 Mar. 1194, d. ?24 (27 VC) Oct. 1206[5]
Simon of Apulia, el. *a.* 13 Apr., cons. 5 Oct. 1214, d. 9 Sept. 1223 †
William Brewer, el. *a.* 25 Nov., temp. 25 Nov. 1223, cons. 21 Apr. 1224, d. 24 Nov. 1244 ‡ (Nov.)
Richard Blund, el. *a.* 30 Jan., temp. 8 Apr., cons. 22 Oct. 1245, d. 26 (23 VC) Dec. 1257 †

DEANS[6]

Serlo*, 14 Dec. 1225 – 21 July 1231 † (nos. 263, 268, 284)
Roger de Winkleigh*, ?1231, occ. *a.* 20 Apr. 1233 – 13 (14 VC) Aug. 1252 † (nos. 237, 252, 289n., 292, 313)
John Rof*, *p.* 13 Aug. 1252 – *a.* 1254; 15 (14 VC) Nov. †[6a]
William de Stanwey*, occ. 1254, 1262[7] – 31 Dec. 1268 ‡ (Jan.)

---

[5] Roger of Howden provides the only clues to the date of Henry's consecration as bp. He states that several bps, including Henry, bp-elect, excommunicated Count John on 10 Feb. 1194, and he describes Henry as bp at the council of Nottingham on 28 Mar. 1194: *Chronica* iii 237, 241. There is independent evidence that he was bp by 20 Apr. (1194): Holt and Mortimer nos. 368, 370. It could be thought that Archbp Hubert Walter, translated from Salisbury 29 May × 12 Dec. 1193, would have waited for King Richard's return to England from captivity (13 Mar. 1194) before consecrating new bps. Gervase of Canterbury ii 410 lists Henry as first among 13 bps consecrated by Hubert before John's accession to the throne. As Henry dated acta by his pontifical year, four of these, dated 22 Feb. and 2–7 Mar. (nos. 183, 207, 213–4), are of uncertain A.D. Henry's death is likewise inexactly recorded. In one Exeter obituary (H) it is recorded as 24 Oct., in another (VC) as 27 Oct. Oliver, *Lives* 31, gives it as 26 Oct. 1206. As it does not appear in *Mart. Exon.* it occurred presumably in 10 Oct. × 5 Dec. There is no reference to the vacancy in *PR 8 John* and the royal custodians who presented accounts at Michaelmas 1207, Henry archdn of Stafford and John Briwes, answered for the whole year (*PR 9 John* 221), although Geoffrey fitzPeter and Peter des Roches bp of Winchester answered for sums received before the others had had custody (223). It would therefore seem that the vacancy began *c.* Michaelmas 1206.
[6] Cf. U. Radford, 'The Deans of Exeter', *TDA* 87 (1955) 2.
[6a] Although omitted from the list in Oliver, *Lives* 274, Le Neve and Hardy *Fasti* i 384 and Hingeston-Randolph, *Reg. Bronescombe* 135n., he is called dean both in the list of benefactors to the treasury (*Ordinale Exoniense* ii 547) and in two Exeter obit-lists (14 or 15 Nov.) In the *Ordinale* he is listed between Deans Roger and William de Stanwey. He seems to have had a very short term of office. Earlier he was archdn of Cornwall, but has to be distinguished from John archdn of Totnes, who died on 19 Feb. 1259 × 60.
[7] *Ann. Theok.* 155; *Courtenay cartulary* no. 65. For his benefices of St Wenn and Chittlehampton see nos. 296–7 and *nn.* On 12 Sept. 1250, as canon of Exeter, he received, at the request of the archdn of Surrey and papal chaplain (?Walter Bronescombe, bp of Exeter in 1258), a papal indult to hold an additional dignity or benefice with cure of souls: *Cal. Pap.* i 261.

APPENDIX 2

PRECENTORS

Robert Blund, occ. ?1127 (no. 17), 18 Oct. 1143, ?*p.* 1150 (no. 34); ?1138 × 50 – late 1155, ?1156[8] (no. 40)
John, occ. 1158 × 60, 1161 × 2, 1177 × 84 (cons. bp* 5 Oct. 1186) (nos. 60, 73, 87, 96)
Thomas[9] occ. 1186 × 7, 1186 × 91 (nos. 146, 158–9, 165, 178)
Bernard,[10] occ. 1186 × 91 (no. 149; cf. 166)
Henry,[11] occ. *a.* 1 June 1191, 1194 × 1206 (nos. 153, 189, 198)
William Brewer,[12] (cons. bp* 21 Apr. 1224)
Roger de Bagtor, Mr,[13] occ. *a.* 1223, 28 Oct. 1224 (no. 248, cf. 225(5) and n.)
John, Mr, occ. 1224 × 6 (no. 227 n.)
Adam of St Bride (*de Sancta Brigida*) Mr[14], occ. 6 July 1226 – 21 (20 VC) Apr. 1232 † (nos. 252, 263, 268, 299 n.)
Philip de Bagtor, Mr,[15] occ. 3 Aug., 23 Nov. 1233 (no. 228)
W., Mr,[16] occ. 1237 × 41 (no. 279)
Ralf de Ilsington, occ. ?1241, 1244 (no. 237, cf. 259)
?William de Arundel, [16?]– 27 Apr. 1246 † (cf. no. 228)
Ralf de Hengham, [17] occ. *a.* 1252, 1259, Mich. 1262, res. 1281

---

[8] For 18 Oct 1143 *HMCR var. collect.* iv 45; for late 1155, Exeter DRO ED/M/3; for ?1156, *HMCR Wells* i 20 no. liii.
[9] Possibly the future archdn of Barnstaple.
[10] He may well be the chaplain of nos. 144, 158–9, 165–6, 168, 178, and also the archdn of Totnes in 1188 × 90.
[11] H. *precentor* is not Henry de Melhuish, for whom see below, n. 32. He may also witness D. & C. MS. 2078: *HMCR var. collect.* iv 58. Oliver, *Lives* 278 calls him Henry rector of Ilsington, and names his successor as precentor William Brewer, bishop in 1224.
[12] See above, p. xlviii.
[13] Mr R. de Bagtor, precentor, witnesses a judgment of Bishop Simon (1221 × 3), and Mr Roger de Bagtor witnesses as precentor D. & C. MS. 528: *HMCR var. collect.* iv 65, dated 28 Oct. 1224. In 1224 he represented the chapter before the royal justices: *CRR* xi 535 no. 2667. Another Mr Roger de Bagtor witnesses acta of Bp Bartholomew in 1161 × 2 (no. 87) and 1168 (no. 104). A Richard de Bagtor was a canon *c.*1200: below p. 318.
[14] He also gave a book to the cathedral: Oliver, *Lives* 308.
[15] *Patent Rolls 1248–58* 33. He also, with Bp William, witnesses a grant to the Hospital of St Mary Magdalene: Cart. of St John's hospital, Exeter DRO Muniment Book 53A, fo. 10; and, ?1233 × 4, D. & C. MS 3672 p. 334.
[16] Oliver *Lives* 278 lists William de Arundell *c.* 1242. The situation is confused. The William cantor of 1231 (above no. 270) may not be a precentor of Exeter cathedral; but there could have been more than one of these with the initial W in this period.
[17] *Courtenay cartulary* no. 65. Henry III's chief justice of the King's Bench, a notorious pluralist, who died in May 1311.

CHANCELLORS

Henry de Warwick*, ?Dec. 1225; occ. 14 Apr. 1227; 28 Apr. ?1227 † [18] (nos. 268, 299 n.)
Richard Blund, Mr, occ. 6 July? 1227 – 22 Oct. 1245 (cons. bp*) (nos. 228, 237, 242, 252, 263, 278, 284, 289n., 313, 315; cf. 250)
Walter Bronescombe, Mr, ?– 10 Mar. 1258 (cons. bp) [19]

TREASURERS

Vivian, occ. a. 1130; ?subd. 7 Apr. 1129 † ‡ (June) [20]
William de Normanville, occ. 1133[21] – 14 Feb. 1154 × 5 † (nos. 15, 41, 49)
William (II), occ. 1155 × 61 – ?23 Sept.† (nos. 73–4)
John, Mr,[22] occ. 1171; ?19 Apr. † (nos. 130; ?94, ?106)
John of Salisbury, Mr,[22] occ. a. May 1173, 29 Sept. 1174; 1176 (bp of Chartres) (nos. 81, 139, 141; ?94, ?106)
John of Exeter, Mr,[22] occ. 1188 × 91; 8 May † ‡ (May) (nos. 149; ?94, ?106)

---

[18] The date of his death in the obit list is not clear. Oliver, *Lives* 280, read 28 Apr. 1227. In actum no. 248, a mutilated document, which can be dated 1224 × 5, after the archdns of Exeter and Totnes, occurs, among the canons, ... Warwik', most likely Henry. His successor, Richard Blund, who, as Mr Richard, is described as chancellor on 6 July 1226 (no. 263), witnesses without a title among the canons on 22 Sept. 1226 (no. 250). It may be that in 1226–7 Henry's state of health led to fluctuations. He gave the cathedral a pair of silver basins (*pelves*) adorned with the images of the founder (?) bps ('cum imaginibus episcoporum fundatorum'): Oliver, *Lives* 310.

[19] *Patent Rolls 1248–58* 618.

[20] J. H. Round, 'Bernard the King's scribe', *EHR* xiv (1899) 421. The entries in the *Martyrologium*, 'Vivianus subdiaconus et canonicus', and in the list of Kalendar brethren, under Apr., 'Vivianus canonicus', may refer to him.

[21] *Exeter Book* fo. 5d. Rose-Troup, *The Consecration* 8–10, 28.

[22] Six of Bartholomew's acta are witnessed by a treasurer named John, occasionally particularised as 'of Salisbury', and it appears that three men of the same name, each a master, held the post consecutively. The appearance together of Mr John treasurer of Exeter and John of Salisbury in no. 130, an impeccable original dated 1171, establishes the earlier two. And the Mr John, treasurer in Bp John's episcopate, presumably appointed to replace John of Salisbury on his departure to Chartres in 1176, secures the third (no. 149). For him see also *EEA* III no. 414n. John of Salisbury witnesses by full name nos. 81 and 139, and is most likely the witness to no. 141 of [a. May] 1173. He also witnesses with this title three documents concerning the business of Richard of Ilchester, bp of Winchester: A. W. Goodman, *Charters of Winchester Cathedral* (1927) nos. 456–7; BL Cotton charter xi 52. But cf. below no. 125 of 22 Nov. 1173, which he witnesses without a title. The John treasurer of no. 94 and Mr John of 106 could be any one of the three. The *Martyrologium* lists two treasurers named John, neither of whom is John of Salisbury (25 Oct. 1180): 'xiii Kal. Maii obiit ?mag. Iohannes Exon. ecclesie thesaurarius, diaconus et canonicus' and 'viii Id. Maii, eodem die obiit Iohannes de Exonia thesaurarius, presbiter et canonicus, pro quo fiat solempne servicium'. In the list of Exeter Kalendar brethren under May occurs, 'Iohannes de Exon' thesaurarius': Orme, 'Kalendar Brethren' 164.

Anselm le Gros*,[23] occ. 24 May 1204 – 1229/31 (bp of St Davids) (nos. 187, 191, 198, 206, 225(5) and n., 248, 268, 299n.)
William de Ralegh*,[24] occ. p. 1231 – 39 (bp of Norwich) (no. 252)
William de Molendino/is*,[25] occ. ?1241 – 10 Sept. 1251† (no. 237, cf. 228)
Walter fitzPeter,[26] occ. 1257, 1261; pr. 24 Mar.†

ARCHDEACONS (SINGLE)

Odo, – 22 June 1083†
Alan, – 7 May 1084†
Alnoth, – 13 June 1098†
Rotlamnus, – 11 Mar. 1104 × 5
William de Warelwast, ?1104 × 5 – 11 Aug. 1107 (bp) (cf. no. 13)
Ascelin,[27] a. 1119 – 4 July 1122 or 32 † ?‡ Acelinus sacerdos (July) (no. 12)

ARCHDEACONS OF EXETER

Robert de Warelwast, occ. ?1113[28] – 18 Dec. 1138 (bp) (nos. 15, 22n., 23, 27An.)
Walter de Piriton, ?1138, occ. 1150 – ?1155 (?retired); 30 Apr. 1157 † ‡ (Apr.) (nos. 33, 40–42, 49–50, cf. 75)

---

[23] Described as a kinsman of William the earl marshal when granted a prebend in the church of St Davids, 6 Mar. 1229: *Patent Rolls 1225–32* 241.
[24] A Devonshire man and an important royal judge, bp of Norwich in 1239 and of Winchester in 1243. He may be a royal appointment while Bp Brewer was on Crusade. Before ?1227 he and Mr Henry de Warwick made a concord in the king's court *re* 5 ferlings in 'Halsond': *Reg. Bronescombe* 293. On 20 June 1242 he granted at Exeter an indulgence of 35 days to those who visit the cathedral church at Exeter: *HMCR var. collect.* iv 67. His obit is given in *Handbook* as *a.* 1 Sept. 1250. In *Mart. Exon.* under 6 Aug. appears, 'Obitus Willelmi thesaurarii ac. et can.', which could be a correct description of William before promoted bp.
[25] William, who received the Tewkesbury abbey church of Winkleigh on 20 March 1235 (*Ann. Theok.* 94), gave a book to the cathedral: Oliver, *Lives* 307.
[26] Oliver, *Lives* 283 lists Walter, occ. 22 Feb. 1257 and 29 Aug. 1261, and Walter fitzPeter, occ. 1267. The entry in the *Martyrologium* is 'obiit Walt' filius Petri thessar' Exon', presbiter et canonicus'.
[27] The date of his death can be read only as . . . xxii. Rose-Troup *The Consecration* 22 would increase this to 1132. As Ascelin overlaps Robert de Warelwast (Exeter) he may well be one of the earliest other territorial archdns. An entry in *Ordinale Exoniense* ii 543, concerning the cathedral's lights, runs, 'In diebus Achetilli et usque huc solemus habere unum mortarium ardentem de nocte, si haberemus oleum . . . '.
[28] Herman, 'De miraculis S. Mariae Laudunensis', *MPL* clvi 982. This archdn Robert has been variously identified, but there seems to be no good reason why he should not have been 'de Warelwast', Bp William's nephew. King Stephen issued a writ, 'de terra de Niwetone (?Newton St Cyres) concessa Roberto archidiacono Exoniensi': *Reg. Bronescombe* 290.

Bartholomew, Mr, occ. 1155[29] – *p.* 18 Apr. 1161 (bp) (nos. 58, 60, 64, 66, 68, 74)
Henry fitzHarding,[30] *a.*27 Apr. 1162 – 28 July 1188† (nos. 118n.,130)
John (?Basset), Mr[31], *p.* 28 July 1188; occ. 1196, 1198, ?1202 × 4 (nos. 160, 164, 166–7, 175, 180n., 203)
Henry de Melhuish,[32] occ. ?17 Apr. 1204, 24 May 1204 – 14 Apr. ?1221 † (nos. 187, 191, 206, 225)
Serlo, Mr, *a.* 9 Sept. 1223 – ?Dec. 1225 (dean) (nos. 225, 245n., 248)
Bartholomew*, Mr, ?1225[33] – 22(24 VC) Sept. 1247 † (nos. 237, 242, 245, 263, 268, 284, 289n., 313, 315)
Roger de Toriz (?Torridge)*,?1247; occ. 12 July 1249, 29 Sept. 1262;[34] 1269 (dean) (no. 320n.)

---

[29] DRO ED/M/3.

[30] For his lands and houses by the Bishop's Gate, see *HMCR var. collect.* iv 61–4, nos. 284–5, 293, 297. For the churches given by his father to St Augustine's abbey Bristol soon after 1142, and to Henry for life, see B. R. Kemp, 'The churches of Berkeley Hernesse', *Trans. of the Bristol and Gloucestershire arch. soc.* 87 (1968) 96–110. In 1164 × 7 he witnessed an actum of Robert of Melun bp of Hereford: *EEA* VII no 122, and during the pontificate of Reginald of Bath (1174–91) Henry seems to have been active in that diocese: *HMCR Wells* i 27 no. lxxviii, 43 no. cxxxvii, 68 no. ccxxv, 69 no. ccxxxvii. Cf. *EEA* X 219.

[31] The surname 'd'Alençon' seems to be a confusion with the archdn of Lisieux, King Richard I's clerk: Round *CDF* 14 no. 54, cf. 17 no. 63, 103 no. 308. Rose-Troup, *The Consecration* 18 n. 47. The archdn of Exeter may well be Bp John's nephew and even a Basset. See also *EEA* III no. 414n.; *Cal. Pap.* i 2, Cheney and Cheney no. 32 (22 June 1198). His vice-archdn was Mr. William de Axmouth: Round, *CDF* 16 no. 60.

[32] Hugh de Melewer', without a title, heads a witness list on 17 Apr. 1204: above, no. 201B. For Henry and his successors see also A. L. Browne, 'The tenants of the Exeter archdeaconry in the thirteenth century', *TDA* 75 (1943) 101–20. His archdn Bonus of n. 43 is, however, a misreading of the ms. butressed by B(artholomew)s. Henry, according to Oliver, was *de Molesiis* and died in 1221. The obit for 18 Kal. May, 1221, seems to read, however, 'Henricus de Meluis Exon. archidiaconus et canonicus'. Henry de Melhuish (Barton in Tedburn St Mary) (*Melewis*) witnesses as canon before 1184 (no. 183n.) and in 1202 (nos. 183, 193, cf. 206); see also *HMCR var. collect.* iv 54–5, 58–9. H. archdn witnesses in 1204 (nos. 187, 191), 1205 (no. 206) and occurs on 29 May, and 5 and 12 June 1219 (no. 225). As one of the judges-delegate of the papal legate Pandulf, he made in 1220–1 a composition between Buckfast abbey and the hospital of St Alexius, Exeter: Exeter DRO MS. ED/M/28.

[33] He occurs in Michaelmas term 1225: *CRR* xii 1352, and (with William his official) in 1227: ibid. xiii nos. 335, 368. See also above, no. 268. He was the recipient of a grant of land on 24 June 1240: D. & C. MS. V/C 3381, and made a grant to the Vicars Choral: ibid. V/C 3375. It is possible that he was either Mr Bartholomew physician or Bartholomew nephew of the late archdn of Cornwall (Walter fitzDrogo) who witness together in 1221 × 3: as shown below n. 39.

[34] Davidson, 'On some further ancient documents', 256 no. xx; *Courtenay cartulary* no. 65; Paris, BN MS. L. 5441 pt 3 (Marmoutier) 145.

APPENDIX 2

ARCHDEACONS OF TOTNES

Ernald,[34a] occ. 1129 – 14 March 1136 × 7 † ‡ (Mar.) (nos. 15, 18, 22n.)
Hugh d'Eu (*de Auco*)?1137–23 May 1162[35] ‡ (May) (nos. 23, 29, 32–3, 40–2, 49–50, 53, 64, 75, 87; cf. 32)
Baldwin, Mr, occ. ?1162 – *p.* 29 Sept. 1169 (monk at Forde, abbot *a.* 1175; bp Worcester 1180–4/5; archbp Canterbury 1184/5–90) (nos. 82, 104, 116, ?122, 128)
Robert fitzGille, Mr, *c.* 1170–Jan. 1186[36] ‡ (Jan.) (nos. 94–9, 101, 106, 111, 118, 134)
William, occ. ?1186 × 90 (no. 158)
Bernard, occ. 28 July 1188 – 3 June 1190 † (no. 160)
Gilbert Basset, [37]1190 – 1207 (no. 147)
John de Bridport, [38] 1207
Walter de Gray, [38] 10 May 1207–7 Feb. 1214
William, provost of Saint-Omer, [38] 7 Feb. 1214–*a.* 12 June 1219
Serlo, occ. 12 June 1219 – *c.* 1221 (?to Exeter) (no. 225(3))
John of Kent, *c.* 1221 – *a.* 1223, 2 Dec. † [39]

[34a] Ernald archdn witnesses after Clarembald *medicus* and before Edmund de Cuhic, Vivian the treasurer, Mr Odo, Nigel de Plinthon', William de Warelwast and Malger *dapifer*, as a member of Bp William de Warelwast's court at Exeter: J. H. Round, 'Bernard the King's Scribe', *EHR* 14 (1899) 421.

[35] Occ. also 18 Oct. 1143: *HMCR var. collect.* iv 45. Obit in *Ann. Plympton* 30.

[36] At Michaelmas 1186 the royal custodians of the vacant bishopric accounted for £6 18d., the profits of the archdeaconry while it was in the king's hand, and for 20s. paid to the canons of Plympton from the prebend of the late Walter Chantemesse, 'de termino quo archidiaconatus Toton' fuit in manu regis': *PR 32 Hen. II* 157–8. Walter died on 23 Dec. (?1185). If archdeaconries were farmed for £10 *p.a.* (cf. below, n. 44). £6 18s. represents roughly two-thirds of a year, which would confirm Jan. (1186) for Robert's death. As £4 was due to Plymouth from Canon Walter's prebend (no. 166), £1 represents a quarter. Since Walter died on 23 Dec. (?1185) three quarterly payments would have been due by Michaelmas. It, therefore, looks as though liability was divided between the archdeaconries. For Robert see F. Barlow, 'John of Salisbury and his brothers', *Journ. of Eccles. Hist.* 46 (1995) 95–109.

[37] Bp John's nephew.

[38] The situation *sede vacante* (1 Nov. 1206 – 13 Apr. 1214) is confused. On 10 May 1207 King John nominated his chancellor, Walter de Gray, to the archdeaconry and prebend (*Rot. Litt. Pat.* 71b), but on 7 Aug. he confirmed his beloved and trusty clerk, John de Bridport, in the archdeaconry and granted Gilbert Basset's prebend to Walter de Gray (ibid. 75). Nevertheless, on 7 Feb. 1214 he granted the archdeaconry and the churches of St Probus and Buryan to William provost of Saint-Omer on the promotion of Walter to the bishopric of Worcester (ibid. 111).

[39] Three city deeds (DRO ED/M/12–14) of Walter and Paulina Sonka are witnessed by John of Kent archdn of Totnes. They can be dated by the witness of Serlo archdn of Exeter (*c.* 1221 – Dec. 1225) and Simon of Cornwall (?1216–?1225). It would therefore seem that John, previously Bp Simon's official, was for a short time Serlo's successor at Totnes.

Bartholomew, occ. *a.* 1223 – ?1225 [40] (?to Exeter) (nos. 225, 248, 283, 292)
Isaac, Mr, *[41] occ. *c.* Dec. 1225 (no. 247) – ?res. 1226; 11 Feb. 1228 × 9 † (no. 299 n.)
Roger de Winkleigh, occ. 6 July 1226, 28 May 1227 – ?1231 (dean) (nos. 251, 263, 284; cf. 250)
Thomas the Butler (*le Boteler, Pincerna*)*, [42] ?1231, occ. 1236, ?1241, 1242, 12 July 1249 – *c.* 1254 (nos. 237, 241–2, 252, 259, 313, 315)
John, *c.* 1254 – 19 Feb. 1259 × 60 †

ARCHDEACONS OF BARNSTAPLE

Odo, occ. 1127 – 20 Sept. 1136 † ‡ (Sept.) (nos. 15, 17–18, 22n.)
Ralf fitzGoscelin (?*medicus*), occ. *a.* 1142, 18 Oct. 1143 – 26 Feb. 1154 × 5 † (nos. 32, ?34, 42, 50; cf. 15)
William de Cucufeld, Mr, 1155 – ?res. *a.* 1173; [43] 29 Dec. 1182 † (nos. ?54, 60, 75, 101, 116; cf. 78)
Roger, Mr, occ. 28 July 1177 – *p.* Michaelmas 1187[44] ‡ (July) (nos. 95–8, 111, 118, 124, 134, 148, 158, 166–7)
Thomas, occ. 1188 × 91, ?1203[45] (nos. 149, 170)
John, [46] occ. Trinity 1206, 12 July 1207, 15 Sept. 1208; died *a.* 25 Sept. 1208
Ralf de Wherwell (royal appointment, *sede vacante*), 31 Sept. 1208, [47] occ. 30

---

[40] Occurs in Michaelmas term 1225: *CRR* xii 1352.
[41] His obit was a model and he was specially remembered for having bought land outside the East Gate which he gave to the cathedral for finding lights on the feast of St Nicholas: *Ordinale Exoniense* ii 545. As his successor overlaps him, he may have resigned before his death.
[42] See also *Courtenay cartulary* no. 133. He must have resigned his office for he made his will on 1 Nov. 1263 and a codicil on 6 Jan. 1264: Exeter D. & C. ms. 3672, p. 339.
[43] In no. 78, to be dated 1171 × *a.* Apr. 1173, William, like John of Salisbury, witnesses without a title. Although this is not conclusive for William, it suggests that he had retired from office.
[44] Roger also occurs as a witness in *Launceston priory cartulary* no. 432. At Michaelmas 1185 the royal custodians of the vacant bishopric reported that Archdn Roger owed £10 for the profits of the archdeaconry for the whole year, and at Michaelmas 1186 they answered for £7 10s. from the archdeaconry for three-quarters of a year (their term of office): *PR 31 Hen.II* 203; *32 Hen.II* 157. He was still alive at Michaelmas 1187: *33 Hen.II* 147. Since he occurs in the list of kalendar brethren under July it is strange that he cannot be identified in the *Martyrologium*.
[45] According to Oliver, *Lives*, it was another Thomas who witnessed a deed of King John in 1203.
[46] *CRR* iv 198. *Rot. Litt. Pat.* 74, 86b. *Sede vacante* he instituted W. (hitherto unrecorded) abbot and the convent of Torre to the church of Shebbear on the presentation of the king. His successor, R., confirmed the institution: Torre abbey cartulary, PRO, E 164/19 fo. 57v. Cf. also above no. 223 n.
[47] *Rot. Litt. Pat.* 86b. On 25 Sept. the king granted John's prebend to Richard Marsh, clerk in his chamber (ibid.), and on 28 Oct. his church of Bampton (Oxon) to William de Ralegh (ibid. 93b).

Sept. 1209, Apr.–June 1219, 1224 × 6 (nos. 225, 227n., cf. 247 n.), 31 Dec. 1231 (no. 270)

?Eustace *, [48] ?–17 Dec. 1231 † (no. 299n.)

Walter de Pembroke*, [49] occ. ?1241, 1243 – 11 June 1263 (to Totnes) (nos. 237, 259)

ARCHDEACONS OF CORNWALL

William d'Eu (*de Auco*), [50] occ. c. 1128 – 1150 † ‡ (Feb.) (nos. 15, 17A, 18, 22n., 23, 27A, 40–2, 50)

Alfred (*Aluredus*), [51] *a*. 12 Aug. 1150, occ. 1155, 1156; 17 Aug. † ‡ (Aug.) (nos. 29, ?32, 34, 64)

Peter, [52] *p*. 1157 – 7 Sept. 1171 † (nos. 60, 66, 73, 87; cf. 63 n.)

Bartholomew, [53] ?1171 – 25 June 1177 † (nos. 101, 133)

Walter fitzDrogo, [53a] ?1177 – 23 June 1216 † (nos. 95–7, 111, 144, 146, 148–9, 153, 158, 165, 168, 174, 187, 189, 191, 206)

---

[48] The Exeter Ordinal, in connection with the ringing of bells on the deaths and anniversaries of cathedral dignitaries, states, 'ut rex Athelstanus, decanus Serlo, archidiaconi Simon, Ysaac, Eustachius et alii, secundum quod in Martyrologio continetur': *Ordinale Exoniense* ii 537. In the *Martyrologium*, with the date 17 Dec. 1231, appears an only partly legible entry: 'Eustach' . . . presbiter . . . [ca]nonicus Exon', [pro] quo fiet solempne servicium dup' obitus (?)'. Also, in a list of donors of vestments (*Ordinale* 546) a Eustace is listed immediately before Mr Walter Pembroke archdn. And, indeed, this seems to be the only slot into which Eustace can be fitted, although it is awkward that Ralf witnesses as archdn on 31 Dec. 1231 (no. 270). It would appear that in Dec. 1225 the archdn was unavailable or the office vacant (no. 247), and in 1225 × 7/8 Mr Eustace occurs as a witness without a title (no. 299n.). Thus evidence for his ever having been an archdn is shaky. William, his vicar (?choral), witnesses a composition made in Bp Simon's court (no. 225 (4)).

[49] In 1249 Mr John (Rof) archdn of Cornwall granted a tenement to Mr Walter de Penbroke archdn of Barnstaple. Among the witnesses is Roger de Penbroke: DRO Mun. Book 53A fo. 28r. An entry in Matthew Hutton's Notebook (BL ms. Harley 6974) fo. 29v and Bodl. ms. Tanner 342 fo. 177v, reads: 'Capitulum Exon' de cantu pro anima magistri Walteri de Penbrok' archidiaconi de Totton' et anniversario eius celebrando in ecclesia cathedrali Exon' 13 kal. Nov. [20 Oct.] – p. 31.' The date is given as 20 Nov. in obituraries E¹, H.

[50] Obit *s.a.* 1150: *Ann. Plympton.* 29. King Stephen issued a writ, 'concedentis Willelmo archidiacono terras et quasdam possessiones', *Reg. Bronescombe* 290 (fo. 134v). He occurs also on 18 Oct. 1143: *HMCR var. collect.* iv 45.

[51] He witnessed a chapter grant of a tenement in St Martin's Lane to his nephew Jordan in 1155: Exeter DRO ED/M/3.

[52] Bishop Robert II's brother.

[53] Morey, *Bartholomew* 121, states, without a reference, that he was one of Bp Robert I's numerous nephews and that he was mostly an absentee. It was, however, Robert II who had the large carnal family. Rose-Troup, *The Consecration* 27, thought that Bartholomew was probably a nephew of Bp William I. A Bartholomew nephew of Bp William was a kalendar brother (June): Orme, 'Kalendar Brethren' 162.

[53a] In 1201 he and his brother William were involved in cases in the king's court at Launceston: *Pleas before the king or his justices 1198–1202*, ed. D. M. Stenton (Seldon Soc. 68, 1952), ii, nos. 149, 560.

Simon, [54] ?1216 – ?1225; 11 (10 VC) July †
Martin, [55] occ. 22, 29 Sept. 1226, 25 Feb., 28 May 1227 (nos. 249n., 250–1)
John Rof*, Mr, occ. ?*p.* 1239, 12 July 1249 [56] *p.* 13 Aug. 1252 (dean) (nos. 237, 242)
Geoffrey de Bismario, *p.* 13 Aug. 1252; resigned *a.* 3 Apr. 1264 [57]

SUB/VICE-ARCHDEACONS

Alfred, occ. *c.* 1133, ?1148 (later Cornwall) (no. 15)
Ralf de Leu, occ. *c.* 1133 (no. 15)
William de Cucufeld, Mr, occ. 1146 (later Barnstaple) (no. 33)
Ralf (Exeter), occ. *c.* 1161 – *c.* 1187 (nos. 95, 97, 158); (Cornwall), occ. 1171 (no. 140)
John (Cornwall), occ. *c.* 1171 – 84 (no. 97)
Yvo, *c.* 1170 – 85 (Morey, *Bartholomew* 123)
William de Axmouth, occ. *c.* 1190 (Round *CDF* 16 no. 60)
Robert (Cornwall), occ. late 12th century (*Launceston priory cartulary* no. 96)

ARCHDEACONS' OFFICIALS

William de Coryton, Mr (Bartholomew of Exeter), occ. 1227, [58] 1239 × 44 (nos. 237, cf. 255, 259)
Henry, Mr (Cornwall), occ. early 13th century (*Launceston priory cartulary* nos. 497, 501)
John, Mr (Cornwall), occ. early 13th century (ibid. no. 343, above nos. 170n., 269)

---

[54] Bp Simon's nephew: *HMCR var. collect.* iv 64, nos. 295–6.
[55] Possibly Martin Prodom* and/or the bp's official of 1224 × 5.
[56] Mr I. archdn of Cornwall, together with Mr R(oger) archdn of Exeter and G. de Bisiman, was appointed proctor for a meeting at Crediton on 24 July by Thomas archdn of Totnes: Davidson, 'On some further ancient documents' 256 no. xx. John Rof gave a pair of silver basins (*pelves*) to the cathedral: Oliver, *Lives* 310.
[57] Collation of Robert de Tefford vice Geoffrey, 3 Apr. 1264: *Reg. Bronescombe* fo. 30r. On Geoffrey's resignation of the archdeaconry and his prebend in Crantock (fo. 27v), he was collated to a prebend in Bosham (fo. 30r); on resigning this, he was collated to the precentorship of Crediton (fo. 32r), and on 20 Nov. 1264 at Crediton the bp gave him *caritatis intuitu* 20 M. annually from his chamber until he should provide him with another benefice without cure of souls of an equal value (fo. 32v). Oliver, *Lives* 288 lists as John's successors Jordan and Galfrid, both de Bismario. A William de Bismario jun., however, was archdn at some time. For this clan, see above, pp. lxxi–lxxii.
[58] He acted with the archdn and Mr Richard Blund, 'chancellor of Exeter and the bp's official', in taxing the vicarage of Cadbury: *Reg. Bronescombe* 6–7. Cf. also DRO Mun.Bk 53A fo. 21v.

BISHOPS' OFFICIALS (-PRINCIPAL)

John of Kent, Mr, [59] occ. 1216, 1219; 2 Dec. †; subd. and can. 1 Dec, VC, (nos. 219, 225)
Martin, Mr, [60] occ. 1224 × 5 (nos. 283, 292)
John de St Goran, Mr, occ. 1 Apr. 1236 (no. 315(3))
Walter de Pembroke, Mr, occ. 26 Sept. 1238 [61] (later archdeacon of Barnstaple)
Richard Blund, Mr, (also chancellor), occ. *a.* 1245 [62] (bp 22 Oct 1245)
John fitzRobert, occ. 1257 [63]

CUSTOS ?OPERIS

Alfred, occ. 1177 × 84, 1184 × 6, 1186 × 91 (‡ Apr.) (nos. 95, 97, 146, 148; cf. 153, 187, 189, 191)

OTHER CANONS

This list is of canons who witness episcopal acta or whose obits are recorded in the Exeter martyrologies or elsewhere, with an A.D. date. The order is roughly chronological, based on their earliest appearance as a witness.

BISHOP OSBERN (APR. 1072–1103)

Lambert, pr. 18 May 1083†
Brihtric, pr. 16 Feb. 1083 × 4†
Ælric Scott, pr. 6 Mar. 1090 × 1†
Godric, pr. 19 Dec. 1091†
Odmar, 8 Apr. 1092†
Robert, diac. 24 July 1094†
Harald, pr. 20 May 1095†
Restold, pr. 28 June 1095†
Richard, 6 Aug. 1096†
Algar, pr. 25 Feb. 1097 × 8†
Clarembald, physician, occ. 1099 × 1100; d. *a.* 2 July 1133 (no. 22)[63a]

---

[59] He put his seal, as Bp Simon's official, to a composition made between Buckfast abbey and the hospital of St Alexius at Exeter by Archdn Henry of Exeter as judge-delegate of the papal legate Pandulf: Exeter DRO Misc. deeds ED/M/28, dateable by the mayor and provosts.
[60] Cf. above n. 55.
[61] *Canonsleigh cartulary* no. 142.
[62] Above, n. 58.
[63] Above, p. lxxix.
[63a] Hildebert of Lavardin, *Letters*, MPL clxxi, ep. iii, coll. 284–5; Barlow, *William Rufus* (1983, 1990), 404–6, 411–13.

Alfricus, pr. 9 Dec. 1103†

BISHOP WILLIAM I (11 AUG. 1107–27 SEPT. 1137)

Fridricus, pr. 22 Apr. 1108†
Ailwaerd, diac. 10 Feb. 1111 × 12†
Godo, pr. 20 Apr. 1112†
Edw', pr. 16 May 1114†
Hurbertus (?), pr. 13 May 1117†
Alwin, pr. 6 Apr. 1122†
Godwin, occ. 1113 × 19 (12); pr. 6 Apr. 1122†
Robert Araz, diac. 12 Apr. 1123†
Gerald, diac. 18 Apr. 1125†
Edmar, pr. 18 Apr. 1127†
Hugh of Orbec, occ. 1127 (17), 1133 (22n.)
Leofwine*, Mr., occ. 1127 (17), 1133 (15, 22n.); pr. Jan ‡ [64]
Ralf medicus, ?fitzGoscelin, occ. 1133 (15, 22n.), ?1146 archdn of Barnstaple (33)
Robert albus/blundus/le Blond, occ. 1127 (17), 1133 (22n.), 1150 × 5 (34)
Walter fitzGoscelin, occ. 1127 (17), 1133 (15, 22n.), 18 Oct. 1143 (HMCR vc iv 45–6), ?1161 × 2 (87); pr. 22 Aug. 1164† [65]
William fitzTheobald, occ. 1127 (17); diac. 11 June 1138†
William of Lorraine, occ. 1127 (17), 1133 (15, 22n.)
Theodoric, occ. c. 1128 (17A)
Vivian, subdiac. 7 Apr. 1129†; ?treasurer
Alfred, occ. 1133 (22n.), 1149(50); ?diac. 17 Aug.†
Aszo, pr. occ. 1133 (22n.)
Hugh, occ. 1133 (22n.); 26 June†
Bartholomew, occ. 1133 (22n.), ?1150 (29); ?diac. 16 Sept. 1139†
?Edmar de Cuic, occ. ?1133 (22n.) 1137 × 8 (23)
Geoffrey de St Lô, occ. 1133 (15, 22n.), ?1138 × 42 (42)
Godefrid, occ. 1133 (22n.), 1143 (33n.); subdiac. 19 Dec. 1133†
Godfrey de Mandeville, pr. occ. 1127 (17), 1133 (22 and n.), 1150 (34); pr. 28 Sept. 1150†
Osbert capellanus, occ. 1133 (15, 22n.); cf. 1113 × 19 (12)
Philip de Fourneaux, occ. 1133 (15, 22n.), 1141 × 50 (*CDF* no. 1276), 1146 (33),

---

[64] *Exeter Book* fo. 2d.
[65] Cf. Ralf fitzGoscelin (*medicus*), archdn of Barnstaple.

1157 (*Redvers family charters*, no. 46), 1158 × 60 (60), 1161 (84), ?1161 × 2 (87); 28 Mar. 1164† ⁶⁶

Ralf (fitz)Vitalis, occ. 1133 (15, 22n.)

Walter fitzRestold, occ. 1133 (22n.), 1150 × 5 (34)

William, pr. 6 Sept. 1137†

SEDE VACANTE (27 SEPT. 1137–18 DEC. 1138)

William fitzTheobald, diac. 11 June 1138†

BISHOP ROBERT I (18 DEC. 1138–28 MAR. 1155)

Walter Long, occ. 1141 × 50 (*CDF* no. 1276), 1157 (*Redvers family charters*, no. 46).

Richard de Wance, occ. 1143 (49), 1150 × 5 (34); diac. 14 Apr. 1158†

Richard fitzReinfred, Mr, occ. 1143 (49), 1141 × 50 (*CDF* no. 1276), 1149 (50), 1155 (Oliver, *Lives* 17–18n.), c. 1156 (*HMCR Wells* i 20), 1157 (*Redvers family charters*, no. 46), 1159 (ibid. no. 47), 1161 (84), ?1161 × 2 (87, 122), ?1164 (82); diac. 1 Mar. 1160 × 1† ⁶⁷

---

⁶⁶ The composition and descent of the West-Country landed family of de Fourneaux (*de Forneaus, Fornels, Fornellis*) is uncertain. In 1130 Geoffrey, a member of Baldwin de Reviers' court, was sheriff of Devon and Cornwall (*PR 31 Hen.I* 152). Alan, who in 1166 held small fiefs in Devonshire of the bp, Robert fitzRoy and William de Tracy (above, no. 110), was a royal justice from c.1165 to c.1183 (Eyton, pasim; cf. above no. 96, John of Salisbury, *Letters* i no. 119 p. 196). He made a gift to St Nicholas's priory for the salvation of the souls of his lords Baldwin and Richard de Reviers (BL Cotton MS. Vit. D ix fo. 43r). A Philip de Fourneaux, probably a layman, and possibly Geoffrey's son of that name, occurs in 1150 × 61 in conflict with the church of Wells (Saltman, *Theobald* no. 274). There were at least three Exeter canons with the surname. Philip occurs in 1133 (no. 15) and he, or a namesake, occurs in 1161 × 2 (no. 87) and died on 28 Mar. 1164. Rose-Troup, *The Consecration* 29, suggested that the canon Philip was the brother, and the layman Philip the son, of Alan the royal judge. Alan (cf. no. 96), deacon and canon, died on 12 Dec. 1226; and Robert, priest and canon (cf. no. 87), died on 12 Sept. in an unknown year. Also, Richard, priest, died in Aug. and a Roger de Fourneaux, choral clerk, occurs on 1 Mar. 1159 × 60 (*HMCR var. collect.* iv 49). Moreover, in the list of kalendar brethren the obit of a Geoffrey Furnell, not necessarily the sheriff, is listed under Feb., and of Atelina mother of Alan under June.

⁶⁷ Richard was active under Bp Robert I and see also *HMCR Wells* i 20 no. liii (?1156). A Richard fitzRenif' and a Richard Reinn' witness an Exeter comital charter dated 1159: *Redvers family charters* no. 47. And he was still alive during the inter-regnum after Robert II's death (1160 × 1): John of Salisbury, *Letters* no. 118 p. 195, no. 133 p. 244; but the date of his death given here, and supported by the kalendar brethren's 'March', means that he died before Bartholomew's consecration. Nevertheless, he appears as witness to four of Bartholomew's acta (nos. 82, 84, 87, 122), the first dated 1164, the second 1161. Although some of them have other problematical features, it does not seem that the 1160 × 1 date for Richard's death is indisputable. Richard's father Reinfred (who died in June ‡) founded a dynasty. He had at least three other sons: Philip fitzReinfred († subd. can. 10 July 1173); ?Ralf Remfredus (‡ July); and Anger fitzRemfrey (‡ May). Richard had at least three sons: Peter (active under Bps Bartholomew and John: DRO Mun Bk 53A fo. 3r, above nos. 96, 99, 106–7, 118, ?149, ?167; Peter Reimfrei, diac. can. ‡ Oct.); Thomas (occ. 1186 × 91: no. 153); and Philip (no. 118, 153 n.; ?‡ can. July). Ralf fitzPeter (‡ Aug.) may be the son of the first of these.

FASTI 315

Richard Peche (Peccator), occ. 1143 (49), 1155 × 8 (58), ?1158 × 60 (73), ?1161 × 2 (87), 1168 (104)
John Paz, Mr, occ. 1143 (33n.), 1146 (33), 1141 × 50, (*CDF* no. 1276), 1150 (34), 1155 (Oliver, *Lives* 17–18n.), *c.* 1156 (*HMCR Wells* i 20), 1158 × 60 (60), ?1161 × 2 (87), 1162 × ?70 (122, 128), 1164 (82)
?W. de Cuhic, occ. 1149 (50)
Benedict, Mr, occ. 1149 (50)
Peter, occ. 1149 (50), 1155 × 8 (58), ?1177 × 84 (95, 97); see also Mr Peter de Mandeville, Peter fitzRichard, Mr Peter Pichot [68]
Brictius, occ. 1149 (50); cf. 1138 × 42 (42), 1143 (49)
Osbert fitzAlgar, occ. 1150 (34)
Ralf de Leg', occ. 1150 (34)
Richard fitzCanc', occ. 1150 (34)
Roger (fitzChaplain), rector of Sidbury, occ. ?1143 (33n.), 1150 (34), 1155 × 8 (58), ?1161 × 2 (87), 1162 × 70 (128); pr. 27 Feb.†
Walter, diac. (and Theophania, his sister), Mr Walter, occ. 1155 (Oliver, *Lives* 17–18n.), *c.* 1156 (*HMCR Wells* i 20); 1 Aug. 1153†

BISHOP ROBERT II (5 JUNE 1155 – 1160)

Tubert, occ. 1155 × 8 (58); Tubertin, pr. 11 May†
William Malet, occ. 1155 (Oliver, *Lives* 17–18 n.), 1168 (104)
Richard of Salisbury, occ. *c.* 1156 (*HMCR Wells* i 20), ?1161 × 2 (87)
Robert de Hanc (Aunck), Mr, occ. *c.* 1156 (*HMCR Wells* i 20), ?1161 × 2 (87), ?1164 (82), 1162 × 70 (122, 128), 1167 × 78 (107), 1168 (104), 1169 (116). 1170 × 84 (99, 134), *c.*1171 (94), 1171 × 3 (101), 1171 × 84 (106), 1173 (141), 1173 × 6, (139), 1173 × 84 (118), 1176 × 7 (133), 1177 × 84 (95–8), 1186 × 90 (146), 1186 × 91 (149, 153), 1194 × 1206 (189)
Gervase, occ. *c.*1156 (*HMCR Wells* i 20), 1168 (104); diac. 26 Mar. 1171†
Baldwin, Mr. (?of Crediton), occ. 1155 (Oliver, *Lives* 17–18 n.), *c.*1156 (*HMCR Wells* i 20), 1158 × 60 (60, cf. 66, 73); cf. 1155 × 60 (74), 1177 × 84 (95, 97)[69]
Baldwin fitzWilliam, occ. *c.* 1156 (*HMCR Wells* i 20)
Richard de Dunstanvill, occ. 1157 (*Redvers family charters*, no. 46), 1159 (ibid. no. 47), 1158 × 60 (below, no. 60),
Ranulf, Mr, occ. 1158 × 60 (60, cf. 66, 73); cf. 1155 × 8 (64, 68), 1155 × 60 (74), 1159 (65)
Peter (bp's brother), occ. 1155 × 8 (64, 68, 75; cf. 58); archdn of Cornwall, *p.* 1157
Thomas, occ. 1158 × ?60 (60); Thomas fitzRichard, occ. 1168 (104), 1177 × 84 (96)
Gilbert, canon regular, occ. 1158 × 60 (60)
Humphry, occ. 1158 × 60 (73)

BISHOP BARTHOLOMEW (1161 – 14 DEC. 1184)

Baldwin of Winchester, occ. ?1161 × 2 (87); diac. 7 Apr. 1169†
Baldwin fitzHugh, occ. ?1161 × 2 (87); cf. 14 Aug. 1159 (*Redvers family charters*, no. 47); ?archdn of Totnes, 1162

---

[68] See above p. lxvii n. 41.
[69] This may be a composite figure.

Baldwin Lambrict, occ. ?1161 × 2 (87), 1168 (104), 1169 (116), ?1177 × 84 (97)
Robert de Fourneaux, occ. ?1161 × 2 (87); pr. 12 Sept.† [66]
Robert fitzGille, Mr, occ. ?1161 × 2 (87), 1164 (82), 1162 × 70 (122, 128), 1168 (104), 1169 (116); archdn of Totnes, c. 1170
Roger de Bagtor, Mr, occ. ?1161 × 2 (87), 1162 × 70 (122), 1168 (104), 1169 (116), 1171 (140), 1171 × 84 (106), 1173 (141)
?Algar, Mr, (?schoolmaster), oc. 1160 (*HMCR vc* iv 49), ?1161 × 2 (87)
?Richard of Flanders, occ. 1162 × 70 (82, 122, 128)
Peter fitzRichard (?fitzReinfred), [67] occ. 1167–78 (107), 1170 × 84 (99, 134), 1186 × 91 (149); cf. 1171 × 84 (106), 1173 × 84 (118), 1176 × 7 (133), 1177 × 84 (96)
?Geoffrey of Exeter, occ. 1167 × 78 (107), 1170 × 84 (99, 134), 1171 (140), 1171 × 84 (106), 1173 × 6 (139), 1177 × 84 (98)
William de Salsomari, occ. 1168 (104), 1169 (116)
Baldwin fitzAubrey, Mr, occ. 1168 (104), 1169 (116), 1177 × 84 (96)
Theobald fitzRoger, occ. 1168 (104)
?Payn capellanus, occ. 1170 × 84 (99), 1177 × 84 (96), 1186 × 91 (149)
Robert de Buketon, occ. 1170 × 84 (99, 134) 1171 × 84 (106), 1177 × 84 (98)
Thurstan, occ. 1170 × 84 (99), 1171 × 84 (106), 1173 (141), 1186 × 91 (149, 153), 1194 × 1206 (189)
Bartholomew (bro. of Arnulf), occ. 1170 × 84 (99), 1171 × 3 (101), 1171 × 84 (106)
Arnulf (bro. of Bartholomew), occ. 1170 × 84 (99), 1171 × 3 (101), 1177 × 84 (96)
Peter de Mandeville, Mr, occ. c. 1170 × 84 (134), 1171 (130); cf. 1171 × 84 (106), 1173 × 6 (139), 1173 × 84 (118), 1177 × 84 (96–8)
?Roger de Ottery, occ. c. 1170 × 84 (134)
?Ralf, Mr, occ. 1168 × ?70 (60), 1171 (94)
?John of Salisbury, Mr, occ. 1171 (no. 130); treasurer 1173
Genald de Melhuish, occ. 1171 × 84 (106)
Philip fitzReinfred, subd. 10 July 1173† July ‡[67]
W. Giffart, pr. 15 June 1174†
William of Chichester, diac. 14 Mar. 1174 × 5 † [70]
Peter Pichot, Mr, occ. 1177 × 84 (95–8, 111), 1186 × 91 (149), c. 1186 (167), 1186/7 × 91 (149), 1190 × 1 (147); also 153, 180 (2)
Serlo, occ. 1177 × 84 (95–7), 1194 × 1206 (189); ?of Paignton, occ. 1190 × 1 (147, 160); Serlo subd. 17 Sept. †
Osbert (kinsman of Serlo), occ. 1177 × 84 (96)

BISHOP JOHN (5 OCT. 1186–1 JUNE 1191)

Because John's acta are not dated and canons are not identified in the witness-lists, the following list is exceptionally unreliable. It may be thought, however, that most of the more prominent and habitual witnesses, e.g. Mr Reginald Gupil, Mr Miles and William of Axmouth, although occasionally described as episcopal clerks,

---

[70] A man of this name made a gift of books to the cathedral: Oliver, *Lives* 307. Cf. also *HMCR Wells* i 59.

would have been rewarded with prebends in either Exeter or Crediton or both; and they are never differentiated from indubitable canons from the past when these occur. Likewise, the bishop's nephews, Mr John and Gilbert Basset, were presumably canons before appointment to archdeaconries. The others listed have to be treated with more caution. Dates are given here only when significant.

Walter de Chantemesse, pr., 23 Dec. (?1185)†[36]
John, Mr (?Basset), occ. ?1186/7 (144); also 158–9, 168, 178; ?archdn of Exeter c. 1188.
Gilbert Basset, occ. ?1186/7 (144); also 146, 158–60, 166, 168, 170, 174, 178; archdn of Totnes 1190
Reginald Gupil (Wlpe), Mr, occ. c. 1186 (167), 1190 × 1 (147, 160); cf. 1155 × 8 (64); also 144, 146, 148, 153, 158–9, 163–6, 168, 174, 178–9, 180(2)
Miles (of Thorncombe), Mr, c. 1186 (167), ?1186/7 (144), 190 × 1 (147, 160); 1194 × 1206 (189–90, 198), 1195 × 6 (201A), 1204 (191–2), 1205 (206); also 146, 148, 153, 158–9, 163–6, 168, 170–2, 174, 178–9, 180(2); diac., 18 Feb. 1213 × 14†
William of Axmouth, Mr, occ. 1186 × c.8 (158), 190 × 1 (147), 1194 × 1206 (189), 1197 (199); also 148, 159, 171–2, 174, ?178
Hugh de Hillabonna, occ. 1186 × ?8 (158, 168), 1186/7 (144); also 178
Baldwin, Mr (149); Baldwin fitzErc . . ., 29 Dec. 1191†
Robert of London, occ. 1186/7 (144), 1186 × ?8 (158, 168), 1186 × 90 (?159), 1190 × 1 (147)
Henry of London, Mr, occ. 1186 × ?8 (158, 168); also 146, 148, ?159, 174
John persona (146, 165, 174)
Richard Brewer (149, 180(2))
Alan of Fourneaux, occ. 1194 × 1206 (189), 1204 (191); also 149[66]
Henry de Melhuish (153); occ. 1194 × 1203 (189), 1194 × 1204 (193), 1201 × 2 (183); archdn of Exeter c. 1204; 14 Apr. ?1221†
Gregory of York, Mr, occ. 1190 (160); also 153, 163, 170, 179, 180(2)
Stephen of Bosham, 147, 153, ?160, 163–4, 170, 180(2)
John Lambrict, 147, 160, 180(2)
Savaric, (166)
Nicholas of Helston, 147, 153, 163, 170, 179
Adam de Taleton, Mr, occ. 1186/9 × 91 (179), 1190 (160, 163), 1194 × 1204 (190)
Ralf de Hospitali 149
Simon Luvel, archdn of Worcester; diac. 23 Feb. 1189 × 90† [71]

BISHOP HENRY (FEB. × MAR. 1194 – OCT. 1206)

Walter de Linciis*, Mr, occ. 1194 × 8 (216), 1196 (203), 1197 (199), 1194 × 1206 (189)
Hugh de Wilton*, Mr, occ. 1194 × 8 (216), 1199 × 1200 (213), 1201 (212), 1201 × 2 (183), 1202 (208), 1204 (201B, 204), 1194 × 1204 (193, 198), 1194 × 1206 (184), 1205 (206), 1214 × 21 225(4)), 1221 × 3 (1225(5)), 1224 (*HMCR vc* iv

---

[71] *Fasti* ii 105.

65), 1224 × 5 (248), 1225 (above p. lxxiii), 1226 (263), 1231 × 2 (252); archdn of Taunton; 24 Jan†.

?Benedict of York, Mr, occ. 1195 × 6 (201A), 1196 (203), 1197 (199), 1199 × 1200 (213)

Ralf Toton (?Totnes), Mr, occ. 1196 (203)

William of Swindon*, occ. 1196 (203), 1197 (199), 1199 × 1200 (213), 1201 × 2 (183), 1204 (191, 201B, 204), 1194 × 1204 (190, 198, 201C), 1205 (206), 1205 × 6 (207), ?1221 × 3 (225(5)), 1225 (above p. lxxiii); pr. 17 (16 VC) Apr. 1228†

Richard fitzDrogo, occ. 1197 (199), 1204 (191, ?192), 1194 × 1206 (189); subd. 24 Apr. 1211†

Henry of Ealing, occ. 1199 × 1200 (213–14); ac. 20 Sept.†

Serlo, occ. 1199 × 1200 (212–3), 1201 × 2 (183), 1202 (208), 1194 × 1205 (189); ?Serlo of Paignton, occ. 1190 (160), 1190 × 1 (147); ? archdn of Totnes, of Exeter, dean; 21 July 1231†

Roger de Limesy*, occ. 1201 × 2 (183), 1205 (206), 1219 (225(2)), ?1221 × 3 (225(5)), 1224 × 5 (248), 1225 (above p. lxxiii), 1231 × 2 (252); pr., 24 May 1238† (RL)

Henry de Warwick*, Mr. 1202 (208), 1204 (191), 1194 × 1205 (184, 189, 198), 1205 (206), 1219 (225(2, 4)), ?1221 × 3 (225(5)), 1224 × 5 (248), 1225 (above p. lxxiii); chancellor ?1225; 28 Apr. ?1227†

[Ael]ric, Mr. sac. 15 Feb. 1202 × 3

Alfred, Mr, occ. 1194 × 1206 (198), 1204 (191), 1205 (206); ?*custos operis*

Isaac, Mr. occ. 1204 (191–2), 1205 (206), 1219 (225(2–4)), ?1221 × 3 (225(5)), 1224 (*HMCR vc* iv 65), 1224 × 5 (248), 1225 (above p. lxxiii); archdn of Totnes 1225; 11 Feb. 1228 × 9†

Hugh, Mr. occ. 1205 (206); ?26 June†

Roger de Dittesham, Mr. occ. 1194 × 1205 (184, 198), 1205 (206), 1205 × 6 (207), 1219 (225(2)), 1225 (above p. lxxiii); pr., 16 Dec. 12..†

Mark, occ. 1194 × 1205 (189); subd. 30 June†

Richard de Bagtor,[71a] occ. 1194 × 1206 (189); diac. 28 June†

?Roger de Scaccis, occ. 1194 × 1206 (189)

?Walter de Sutton, occ. 1194 × 1206 (189), 1205 (206)

?William of Taunton, occ. 1194 × 1206 (193)

BISHOP SIMON (5 OCT. 1214–9 SEPT. 1223)

Thomas Mauduit*, occ. 1214 × 21 (225(4)), 1225 (above p. lxxiii); subd. 12 Feb. 1232 × 3 † RL[72]

[71a] In 1201 Roger (?of Limesy), canon of Exeter, essoined himself through Geoffrey fitzJordan in an assize of mort d'ancestor between Richard of Bagtor and Richard fitz-Warin: *Pleas before the king or his justices 1198–1202*, ed. D. M. Stenton (Seldon Soc. 68, 1952), ii, no. 128.

[72] Thomas Mauduit witnesses property transactions in Exeter Guildhall involving Daniel de Longchamp and Canonsleigh priory in ?1233–4: *Canonsleigh cartulary* nos. 289–90; Easterling, 'List of civic officials' 473.

Roger Cole, occ. 1221 × 3 (225(5)), 1225 (above p. lxxiii), 1226 (263), 1243 (257), 1244 (*HMCR vc* iv 65)
Eustace*, occ. ?1221 × 3 (225(5)), 1225 (above p. lxxiii); ?archdn of Barnstaple; pr. 17 Dec. 1231†
William de Besignano,[73] occ. ?1221 × 3 (225(5)), 1224 (*HMCR vc* iv 65), 1225 (above, p. lxxiii), 1226 (263)
Geoffrey de Besignano, [73]occ. ?1221 × 3 (225(5)), 1224 (*HMCR vc* iv 65), 1224 × 5 (248), 1225 (above, p. lxxiii), 1226 (263)
Matthew de Besignano, [73] occ. ?1221 × 3 (225(5)), 1226 (263)

BISHOP WILLIAM BREWER (21 APR. 1224–24 NOV. 1244)

Robert de Harenis, Mr, subd. 18 June 1224†
Daniel* de Longchamp, occ. 1224 × 5 (248), 1225 (above, p. lxxiii), 1231 × 2 (252); diac. 10/11 May 1241† [74] A. de (248); S. de (252)
H. Tessun, Mr, occ. 1226 (250)
Roger de Winkleigh, occ. ?1226 (250); archdn of Totnes *a.* 6 July 1226; dean, ?1231; 13/14 Aug. 1252†
John Rof, Mr, occ. 1226 (263), 1231 × 2 (252); archdn of Cornwall, *p.* 1239; dean, *p.* 13 Aug. 1252; 14/15 Nov.†
Martin Prodhom, occ. 1226 × *c.* 1238 (278), 1231 (270), 1231 × 6 (242), 1236 (315(3)), 1242 (241), 1243 (313), 1244 (259); clerk, 1224 × 5 (283), 1224 × 6 (292)
Alan de Fourneaux, diac. 12 Dec. 1226† RL [66]
John de Necton*, occ. 1227 (251); subd. 5 Sept. 1238†
Bartholomew, Mr, (archdn of Winchester), diac. 12 Dec. 1230† [75]
Michael de Buketon, Mr, occ. 1225 × 8 (299n.), 1231 × 2 (252); pr. 29 July ?1235† [76]
Walter de Sancta Cristina, occ. 1226 × 7 or 1231 (278, cf. 268); subd. 30 Dec.† (RL)
Everard, occ. 1231 × 2 (252), 1233 (228)
Adam (?Aaron), occ. 1215 × 23 (217B), ?1231 × 2 (252), 1243 (257, 313)
William de Arundel, occ. 1233 (228), 1236 (315(2)); pr. 27 Apr. 1246†
William de Germun, subd. 1 Apr. 1240†
William de Molendinis, treasurer ?1241 (237); clerk, *c.* 1226 × *c.* 1238 (278), 1233 (228)
Roger de Toriz, occ. 1242 (241), 1244 (259); archdn of Exeter; dean 1269

---

[73] For the Besignano family, see above pp. lxxi–lxxii
[74] In 1227 × 8 he bought a rent-charge from a property outside West Gate, Exeter, and in 1230 × 1 rent-charges from property outside South Gate, all of which he conveyed to Canonsleigh priory in 1223 × 6: *Canonsleigh cartulary* nos. 199–200, 188–190.
[75] *Fasti* ii 93. A nephew of Peter des Roches bp of Winchester, he was also a prebendary of London and a canon of Salisbury.
[76] See above no. 150 n. In 1227 he and other kin of Serlo, 'Collector of Devon', renounced all rights they claimed in the Salisbury prebend of Teignton: *Register of St Osmund* i 382, ii 79.

Manesser fitzMath', occ. 1243 (257)
Peter Wimund, occ. 1243 (257) [77]
Walter Capell', seneschal, occ. 1243 (257)
Thomas Capell', occ. 1243 (257)
John de St Goran*, occ. 1244 (259); cf. 1227 (251), 1236, official (315(3)); pr. 30/31 Aug. 1253† RL
Henry de Cirencester ?*, occ. 1244 (259); pr. 16 June† (RL)[78]
William de Wolveston*, occ. 1244 (259); pr. 2 (1VC) Sept. 1248†
John de Beauvais, diac. 2 June 1245†

BISHOP RICHARD BLUND (22 OCT. 1245–23/6 DEC. 1257)

Robert de Courtenay*, 27 Dec. 1257† RL

This list is of canons whose obits are entered in *Martyrologium Exoniense* without an A.D. date and do not seem to have witnessed an actum. They are given in alphabetical order of first name.

Adam de Belstede, subd., 6 Dec.
Ælward, diac., 10 Feb.
Alfred (Alured), diac., 17 Aug.
Algar, diac., 8 Sept.
Almaer, pr., 11 May
Alwin, diac., 2 Mar.
Baldwin fitzTheobald, 14 Apr. ?‡ (Apr.)
Constantine, diac., 5 Apr.
Constantine (?de Mildehall), Mr, diac., 15 Apr.
Durand, diac., 8 Oct.
Gilbert de Struguil, diac., 5 May
Gilbert de Tydnig, pr., 15 Apr.
Henry, ac., 4 Aug.
Henry de Kylkeni, pr., 5 Mar.[79]
Hugh de Pera, subd., 16 June
Hugh des Roches (Rupibus), subd., 9 Oct.
James de Siccavilla, 22 Aug.
John, ac., 18 Dec.
John (?), subd., 23 Apr.
John de Hallesworth, pr., 2 Mar.‡ Mr Ioh. de Hallesworthi (Feb.)
John de Lamford, ac., 5 Apr.
John Lumbard, subd., 23 Aug.

[77] See above p. lxxvi n. 65.
[78] He resigned the precentorship of Crediton on 13 June 1264; his successor was William de S. Martino: *Reg. Bronescombe* 128.
[79] Mr. I. de Kilkenny occurs as rector of St Winnow in Cornwall in 1238: above no. 255. Andrew de Kilkenny was dean of Exeter 1281–1302; William de Kilkenny died on 9 May: E¹, H.

Landulph (?), 13 June 1 . . .
Laurence, subd., 5 July (RL)
Martin de Lytelbiri, pr., 8 Sept.
Osbert, diac., 23 Mar. 12 . . ?‡ de Rouen (Mar.)
Reginald Arcevesk, subd., 19 May. [80]
Reimund de Aqua, 10 July ‡ (July)
Richard, pr., 8 Aug.
Robert de Chichester, ac., 13 Apr.
Ruffinus (?), subd., 23 Apr.
Simon, ac., 10 Aug.
Simon, ac., 24 Aug.
Simon de Cohenik (?), diac., 16 Mar.
Simon de Sutwille, diac., 27 Mar.
Thomas de Derteforde, pr., 9 Oct.
Thomas de Knolle, Mr, pr., 8 Oct.
Walter de . . . lor, pr. 11 June (RL)
Wido, pr. 1 July
William, diac. 7 Oct.
William, pr., 8 Aug.
William de Byketon, Mr*
William de Gloucester, pr. 20 Feb.
William de Hely, subd., 16 Mar.[81]
William Martin, pr., 15 Aug.
William de Puncherdun, pr., 7 Oct 1 . . .
William de Shorenton (?), diac., 24 May

---

[80] In 1166 Roger son of Roger Larcevesque held a disputed half a knight's fee of the bp: above no. 110.
[81] ?Royal treasurer 1196 – Aug. 1215, canon of St Paul's.

INDEX OF PERSONS AND PLACES

Arabic numerals (sometimes with extra items distinguished as A, B, C etc.) indicate the continuous series of acta. Small roman numerals refer to the pages of the introduction. The concluding sections of vol. XII, the Itineraries of the Bishops and the *Fasti* are indexed by page number. The letter W following a number indicates a witness. When a name occurs often in this capacity, the series of such entries is preceeded by 'witness'. The additional abbreviation 'ch.' for church is used in the index.

When a surname of any kind exists, the person is normally indexed under this. When a person is identified as the son (*filius*) of another, the entry is under the patronymic, e.g. 'Peter, Ralf fitz'. The arbitrary use and omission of surnames in the witness-lists, the limited number of Christian names and the popularity of only a few of these, often makes identification difficult. Inevitably, therefore, some of the groupings and divisions attempted here are insecure.

Abbas, Roger, ? baron, 33W
Abbotsham (Devon), ch. of, 129, 136, 192
Abbotskerswell (Devon), Osbert, priest of, 82W
Abingdon (Berks), p. 293
—St Edmund of, archbp of Canterbury, 286A–C
Acre (Holy Land), li, 150n., 264A, p. 298
Adam Aaron, mr, clerk of Sir William Brewer, xlviii n.; canon, lxx, lxxv, witness: 217B, 219, 252, 257, 283, 313, p. 319
—abbot of Evesham, 141W
—abbot of Missenden, 115
—abbot of Torre, 209n.
—clerk of Luton, 125
—*custos ? operis*, 95n.
—dean, 201AW
Adeliza, Adelis, sheriff of Devon, 42 and n., 308n.
—Alice, daughter of, 308n.
Adrian IV, pope, xxxvii, ? 46, 63
Aelric, canon of Exeter, p. 318
Ailric, dean, 12W
—Strenn, 17AW
Ailward, Ælward, canon of Exeter p. 320; city priest, 22n.
Aincourt, Hawise d', 308n.
Alan, archdn of Exeter, lv, p. 306
Albamora, John de, 326
Alberic, bp of Ostia, xxxv, 31
Albin, clerk, 216W
Aldintone, Richard de, 147W; clerk of, 163W
Aldred, dean (of ? Axmouth), 66W
Alençon, John de p. 307 n. 31
Alexander, bp of Lincoln, 38W

—clerk, lxii
—dean of Tiverton, 96
—*monachus*, Walter fitz, portioner of Tiverton, 96
—mr, 147W
—III, pope, xxxvii, xl, 76A–D, 80–1, 109, 113–15, 124–5, 141, 300
Alfred, archdn of Cornwall, lxii, 29W, 32, 34W, 64W, p. 310
—canon of Exeter ?, 50, p. 313
—deacon, canon of Exeter, p. 320
—mr, ? canon of Exeter, witness: 153, 187, 189, 191, 206
—*custos* (? of the fabric), xli., lxviin., lxviii, lxix; witness: 95, 97, 146, 148, pp. 312, 318
—*dispensator*, 60W
—priest, 170W
—prior of St Germans, 110B
—prior of St James, Exeter, 96
—prior of Tavistock, 326A
—vice-archdn of Cornwall, 15W, p. 311
Alfric, canon of Exeter, p. 313
Alfridescam' (? Ilfracombe), mr Richard de, 229W
Algar, dean (? of spirituality), lxii
—Exeter canon, deacon, p. 320
——priest, 190n., p. 312; – Alward fitz and son William 190n.; – Osbert fitz, Exeter canon, 34W, p. 315
—mr, Exeter vicar choral, ?schoolmaster, canon, lvi–lvii, 87W, p. 316
—mr, steward of Bodmin (bp of Coutances), 14n.
—Papa, 98

Aliz, daughter of William de Buz, 42n.
al-Kamil, sultan, li
Almaer, Exeter canon, p. 320
Almar, dean, 201AW
Alnoth, archdn of Exeter, lv, p. 306
Alphington (Exeter), ch. of, 236, 308n.
Altarnon (Cornw.), ch. of, 254, 281n., 282
Alvescot (Oxon), chapel of, 25
Alward, William fitz, 190n.
Alwin, deacon, Exeter canon, p. 320
—priest, Exeter canon, p. 313
Ambrose, mr, 125W
Amesbury (Wilts), nunnery, p. 295
Amisius, vicar of Tawstock, 227A
Anagni, Stephen de, parson of St Wenn, 296n.
Andrew, dean of Petherwin, 71, 73W, 74W
—prebendary of Teignton, 289n.
—John fitz, 141W
—Richard fitz, Exeter landholder, 98; his nephew, Ralf, 98
Ang', Ingelram, Edmund, Robert fitz, 64W
Anger, prior of St Germans, 208W
—prior of St James, Exeter, 95W, 97W, 158
Angers (Maine-et-Loire), abbey of St-Serge at, lxi, 49n., 73, 212n., p. 302n.
Anscatil, Anschetil, Ascatill, priest of St Peter's, vicar-choral, lvin., lviin., lxii, 87W, 168; mr, 180(2)
Anselm, archbp of Canterbury, xxxiii, 8n., 11, 177, p. 292
—le Gros, Exeter cathedral treasurer, lxix, lxxiii; witness: 187, 191, 198, 206, 225(5), 248, 268; 299n., p. 306
—William, clerk of, 66n.
Ansfred, William fitz, 42W
Ansger, Fulk fitz, baron, and his wife, Adeliza, 41, 168n.
Antony (Cornw.), ch. of, 26n., 71
Antwerp, p. 298
Apulia, Simon of, see Simon
Aqua, Reimund de, Exeter canon, p. 321
Araz, Robert, Exeter canon, p. 313
Arcevesk, Reginald, Exeter canon, p. 321; Roger son of Roger Larcevesque, 110, p. 321 n. 80
Areacumba, R. de, lxviin.
Argent', William de, 170W
Argentan (Orne), p. 292
Armagh, archbp of, see Eugenius
Arnulf, bp of Lisieux, xxxvi–xxxvii, 54n.
—Exeter canon (canon Bartholomew's brother), 96W, 99W, 101W, p. 316
Aron, mr Robert fitz, 140W
Arundel, William de, Exeter canon, precentor, lxxvi, 228W, 270n., 315(3)W, pp. 304, 319

Arundell, family 314n.
Ascelin, archdn of Exeter, 12W, 21, 118, 168, p. 306
Ash, Aschia (Devon), 29
Ashburton (Devon), ch. of, lxviii, 148, 194, 248
Ashclyst (in Broad Clyst), prebend of, 308
Ashprington (Devon) ch. of, 49
Asrigga (Willelande), 42n.
Aszo, city priest, canon, 22n., p. 313
—Richard fitz, canon of Taunton, 105W
—Robert fitz, William fitz, 22n.
Athelstan, king, 287, p. 310 n. 48
Atherington (Devon), clerk of, see Aldintone
Aubrey, Baldwin fitz, mr, Exeter canon, 87n., ? 95W, 96W, ? 97W, 104W, 116W, p. 316
Auco de, see Eu
Aunck, (H)anc, mr Robert of, clerk, canon, xlin., lxii, lxvi, lxxviin., lxviii–lxix; witness: 82, 87, 94–9, 101, 104, 106–7, 116, 118, 122, 128, 133–4, 139, 141, 142A, 146, 149, 153, 180(2), 189, p. 315
Avenel, Robert and wife Alice, 308n
—William, 308n.
Aveton, see Blackawton
Avington (Berks or Hants), Nicholas priest of, 141W
Awliscombe (Devon) ch. of, xxx, 178, 213–14
Axminster (Devon), Nicholas priest of, 66n.
Axmouth (Devon), ch. of, 204–5
—Benedictine priory of, 66, 165, 204
—John de, 66W
—mr William de, canon, vice-archdn, lxviii, lxix, lxxixn.; witness: 147, ? 148, 158–9, 171–2, 174, ? 178, 189, 199, pp. 307 n. 31, 311, 317
—William de, 326An.
—William, clerk of, 66n.
Azo, see Aszo

Badestone, Helias of, clerk, 289n.
Bagtor (Devon), see also Ilsington
—Philip de, precentor, lxxvi, 228W, 270n., p. 304
—Reginald of, lxix
—Richard of, Exeter canon, 189W, pp. 304 n. 13, 318
—mr Roger de, canon lxvi, lxviin.; witness: 87, 99, 104, 106, 116, 122, 140, ? 141, 142A, pp. 304 n. 13, 316
—mr Roger de, Exeter canon, precentor, xlviii, 225(5), 248W, p. 304

Baldwin (? fitzHugh), mr, Exeter clerk/ canon, xxxvi, lvi and n., lxi–lxii, lxiv–lxvi; witness: 29, 49, 60, 64, 65–6, 68, 73–4, 87, 95, 97, p. 315; archdn of Totnes, xli, witness: 82, 104, 116, ? 122, 128 p. 308; abbot of Forde, 124W; bp of Worcester, xliii; archbp of Canterbury, xliv, 143, 145, 150W, 177
—abbot of Hartland, 216AW
—abbot of Tavistock, 132n., 133–5
—archdn of Taunton, 116W; Exeter canon, 149W; ? of Crediton, canon, p. 317
—chaplain, 42W, 58W
—*dapifer*, 54W
—*medicus*, 74W
—monk, prior of Tywardreath, 73, 140
—(of Meules), Richard fitz, lord of Okehampton, sheriff of Devon, xxxv, 22W and n., 27A
—of Reviers, I, II earls of Devon, *see* Reviers
Bampton (Devon), ch. of, 13
—Robert of, his parents Walter and Emma, *see* Douai, Walter of
—(Oxon), ch. of, xxix, 25, p. 309 n. 47
—John and Osbert of, 25
Bardevile, William de, 96W
Bardulf, Hugh, royal justiciar, 167, 176n.
—Robert, 176
Barneville, Henry de, 146
—Roger de, parson of Hockworthy, 146
Barnstaple (Devon), borough of, 229; castle of, 12; mill of, 12; lords of, xxxi, *and see* Iudichael; – Alfred fitz; Tracy, Henry I, II de; – Oliver de
—ch. of St Mary Magdalene, 12
—ch. of St Peter, 12, 227–8
—chapel of St Sauve, 12
—Cluniac priory, xxxi, lxxxi, 12, 180(2), 227–9
—archdeaconry of, xxix, lx, *and see* Cucufeld, William de; Eustace; Goscelin, Ralf fitz; John; Odo; Pembroke, Walter de; Roger, mr; Thomas; Wherwell, Ralf de
—Hugh de, 229W
Barre, Richard, archdn of Lisieux, 115W
Barrington, Little, Great (Glos), 107
Bartholomew, mr, archdn of Exeter, xxxviii–xli, xliii, lix, lxi–lxiii, lxiv–lxviii, lxxxv, lxxxviii–lxxxix, xci; archdn, 43n., witness: 58, 60, 64, 66, 68, 74; bp, lvii, lxxxi, lxxxiii, 76–142A, 158, 168, 174, 203, 259n., pp. 294–6, 302, 307, 315–16; his nephews, 94; his brother, *see* Millières, Peter de
—archdn of Cornwall, 101W, 133W, p. 310

—archdn of Totnes, lx, lxxiii, 225(5), 245n., 248W, 283W, 292W; archdn of Exeter, l, lxxvin.; witness: 237, 242, 245, 263, 268, 284W, 289n., 313–5(1), 320n., pp. 307, 309
—mr, archdn of Winchester, Exeter canon, 283W, p. 319
—Exeter canon, 22n., 29W, p. 313
—(Arnulf's brother), Exeter canon, 99W, 101W, 106W, p. 316
—dean (? in Cornwall), 73W, 74W
—mr, physician lxxi, p. 307 n. 33
—nephew of ? Walter fitzDrogo, lxxi, p. 307 n. 33
—nephew of bp William de Warelwast, xxxivn., p. 310 n. 53
Barton (Glos) manor, 63
Barton Stacey (Hants), ch. of and its chapel of Newton, 109
Basset, Fulk, bp of London, 317n.
—Gilbert, archdn of Totnes xlii, lxviii–lxix, pp. 308, 317; witness: 144, 146–7, 158–60, 166, 168–70, 174, 178
—John, *see* John, archdn of Exeter
—Thomas, xliin., 150n., 225(1)
Bath, archdn of, *see* Herald
—bps of, *see* Bitton, William I de; Joscelin; Reginald; Robert; Savaric; Salisbury, Roger of
—priory 13; prior of, *see* Walter
Bath and Glastonbury, bishopric of, 230–2
Battle abbey (Sussex), lxxxi, 4; Henry, abbot of, 8; Walter, Odo, abbots of, 94n.
Bealmeis, Robert de, knight, 73W
Beanton (Bampton), mr Walter de, 291W
Beauchamp, family, 200; Stephen de, knight, 73W
Beaulieu (Hants), 321, p. 300; Bartholomew, Vivian, rectors of, Benedict, vicar of, 233n.
—Cistercian abbey, 233
Beaupeil, Henry, 207AW, 229W
Beauvais, John de, Exeter canon, p. 320
Bec (Calvados), Benedictine abbey of, 77
Becket, *see* Thomas
Behus, Beuz, Cecilia of, 110
Beketon, Osbert de, knight, 110; *see also* Buketon
Bel, Nicholas, 170W
Belesmains, John, choral scholar lviii.
Belmeis I, Richard de, bp of London, 25, 292
Belstede, Adam de Exeter canon, p. 320
Benedict, bp of Rochester, 230n.
—mr, Exeter canon, 50W, p. 315.
—clerk, lxx, mr, 189W, 190W, 199W,

326 INDEX OF PERSONS AND PLACES

201A, 207A, 213W, 214W; of York, 203W, p. 318
—de Cumba (?), 201A
Benjamin, clerk, Exeter canon, lxxiv–lxxvi, lxxx; witness: 217B, 219, 241, 250n., 251, 255, 263, 283, 291–2; ? vicar of Hennock, 221
Bera (outside Exeter), treasurer's land at, 88
Beri, Philip de, 18W
Bermondsey, Cluniac priory, cellarer of, *see* Northampton, Henry of
Bermum, Bernard de, 66W
Bernard, 17AW
—abbot of le Val, 210n.
—archdn of Totnes, 160W, pp. 304 n. 10, 308
—bp of St David's, 31
—chaplain, witness: 144, 158–9, 165, 168, 174, 178
—clerk, 73W, 110AW
—precentor, 149W; mr 166W, p. 304
—John fitz, 110
—Robert fitz, 85W
Berrynarbor (Devon), ch. of, 18n.
Berton, Nigel de, 115W; Ralf de, 125W
Besignano, Bezingnam, Bisiman, Bisiniaco, Bisinna, Bismario, Bisnam, Bisuman (Calabria), Geoffrey de, Exeter canon, archdn of Cornwall, lxxi, lxxiii, 225(5), 248W, 263W, 289n., pp. 311, 319
—Matthew de, Exeter canon, lxxi, ? 225(5), 263W, p. 319
—William de, Exeter canon, lxxi, lxxiii, 225(5), 263W, p. 319
—William junior, lxxii
Béthune, Robert de, bp of Hereford, 31n., 37W
Bevin, Robert, 43, 167
Bibury (Glos), ch. of, 141
Bichel, Bikel, Walter de, 64W, 68W
Bingham, Robert, bp of Salisbury, 230–2, 289n.
Binnerton (in Crowan, Cornw.), chapel of, 139n.
Birde, Algar fitz, 39, 64
Bishops Nympton (Devon), ch. of, lxx, 260, rector of *see* Mauclerk, Walter; vicar of, *see* Benedict (? of York)
Bishop's Tawton (Devon), 39, 64; ch. of, 75, 245–6; chapels of Swimbridge and Landkey, 245–6
Bishopsteignton (Devon), 265, p. 299
Bishop's Waltham (Hants), p. 292
Bismario, *see* Besignano
Bissopleg, Richard de, 242W
Bitton, William I de, bp of Bath, 286Cn.
Blackawton, Aveton (Devon) 46n., ch. of 168

Blethe, 17AW
Bloet, Robert, bp of Lincoln, 25
Bloiho, Richard, 24n.
Blois, Henry of, bp of Winchester, 31n., 37W
—mr Peter of, 150W
Blovile, Ralf de, 68W
Blund, Hilary, provost, mayor of Exeter, lxxi
—Hugh, liiin.
—Jordan, ? Exeter citizen, 190W
—Richard, choir scholar, lvin.
—cathedral chancellor, l, lxxi, lxxiii, lxxv–lxxvi; witness: 228, 237, 242, 250, 252, 263, 278, 284, 286Cn., 289n., 313, 315(1, 3); bp of Exeter, liii–liv, lxxvi–lxxvii, lxxix–lxxxi, lxxxiii, lxxxvi, xci, 316–27, pp. 300, 303, 305, 311 n. 58, 312, 320
—Robert, Exeter scholar, lvin.; canon, precentor lvi, lxxx, 17W, 22n., 34W, 40W, pp. 304, 313
Bodelescume, Brihtuarius de, 85W
Bodmin (Cornw.), ch. of, xxxiv; St Petroc's priory, xxxiv, 14, 19n., 182; priors of, *see* J.; William; synod at, 73, 140
—Ascatil de, 97
Bohun, Humfrey, 36W
—Joscelin de, bp of Salisbury, xxxvii, 56, 63
Boissey, Roger de la, 122W
Boloing, Robert de, 242W
Bonus, supposed archdn of Exeter 307 n. 32
Bosham (Sussex), chapelry of, xxix, xxxiii, xxxvi–xxxvii, xlv, 27, 124n., 130, 185; prebend of, pp. 296, 311 n. 57
—Hamo, clerk of, 130
—Stephen of, Exeter canon, witness: 147, 153, ? 160, 163, 164, 170, 180(2), p. 317
—W. canon of, 227n.
Boterel, William de, knight, 73W, 110
Boue, William, 180W
Boulogne, John de, lxxvi, 85W
Bovey Tracy (Devon), ch. of, 179, 234
Boyton (Devon), chapel of, 201A, 271; Paris, vicar of, 201A
Bradninch (Devon), lords of, xxxi, *and see* Capra William; Tracy, William I, II de
Bradstone (Devon), Arnold, priest of, 134
Bradworthy (Devon) ch. of, 210, 211n., 220, 299n., 301–2
Brampford Speke (Devon), ch. of, 34, 199
Branscombe (Devon), 183, 204; ch. of 32, 248, p. 297
Bratton Seymour, Broctuna (Som.), 13
Braunton, Branctone (Devon), ch. of, xlviii, 89, 245–8; rector of, *see* William Brewer, bp of Exeter; chaplain of, *see* Osbert
Breage (Cornw.), 60n.; ch. of, 139n., 321
Breamore (Hants), Augustinian priory of 81; prior of, *see* Gardinus

INDEX OF PERSONS AND PLACES 327

Bréauté, Fawkes de, lord of Plympton, xlix, 267
Brenerid, Robert, 82W
Brent, see South Brent
Brente, Isabella de, prioress of Polsloe, 326
Brentor, de Rupe (Devon), 136
Brewer, William I, baron, xliii, xlv, xlvii–xlviii, l, lxxn., 121n., 291W, 303; wife of, see Val, Beatrice du
—William II, baron, xlviii, 179n., 209–10, 222n., 234n., 245n., 249, 251n., 254, 267n., 303n.
—William, precentor, bp of Exeter, xlvii–liii, lxxii–lxxvi, lxxxi, lxxxiii–lxxxiv, lxxxvi, xc–xci, 2n., ? 16, 98n., 111A, 198n., 201A, 226–315, 320, pp. 297–300, 303–4, 319–20
—Richard, Exeter canon, xlviii, lxviii, 148n., 149W, 180(2), 209n., p. 317
Brian fitzCount, 36W
Brictius, canon, lxi; chaplain, 40W, 42W; clerk, 49W; 50W, p. 315; see also Brihtric
Brideton, William, chaplain of, 203W
Bridgerule (Devon), ch. of, 201B
Bridgnorth (Salop), castle, 56
Bridgwater, Brigga (Som), ch. of, 13; hospital of St John at, 234–5
Bridport, Giles of, archdn of Berkshire, 289n.
—John de, archdn of Totnes 258n., p. 308
—mr Henry de, 203W, 204W
—Ranulf de, 66W
Brihtric, Exeter canon, p. 312; see also Brictius
Brihtwine, Ralf fitz, bp's clerk, lxii
Brindisi, li, p. 298
Brion, Teicio de, knight, 225(4)
Bristol, p. 297; St Augustine's abbey at, 124, 139, p. 307 n. 30
—St James priory at, 139
—Geoffrey de, 98
Brit', William, 170W
Britteville, Guy of, 33W, 41n.; Robert his brother, 41n.
Briwes, John de, xlvi, p. 303n.
Brixham (Devon), ch. of, 49
Brixton (Devon), ch. of, 168, 248
Broad Clyst (Devon), 285
Broadwoodwidger (Devon), Richard, priest of, 134
Bronescombe, Walter of, chancellor, bp of Exeter, lxxii, lxxvii, lxxix n., pp. 303 n., 305
Brudon, mr Silvester de, 150W
Bruno, le Broun, William, 106W, 122W
Buckfast (Devon) Cistercian abbey xxxi, lxxi, lxxix n., 29, 151, pp. 307 n. 32, 312 n.59; abbot of, see William

Buckland Brewer (Devon), ch. of, 211n., 290n., 303–5
—William de, 82W
Buckland Sororum (Durston, Som.), 65n.; prior of, see Fina
Buddleigh Salterton (Devon), Robert clerk of, 95n.
Buketon, mr Michael de, Exeter canon, lxvii, lxxi, lxxiv, 150–1, 190n., 192–3, 225, 252W, 289n., 299n., p. 319
—Robert de, Exeter canon, lxvii, 98W, 99W, 106W, 134W, 150, p. 316
—mr William de, Exeter canon, p. 321
Bule, Algar, heirs of, 168
Buniel, Robert Russel de, 171W, 172W
Burdevile, William de, 96W
Bure, Richard, 225(4)
Burguing, Michael, lxii
Burgundy, p. 299
Bury (? St Edmunds or Peterborough), abbot of (Hugh I or William of Watteville), 76A
Buryan (Cornw.) ch. of, see St Buryan
Butterleigh (Devon), Brian de, lord of, 99; Robert parson of, 99
Bythaham(?) 122W, priest of, see Roger
Bywell, St Peter (Northumb.). ch. of, 76A

Cadbury (Devon), ch of, lxxvi, 61, 100, 101, 159, p. 311n. 58
—William of, 100; priest of, 101
Calke (Derbys) Augustine priory of; see Nicholas, prior of
Calne, mr William de, Exeter canon, l, 189W, 199W, 204W
Calwich, William of, abbot of Leicester, 107n.
Cam (Glos), ch. of, 124
Camera, Osbert de, 96W
—Roger de, 219W
—Walter de, 96W, 133W
Campell, Roger de, 110
Canc', Richard fitz, Exeter canon, 34W, p. 315
Canonsleigh (Devon), Augustinian priory, 59, 79, 183, 225(3), 315(1), pp. 318 n. 72, 319n. 74
Canterbury, pp. 291–4, 296–8; archbps of, see Abingdon, St Edmund of; Anselm; Corbeil, William de; Dover, Richard de; Escures Ralf d'; Lanfranc; Langton, Stephen; Savoy, Boniface of; Theobald; Thomas Becket; Walter, Hubert
—archdn of, see Ridel, Geoffrey
—Christ Church priory, lxvi, 145n., 177n.
—St Augustine's abbey, 30, 80, 235A; abbot

of, *see* Hugh II; abbot-elect of, *see* Clarembald
Cantilupe, Walter, bp of Worcester, 230–2, 268A–B, 324
Canune, mr William de, 190W
Capella, Robert de, rector of Winkleigh, 315(2)
—Thomas, Exeter canon, 257W, p. 320
—Walter, seneschal, 257W, p. 320
—William de, keeper of the bp's seals, lxxixn.
Capra, William, lord of Bradninch, 65n.
Carduna (in Linkinhorne, Cornw.), 110A
Carisbrooke (I. of W.), xxxin., ch., Benedictine priory of, 114
Carswilla, *see* Abbotskerswell, Kingskerswell
Cartuther (Menheniot, Cornw.), 140
—Fulk de, 140
—Richard de, 140
Cassington (Oxon), Nicholas, clerk of, 103
Castle Cary, Kari (Som), 13
Castle Wiston (Pembr.), ch. of, 142
Caynoc, chamberlain, lxxix
Celestine ? III, pope, xlvn., 169
Chaddlewood, Leofric of, 23
Chagford, Henry de, parson of Tawstock, 227A
Chantemesse, Walter de, Exeter canon pp. 308 n. 36, 317
Chapeleyn, Nicholas 281n.
Chaplain, Roger fitz, ? rector of Sidbury, ? Exeter canon, 32, 33n., p. 315; *and see* Capella; Sidbury
Chard (Som), 243, 293, p. 300
—Alfred of, 95n.
—Simon of, 105W
Chartres, lxvi
Chedeham, John de, 64W, 68W
Cheldon (Devon), ch. of, 137–8; incumbents of: Geoffrey 138, Richard 137
Chellaston (Derbys), Ernald priest of, 78W
Chepe, Henry, choral scholar, lvin.
Chercheton, Dunchil de, 134
Chertsey (Surrey), Benedictine abbey: Martin, abbot of, 186
Chester, Hugh, earl of, 110
—Robert of, clerk, 219W
Chesterton (Cambs), ch. of, 223A
Chichester, p. 292; ch. of, 185, 317; bps of, *see* Greenford, John of; Hilary; Luffa, Ralf; Simon; Wich, Richard; chancellor of, *see* I.; deans of, *see* Greenford, John of; Sefred; canon of, Warin, 201CW
—mr Henry de, 224
—Robert of, Exeter canon, p. 321
Warin, canon of 201CW

—William of, Exeter canon, p. 316
Chidham (Sussex), 246, p. 297
Chittlehampton (Devon), ch. of, 137, 296–8, p. 303n.; Geoffrey, Roger, incumbents of 137–8; lord of, *see* Matthew, Herbert fitz
—chapel at Slough, 296
Chou(?), Richard de, 180W
Christchurch (Twynham, Hants), Augustinian priory, 81; prior of, *see* Reginald
Chrodegang, St, rule of, liv–lv
Chudleigh (Devon), pp. 297–300; ch. of, 154, ? 155; deanery of, xxx; wood of, 98; manor of, 211, 264, 270, 311
Churston Ferrers (Devon), chapel of, 49
Cirencester (Glos), p. 295; Henry de, chaplain, 227n.; Exeter canon, 259, p. 320
Clare, Roger, earl of, 110
Clarembald, abbot-elect of St Augustine's, Canterbury, 80
—abbot of Faversham, 80
—physician, 17AW, 22, 118, 168, pp. 308n. 34a, 312
Clarendon (Wilts), p. 295
Claville (or Dowland), Roger de, 59n.
—Walter de, 59, his mother Hawise, 59n.
Clayhanger (Devon), ch. of, 306
Clayhidon, Hydune (Devon) ch. of, 5
—Othelin of, and his brother Geoffrey, 5
Cleeve (Som), Cistercian abbey of, 270
Clement III, pope, 180(2), 300
Clicker Tor, de Rupe (Menheniot, Corn.), 140
Cliftun, mr Gervase de, 78W
Cluny (Saône-et-Loire), abbey of, 33
Clyst, Clistona, (Devon) Gilbert of, 22W
Cnoll, mr Richard de la, 289n.; *see also* Knolle
Cockington (Devon), chapel of, 307; manor of, 126; Roger of, 126
Coffinswell, Wylla, ch. of, 82, 248; Ilbert, priest, parson of, 82; lords of, Coffyn family, 82n., *and see* Geoffrey, William fitz; parishioners of, 82W
Cohenic, Simon de, Exeter canon, p. 320
Colaton Raleigh (Devon), ch. of, 150n., 245n.
Colchester, p. 294; St Botulph, Augustinian priory, 83
Colcombe (Colyton, Devon), 225(1)
Cole, mr Ralf, 259, 274
—Richard (Ralf's brother), parson of Kentisbeare, 259
—Richard, pretended parson of St Juliot, 274
—Roger, Exeter canon, seneschal, lxxi, lxxiii, lxxv, 195n., 225(5), 257W, 263W, 299n., p. 319

INDEX OF PERSONS AND PLACES 329

Colebrooke (Devon), ch. of, lvi–lvii, 85–7, 248; Payn, vicar of, 86
—Alexander of, 85–6, 110
Coleford, Wulfmaer of, 23; clerk of, *see* Hugh
Collaton (Devon), ch. of, 248
Cologne, p. 298
Colum, Luke de, xlviii
Colyton (Devon), ch. of, lxvii, 150–3, 190n., 192–3, 248; parson of, *see* Buketon, Robert; Ralf, clerk of, 66n.; William, chaplain of, 66n., ?193W; manor of, xliin.
Combe, mr Richard of, l
—(? in Teignhead, Devon), 306, p. 298
Combe Martin (Devon), manor and chapel, 18
Combermere (Cheshire), abbot of, *see* William
Compton Gifford (Devon), 57
Constantine, Exeter canon, p. 320; *see also* Mildenhall
Corbeil, William of, archbp of Canterbury, 31
Cornhill, William, bp of Coventry, 223A
Cornu, Cornutus, Geoffrey, 96W
—Roger de, 70
Cornwall, xxx, xxxv, xliv, 139; archdeaconry, xxix, archdns of, *see* Alfred; Bartholomew; Besignano, Geoffrey de; Drogo, Walter de; Eu, William de; Martin; Peter; Rof, John; Simon; dean of, *see* Ralf; earls of, *see* Richard, Reginald fitzRoy; official of, lxx *and see* Henry; John
—Nicholas of, lxxvin.
—Richard, monk, 225(2)
Coryton, mr William de, lxxiv–lxxvi, 237W, 255W, 259, p. 311
Cosin, Thomas, 225(2)
Cotley Wood (Dunsford, Devon), 33n., 96; Robert, forester of 96, ?97
Courtenay, Egelina de, 150n.
—Henry de, parson of Alphington, 236
—Hugh de, and wife Margaret, 180 and n.
—John de, 308n.
—Robert de, lord of Okehampton, xlvii, 236–8
—Robert de, Exeter canon, 179n., 225(4), p. 320; brother, Reginald de, 225(4)
Coutances (Manche), John of, royal clerk, 120n.
—Philip, archdn of, 53W
—Walter de, archbp of Rouen, 120n.
Coventry, Benedictine priory, *see* Lawrence, prior of; bps of, *see* Cornhill, William; Peche, Richard

Cowick (Exeter) priory, lxxi, 236–8; prior of, *see* William
Crantock (Cornw.), ch. of, 281n.; prebend of lxxixn., p. 311 n. 57
Crappa (?Gappa),? Exeter canon, lxii
Crediton (Devon), 29, 192, 201B, 206–7, 240–1, 251, 255, 259, 271, 298, 313, pp. 294, 297–300; minster of, xxix–xxxi, xlviii, lvi, lxxv, lxxvi, lxxixn., 15, 147, 239–42, 319; hermitage at, xlix, lxxv, 241; borough of, liii, lxxv, 241–2; manor of, 85n., 86, 147; Mont Joscelin at, 241
—Baldwin of, canon, lxii, p. 315
—Gervase of, lxxix
—Helias of, lxvi, 96W
—Richard of, 29W
Creedy (Crediton), chapel at, 239
Crespin, Alfred, 170W
Creture, *see* Cartuther
Cristina, wife of William the Marshal, xlivn.
Cromdene, mr Andrew de, 291W
Crowan (Cornw.), ch. of, 139n., 296–8; parsons of, *see* Deodatus; St Wenn, Benedict of
Croyland, Henry de, 178W
—Richard de, 147W; mr, 225(4)
Crugalain, Oseb' de, 110
Cruna, Ralf de, knight, 12W
Crus, Richard de, knight, 225(4)
Cucufeld, mr William de, vice-archdn, archdn of Barnstaple, lxi–lxii, lxiv, 33W, 54W, 60W, 75W, 78W, 101W, 116W, pp. 309, 311
Cuic, Edmar de, ? Exeter canon, 22n., 23W, p. 313
—Edmund de, 50n., p. 308 n. 34a
—W. de, Exeter canon, 50W, p. 315
Cullompton (Devon), ch. of 4, 62, 102
—Richard de, 66W
—William, vicar of, 62, 102; mr William of, l
Culmstock (Devon), ch. of, 248
Cumin, John, archbp of Dublin, xl
Curceio, Richard de, 178W
Cuvert, William de, knight, 12W

Daccombe (Devon), ch. of, 82, 248
—Jordan of, 82n.
—Nicholas, lord of, 82
—Stephen of, 82W
—William of, 82W
Daco, Dano, Robert, baron, 18W, 22W, 22n., 33n., 42W, 50W
Daggevill, Guy de, 193W
Daniel, clerk, 180(1)W

—Walter fitz, baron, 22n.
Dartford, Thomas de, Exeter canon, p. 321
Davidstow (nr Camelford, Cornw.), ch. of, 234–5
Dawlish, Duvelis (Devon), ch. of, 32, 248; manor of (Lindridge), 88n.; *see also* Doulesforda
—Adam of, 88n.
—Martin of, 96W, 106W
Dean Prior, Dena (Devon), ch. of, 168
Delamare, Richard, 25
Dena, *see* Dean Prior
Dennington (Devon), chapel of, 206
Deodatus, parson of Crowan, 296n.
Derby (Darley), Philip, canon of, 141W
—Kingsmead, Benedictine nunnery, 217A
Dittisham (Devon), 122n.
—mr Roger de, Exeter canon, lxx, lxxiii, 184W, 198W, 206n., ?207W, 225(2), p. 318
Diva, Ralf de, prior of the hospital of St John, 142n.
Donningstone (Devon), chapel of, 306
Douai, Walter (Walscin) de, 13; his wife Emma and his son Robert, lords of Bampton, 13, 18n.
Doulesforda (in Dawlish), Exeter treasurer's land at, 88
Dover, p. 291; Richard of, archbp of Canterbury, xliii, lxiv, 76B, 120n., 128n.
Dowland, Duelonde (Devon), ch. of, 59, 79
—Walter de, parson of, 59, 79, 116; *see also* Clavile
Down, *see* West Down
Down Ralph (Devon), 66; *and see* Duna
Downinney (Cornw.), manor of, 73
Downscombe, John de, 105W
Drogo, Richard fitz, Exeter canon, witness: 153, 187, 189, 191, ?192, 199, p. 318
—Walter fitz, archdn of Cornwall, lix–lx, lxviii–lxix, witness: 95–7, 111, 144, 146, 148–9, 153, 158, 165, 168, 174, 187, 189, 191, 195n., 206, 273, p. 310
—William fitz, p. 310 n. 53a
Dubbed, Ladubed, Rualand, 7
Duelonde, *see* Dowland
Duna, Dona, Aldred de, 66; — Ralf de, 66n.;
—Walter de, 66n., 116; *and see* Down Ralph
Dunkeswell (Devon), p. 297; Cistercian abbey, xlv, 243, 291
—ch. of, 243
Dunstanville, Adeliza of, xliin., 150n.
—Philip of, 150n.
—Reginald of, choral scholar, lvin.
—Richard of, Exeter canon, lxii, 60W, p. 315
—Walter de, xliin.
Durand, Exeter canon p. 320

Durant, Alan, householder at Holbeton, 326
Durham, bps of, *see* Marsh, Richard; St Calais, William de; Walcher
—priory, 76A

Ealing, Henry of, Exeter canon 207A, 213–14, p. 318
—William of, clerk, 207n.
East Ogwell (Devon), Richard, chaplain of, 326
East Walton (Pembrokes.), chapel of, 142
East Wivelshire, dean of, 269
Edith, Robert fitz, 110, p. 314 n.66
Edmar, Exeter canon, p. 313
—city priest, 22n.
Edmund, 68W, 96W
—clerk of bp John of Chichester, 124W
—Roger fitz, vicar choral, lvin.
Edvacer, William fitz, lxii
Edw', Exeter canon, p. 313
Edward, mr 183W
—abbot of Oseney, 141
—monk, 33W
Egg Buckland, Bokelanda Gwidonis (Devon), ch. of, 168
Egloshale (Cornw.), ch. of, 182; *and see* Pawton
—William of, knight, 110
Egloskerry (Cornw.), chapel of, 201A, 271; Ralf vicar of, 201A,C
Eisse, Ralf de, 133W
Elias, *see* Helias
Ellingham (Northumb) ch. of, 76An.
Ely, Hely, bps of, *see* Eustace; Nigel; William de, Exeter canon, p. 321
Enganet, Roger, 216W
Engelbourne, chapel of Harberton, 258n.
Engelram, 68W
Erbenald, Tavistock knight, 26
Erc', Baldwin fitz, Exeter canon, p. 317
Erleg, John de, 216W
Ermington (Devon), ch. of, 53, 281
Ernald, archdn of Salisbury, 18W
—archdn of Totnes, 15W, 18W, 22n., p. 308
Escures, Ralf d', archbp of Canterbury, 31
Espec, family, 34n.
Esse, John de, lxxxn., xci
Esware, bp's cook, 68
Etard, Roger fitz, knight, 110
Eu, de Auco, Hugo d', archdn of Totnes, xli, lxii, lxiv–lxv, 32; witness: 23, 29, 32–3, 40–2, 49–50, 53, 64, 75, 87, 169, p. 308
—Ivo d', military tenant, 110
—Nicholas d', Walter's brother, 58W, 65W
—Osebert d', military tenant, 110

—Ralf d', Walter's uncle, 58W
—Roger d',Walter's brother, 65W
—Walter d', 58, 65W
—William d', archdn of Cornwall, lx, 22n., ?48; witness: 15, 17A, 18, 23, 27A, 40–2, 50, p. 310
Eugenius III, pope, xxxvi, lxv, 31, 63n.
—archbp of Armagh, xlvi
Eulalie, Robert fitz, bp's clerk, lxii
Eustace, mr, ?archdn of Barnstaple, lxxiii, 225(5), 299n., pp. 310, 319; his vicar, William, 225(4)
—bp of Ely, 185, 217
Everard, Exeter canon, 228W, 252W, p. 319
Evesham (Worcs), Benedictine abbey, see Adam, abbot of
Evreux, bp of, see Giles
Exe Island (Exeter), liiin.
Exeter, city, xxix, lxxi, 190, 252, 320, pp. 293–300
—Bishop's Gate, 22n., p. 307 n. 30
—cathedral close, lviii, 75
—cordwainers' quarter, 98
—East Gate, 309 n. 41
—North Street, lxin.
—St Martin's Lane, lxin., lxii, 106, 163, 183n., 259n., p. 310 n.51
—South Gate, p. 319 n. 74
—South Place, 168
—South Street, 118, 168
—West Gate, p. 319 n. 74
—castle, xxix, xxxv, xliv; chapel in, 308
—cathedral church; tower of St John, 248
——bp's garden, 106, 248
——cemetery lxin., 88, 90, 98
——city's churches/chapels, lv–lvi, lviii
——All Saints/All Saints-on-the-Wall, 98, 190
——Christ Church, 190 and n.; for its builder see Algar, priest
——Holy Trinity, 190 and n.
——St Clement, 190, 222(5), 248
——St Cuthbert, 190
——St David, 190, 248
——St James, 190
——St Keran, 98, 190
——St Mary (? Arches), 262
——St Mary Major, 190
——St Mary Minor, 190
——St Martin, 190
——St Michael, 190
——St Michael, Heavitree, 190, 248
——St Olave, 4, 225(5)
——St Paul, l
——St Petroc, 190
——St Sidwell, 190, 248
——Sts Simon and Jude, 190

——St Stephen, 98, 259
—parishes, xlvii
Exeter Guildhall, lxxi, 97, p. 318 n. 72
Exeter hospitals
—St Alexius, lxxi, 94, pp. 307 n. 32, 312 n. 59
—St John the Baptist, Eastgate, xln., l, lxxvin., 43n., 94n., 98n., 183n., 261
—St Mary Magdalene, 43n., 98, 261, p. 304 n.15; proctor of, see Grim, Richard
Exeter monasteries
—St James, Cluniac priory, xxxin., lxxxi, 33, 95–7, 158, 321n.; priors of, see Alfred, Anger, Reginald, Robert
—St Nicholas, Benedictine priory ix, lxviin., lxix, 4–8, 61–2, 94n., 99–102, 159–60, 199, 225(4, 5), 263, p. 314 n. 66; priors of, see Henry, Peter
—Sts Peter and Mary, Benedictine abbey, xxix
Exeter bishopric, diocese, xxix–xxxi, 188
—archdeaconries: Exeter, xxix, lix–lx, pp. 306–9 and see Alan; Alnoth; Ascelin; Bartholomew; Bartholomew archdn of Totnes; Harding, Henry fitz; John (? Basset); Melhuish, Henry de; Odo; Piriton, Walter de; Rotlamnus; Serlo; Toriz, Roger de; Warelwast, Robert, William de
——vice-archdns of, lix, p. 310, and see Alfred; Axmouth, William de; Cucufeld, William de; John; Leu, Ralf de; Ralf; Robert; Yvo
——rural deaneries, xxix–xxx
—see also Barnstaple, Cornwall, Totnes
Exeter bishops, xxxii–liv, pp. 302–3; and see Bartholomew; Blund, Richard; Brewer, William; Bronescombe, Walter; John; Leofric, Marshal, Henry; Osbern fitzOsbern; Robert I (de Warelwast); Robert II; Simon of Apulia; Warelwast, William of
—household of, liv–lxxxv
——chancellor of, see Lodiswell, Walter de
——officials, xxx, xliv, xlvii, p. 312
—palace of, xlix, liii, lviii, lxxix; chapel in, lxxixn.
—records of, lxxxi–lxxxii
—temporalities of, xxix, xxxiv, xxxvi–xxxvii, xxxix, xli, xlv, xlvi, xlviii, l, 110, 314
Exeter; cathedral church, xxix
—dean and chapter xlix, l, lxxiii, 16, 32, 51–2, 60, 84–93, 148–57, 187–97, 225(5), 281n., 320 and n.
—deans, xlix–l, lxxiii, 245, and see list, p. 303

—chancellors of, xlix, lvi, *and see list,* p. 305
—penitentiary of, l
—precentors of, xlviii, lv–lvi, *and see list,* p. 304
—treasury, treasurers of, lv–lvi, 87–8, 94, 106, 256, 260, *and see list,* pp. 305–6
—wardens of the work, *see* Adam, Alfred
—canons of, lvi, lviii, *and see lists,* pp. 312–21
—chapter/chapter house of, lvii–lviii, 8, 43, 50, 245, 248
——St Faith's chapel in, 42n.
—vicars choral, xlix, lvi–lvii, 87n., 198, 251, 254, p. 307 n. 33; *and see* Algar; Ascatil; Baldwin; Edmund, Roger fitz; Fourneaux, Roger de; Geoffrey Long; Gilbert (?fitzWalter); Helias; Hervey; Nicholas; Reimund; Robert; Rufus, William; Simon; Walter, Gilbert ?fitz
—school, schoolmaster, lvi–lvii; *and see* Algar; Baldwin (?fitzHugh); Marlborough, Thomas of; Reimund
——scholars, lvi–lvii, *and see* Belesmains, John; Blund, Richard, Robert; Chepe, Henry; Dunstanvill, Reginald de; Fleming, Nicholas the; Gilbert the Irishman; St Leonards, Reginald de; Woodbury, David de
—kalendar brethren, xxxix and passim
Exeter, earls of, see Reviers, Baldwin I, II, Richard I, II de
Exeter, civic dignitaries, lxxi
  mayors of, *see* Blund, Hilary; Prodom, Martin; Rof, Martin: Turbert, Walter
—provosts of, *see* Blund, Hilary; Fleming, Richard; Molton, William de; Prodom, Martin; Quinel, Peter; Rof, Thomas, William
Exeter, named from
—Geoffrey of, bp's clerk, ? Exeter canon, lxvii, 98, 138; witness: 99, 106–7, 134, 139–40, p. 316
—John of, archbp Baldwin's clerk, xliiin.
—mr John of, treasurer, ?94W, ?106W, 149W, p. 305
—mr Philip de 250W
Exminster (Devon), ch. of, lxxn., lxxiin., 219n.
Exon Domesday, xxxi
Eynsham (Oxon), Benedictine abbey of, 103

Falaise, William de, lord of Stogursey, 18n., 126n.
Faldo, Richard de, 125W

Faringdon (Hants), xxix, 27, 210, 213–14, 320, 326A, pp. 296, 300; bp's deerpark at, xlix, liin.; ch. of, 38, 54, 164
Farway, John parson of, 150n.
Farwood (Devon), monastic cell at, 151–2
Faversham, Eustace of, 286B
Feering, Theobald of, 216W
Feniton (Devon), 308, p. 299
Fentun, mr Richard de, 78W
Fered' pistor, 64W
Fina, prioress of Buckland, 65n.
Flanders, p. 295; Richard of, Exeter canon, lxvii, p. 316; witness: 82, 122, 128
Fleming, Nicholas the, scholar lvin.
—Richard, the, fitzConan, city provost, 42n.
—William the, 161–2
Foldam, Stephen de, 160W; *and see* Bosham
Foliot, Foliolth, Gilbert, bp of London, 115
—Robert, of North Tawton, 6
—Robert, archdn of Oxford, 103W, 141W, bp of Hereford, 76D
Forca, Richard de, 207A
Forde (Devon, Dorset), Cistercian abbey xlv, 104–6, 161–3, 315(3); abbots of, *see* Baldwin (archbp of Canterbury); John; Robert
Fougères, Ralf de, 65
Fourneaux, family, p. 314 n. 66
—Alan de, Exeter canon, lxviin., lxix; witness: 96, 99, 149, 187, 189, 191, pp. 314 n. 66, 317, 319
——, royal justice, 110, p. 314 n. 66
—Atelina de, p. 314 n.66
—Geoffrey de, sheriff, 22W and n., 27A, 33W, p. 314n.
—Philip de, Exeter canon, lxii, lxiv, 15W, 22n., 33W, 60W, 84, 87W, pp. 313–14
——, layman, p. 314 n. 66
—Richard de, Exeter canon, 82W, 122W, 128W, p. 314 n. 66
—Robert de, Exeter canon, 87W, pp. 314 n. 66, 316
—Roger de, choral clerk, lvin., p. 314 n. 66
Foxcumba (Som), 13
France, li–lii, pp. 295, 298–9; king of, *see* Louis IX
Frederic, Exeter canon, p. 313
—II, German emperor, li–lii, 264A
Fremington (Devon), 12, 228n.; William de 12W
Frithelstock (Devon), Augustinian priory, 200; John, prior of, 200
Fromund, abbot of Tewkesbury, 138

INDEX OF PERSONS AND PLACES 333

G. dean of Okehampton, 207A
—Long, 259
Galienus, mr, 153W, 179W
Galmpton (Devon), 65n.
Gamlingay (Cambs), ch. of, 83
Gardinus, prior of Breamore, 81, 144W, 159W
Garl', John de, 130W
Genoa, 286An.
Geoffrey, abbot of Tavistock, 26
—archbp of York, 163n.
—chaplain (bp Henry's), 198W, 206n., 207W
—clerk (bp Robert I's), 42W; *see also* St Lô
—Cornutus, 96W
—Long, ? choral clerk lvin., 87W
—prior of Launceston, 140W
—prior of Modbury, 288n.
—prior of Plympton, 17AW, 24, 27A, 40W, 41n., 42, 44, 50W, p. 302n.
—William fitz, lord of Coffinswell, 82; his brothers, Osbert, clerk, and Robert, 82W
Ger', vicar of St Breward, 186
Gerald, Exeter canon, p. 313
Geri, Roger de, 130W
Germoe (Cornw.), ch. of, 139n.
Germun, William de, Exeter canon, p. 319
Gern', William, clerk, 270W
Gerrans (Cornw.), 1
Gervase, archdn of Worcester, 36n., 37n.
—clerk, Exeter canon, lxii, 104W, 180(1)W, p. 315
Gidleigh (Devon), ch. of, ?155
Giffard, Robert and his son Walter, 128
—William, 201Bn.
Giffart, W., Exeter canon, p. 316
Gilbert, canon regular, lviiin., 60W, p. 315
—(?fitzWalter), vicar choral, lvin.
—the Irishman, Exeter scholar, lvin.
—chaplain, 139W; notary, lxx, lxxxvi, 198W; clerk, witness: 183–4, 189, 199, 201A, 207–8, 212–14; *see also* York, Gilbert of
Giles de la Perche, archdn of Rouen, bp of Evreux, 55
Gille (Egidia), *see* Peche
—Robert fitz, archdn of Totnes, lix, lxiii–lxiv, lxvi, lxviin., 43n.; witness: 60, 82, 87, 94–99, 101, 104, 106, 111, 116, 118, 122, 128, 134, pp. 308, 316
Girard, steward, 13
Girold, 163W
Giso, bp of Wells, 9
Gisors, Azo de, abbot of Beaulieu, 233n.
Gittisham (Devon), 122n.
Giverni, Robert de, 33W
Glanvill, Gilbert, bp of Rochester, 216W

Glastonbury (Som), Benedictine abbey, 230–2; 264; abbot of, *see* Michael
Gloucester 63, p. 294; Exeter property in, xxix, xxxvi, 10, 35
—Benedictine abbey, 10, 63, 124; abbots of, *see* Hamelin, Serlo
—ch. of St Mary de Crypt, 36–8
—John of, 208W
—Miles of, 35, 38W
—Robert, earl of, 139n., 321n.
—William, earl of, 110, 139
—William of, Exeter canon, p. 321
Godefrid, Exeter canon, ?22n., 33n., p. 313; John fitz, 68W
Godfrey (? de Mandeville), Richard fitz, rector of Stoke Canon, 17n., 32, 60
—rural dean of Plympton, 169n.
Godo, Exeter canon, p. 313
Godric, Exeter city priest, 22n.; canon, p. 312
Godstow (Oxon), p. 293; nunnery, 36–8, 54, 164
—Thomas, priest of, Walter, deacon of, 164W
Godwin, bp's baker, 39, 64
—Exeter city priest, canon, 12W, p. 313
—priest, 54W
Goscelin, mr, archdn of Lewes, xli
—Ralf fitz, medicus, 15W; archdn of Barnstaple, 22n., 33–4W, 42W, 50W, pp. 309, 313
—Walter fitz, Exeter canon, Ralf's brother, lxii, 22n., 15W, 17W, 33n., 87W, p. 313
Gray, John de, bp of Norwich, 219An.
—Walter de, archdn of Totnes, p. 308; bp of Worcester, 219A; archbp of York
Greenford, John of, xxxviii, xliii; dean of Chichester, 103; witness: 58, 60, 75, 81, 141; bp of Chichester, 124
Gregory IX pope, l–lii, 223n., 264A, 286An.
—chaplain of Exeter bridge, 203W
—mr, witness: 153, 160, 163, 170, 179; of York, 180(2)
Griffin, 163W
Grim, Richard, proctor of the Exeter lazar-house, 98
Guala Bicchieri, papal legate, xlvii, 230n.
Guildford, mr Robert de, 141W, 165W, 178W; archdn of Bath, 179W
Gulnay, *see* Colum
Guncel', Exeter landholder, 98
Gundavill, William de, 130W
Gupil, Wlpe, mr Reginald, clerk, Exeter canon, lxviii; witness: 64, 144, 146–8, 153, 158–60, 163–8, 174, 178–80(2), p. 317
Guy, Wido, Exeter canon p. 321
Gwennap, Pensigenans (Cornw.) ch. of 249
Gwithian (Cornw.) ch. of 139n.

H., official of Cornwall, 217BW
Hackington (Canterbury), college of St Thomas, 145, 150n., 177
Haga, Ranulf de, 22
Hailes (Glos), Cistercian abbey, 321
Haimo, Robert fitz, 137n.
Hallesworth, John de, Exeter canon, p. 320
Hamelamest, mr ?Geoffrey de, 125W
Hamelin, abbot of Gloucester, 141W
—nephew of Michael of Buketon, 150n.
Hanc, see Aunck
Harald, canon, p. 312
Harberton (Devon), ch. of, 258, 289n.; Roger, vicar of, 258n.
Harcourt (St Feock, Cornw.), 44n.
Harding, Henry fitz, dean of Mortain, archdn of Exeter, xxxix, xli, lix, 118n., 130W, p. 307
—Robert fitz, xxxix
—prior of Oseney, 141
Harenis, Robert de, Exeter canon, p. 319
Harpford (Devon), ch. of, 206, 283
Hartland (Devon), p. 300; Augustinian priory, 116n., 130, 200, 265–6; abbots of, see Baldwin; Wl'icus; prior of, see John
Hatherleigh (Devon), ch. of, xlviiin., 135–6, 219n., 291; Richard, vicar of, 135
Hathewidy (?), Peter de, 122W
Hay *mercator*, 229
—William de, baron, 110
Heavitree (Exeter), land at, 95; tithes of, 289; ch. of, see Exeter
Helias, chaplain, 206n.
—clerk, 163W, 219W
—mr, clerk, lxvi, lxvii, 98W, 115W, 118W; ? of Crediton, 96
—?vicar-choral, 87W
Helion, Hilion, Hilum, Osbert de, 42W
—William de, 33n.
Helston, Nicholas of, Exeter canon, witness: 147, 153, 163, 170, 179, p. 317
Hemeric, city priest, 22n.
Heming, 15W
Hengham, Ralf de, precentor of Exeter, p. 304
Hennock (Devon), ch. of, 221, 299n.
Henry, abbot of Battle, 8
—bishop of Winchester, p. 302n.
—chaplain (bp Brewer's), lxxv, lxxix, 270W, 313W; H. chaplain, 278W, 315(3)W
—chaplain (bp John's), lxviii, 147–8W, 158W, 160W
—chaplain, treasurer of Crediton, 241W, 242W, 255W
—clerk, 257W
—cook, 96W
—Exeter canon, acolyte, p. 320

—Exeter canon, mr, ?of Warwick, 206W
—fitzCount (Reginald fitzRoy), 217B
—I, king of England, xxxiii, 110, 110A, 120, 126
—II, king, xxxvi–xxxvii, xli, xliv, 44n., 55, 63, 86, 109–10, 124
—III, king, xlvii, 232, 267, 281n., 322, 326A; his sister Isabella, lii
—mr, official of the archdn of Cornwall, lxx, p. 311
—*pistor* (baker), 98
—precentor/cantor, lxix, 153W, 183n., 189W, 198W, p. 304
—prior of Mottisfont, xc
—prior of St Nicholas, Exeter, 8
—Roger fitz, Exeter citizen, lxxvin.
Herald, archdn of Bath, 18W
—nephew of bp Bartholomew, xln.
Herbert, abbot of Tavistock, 136, 175
—provost of Exeter, lxxvin., 97; *and see* Roger, Herbert fitz
—the Butler, 47
Herce, John de la, Crediton canon lxviii
Hereford, bps of, see Béthune, Robert of; Foliot, Robert; Melun, Robert of
Hermer, dean, lxii
Herne, John de la, 314n.
Hervey, chaplain, 12W, clerk, 17W; choral clerk, lvin.
—vicar of St Erth, ?dean of Penwith, 191
Hestercombe, Thomas de, 229W
Heumor, St Mary's (Scilly), ch. of 131
High Bickington (Devon), ch. of, 137; Andrew, incumbent of, 137
Hilary, clerk, 18W, bp of Chichester, 56
Hillabonna, Hugh de, Exeter canon, 144W, 158W, ?166W, 168W, ?178 (Lillebon'), p. 317
Hockworthy (Devon), ch. of, 146, 183; parson of, see Barneville, Roger of
Holbeton (Devon), ch. of, 326; Richard, vicar of, 326
Holcombe Burnell (Devon), ch. of, xxx, lxii, 224
—Rogus (Devon), ch. of, 281; Richard, vicar of, 281
Holditch, chapel of Thorncombe, 161–2
Holoweia, Richard de, 18W
Holy Land, l–li, p. 298
Honiton, Huneton, Walter, parson of, 284W
Honorius III, pope, lxxn., 110B, 230, 235A, 289–90, 300
Hoo, mr Adam de, 291W
Horsley (Surrey), bp's house and chapel at, lxxix, 184
Hospitali, mr Ralf de, Exeter canon, xlin., xlvin., 149W, p. 317
Hubert fitzRalf, ?baron, 33

INDEX OF PERSONS AND PLACES 335

Hubert, steward of Baldwin de Reviers, 18W
Hugh II (of Trottiscliffe), abbot of St Augustine's, Canterbury, 30
—Baldwin fitz, *see* Baldwin, archbp of Canterbury
—bp Simon's chaplain, lxx, 219W, 225(2)
—clerk of Coleford, 33W
—Exeter canon, 22n., p. 313
—mr, Exeter canon, 206W, p. 318
Humphry, Exeter canon, 73W, p. 315
Humunt, William, 212W
Huntingdon, Nicholas archdn of, 103W
Hurbert, Exeter canon, p. 313
Hurel, Robert, lxiii, 60W, 64W, 68W
Husleburne, mr Vincent of, 124W
Hyde, New Minster, Winchester, Benedictine abbey, 109

I., chancellor of Chichester, 141W
Iddesleigh (Devon), ch. of, 137; Roger de Cumba, incumbent of, 137
Ide (Devon), ch. of, 248
Ilbert, knight, 41n.
Ilchester, Richard of, archdn of Poitiers, 130, bp of Winchester, lxvi, 76C, 109n., 120, 259n., p. 305 n. 22
Ilsington (Devon), ch. of 168; *see also* Bagtor; Henry, precentor
—Ralf de, 251W, 259W, 292W, precentor of Exeter, lxxiv–lxxv, 237W, p. 304
—Robert de, canon of Plympton, 208W
Imaring, William, lxii
Ingarvill, mr Roger de, 204W, 205
Innocent III, pope, xlvi, 201, 205, 215, 219A, 230n., 300
—IV, pope, liii, 286C, 289n., 316n., 324
Ioc', *see* Goscelin
Ion', Eustace de, bp's vassal, 110
Irlesbury (Frienhay, Exeter), 94n.
Isaac, mr, canon lxix–lxxi, lxxiii; archdn of Totnes 191–2W, 206W, 225 (2–5), 245n., 247, 248W, 254, 259, 299n., pp. 309, 318
Iudichael fitzAlfred, lord of Totnes, Barnstaple, lxxxi, 12, 49n., 57n., 228
—Alfred fitz, lord of Barnstaple, xxxv, 18W, 22W, and n.
Ivo, *see also* Yvo; mr, 166W, 169n.; chaplain, 212W
—Mured fitz, 101; for his daughter Aubrey, *see* Cadbury, William de

J., prior of Bodmin, 110B
Jerusalem, li, p. 298; Peter, patriarch of, li, 264A, 277; hospital of St John, 65, 77, 85–7, 142; priors of, *see* Diva, Ralf de; Walter
Jocelin de Scaccario, 216W; *see also* Goscelin
Joel, bp Bartholomew's chaplain, 98
—prior of Plympton, 169, 180(2), 208
John, abbot of Missenden, 141W
—abbot of Tavistock, 291
—acolyte, Exeter canon, p. 320
—archdn of Barnstaple, 223n., p. 309
—archdn of Totnes, pp. 303n., 309
—?Basset, mr, archdn of Exeter, xlii, lx, lxviii–lxix, 180(1), 190; witness: 68, 144, 158–60, 164, 166–8, 175, 178, 203, pp. 307, 317
—cantor, precentor of Exeter, xxxviii, xli–xliv, xlviii, lix, lxiv, lxviii, lxxviii, lxxxi, lxxxiii–lxxxv, lxxxix, xci, 60W, 73W, 87W, 96W, p. 304; bp of Exeter, 143–80, 213–14, pp. 296, 302, 316–17
—chaplain of bp Robert II, xliin., 58W, 64W, 68W, 74W
—chaplain, 199W, 213–14W
—chaplain, dean ? of Barnstaple, 229W
—clerk of bp Robert II, lxii
—clerk of bp Henry, 199W, 213–14W
—cook, 68W
——225(2)
—dean of Chichester, *see* Greenford, John of
—fitzJohn, knight, 110
—janitor, lxx
—king, xliv–xlvii, lxx, 223, 230–1, 249n.
—Long, mr, 163W, 179W
—monk, abbot of Forde, 150W, 161
—nephew of bp Robert II (not chaplain) xxxviii, lxiii, 64W; *see also* —cantor
—*persona*, ? Exeter canon, 146W, 165W, 174W, p. 317
—mr, precentor of Exeter, 227n., p. 304
—priest, 40W
—prior of Hartland, 116W
—prior of Plympton, 23n., 120n., 140W
—*sellarius*, 98
—sub-archdn of Cornwall, 97, 170n., p. 311; archdn's official, lxx, 269, p. 311
—sub-deacon, Exeter canon, p. 320
—mr, treasurer of Exeter, 130W, ?94W, ?106W, p. 305
—William fitz, baron, 22W
Joppa, p. 298
Jordan, abbot of Mont-St-Michel, 206n., 207
—clerk, 95n.
—nephew of archdn Alfred of Cornwall, lxii, xc, p. 310 n. 51

—nephew of bp Bartholomew, xln., lvii, ?97W
—Geoffrey fitz, p. 318 n. 71a
—William fitz, ?Exeter canon, 179W, 199W, 206n.
Joscelin, bp of Bath (and Glastonbury), 215, 217, 223A, 224, 230-2, p. 299
—chaplain, 179n.
Joseph (of Exeter), mr, lxiii, 64W, 75W, 150n.
Judichael, *see* Iudichael
Jukel, mr John, 113
Julian, clerk, 219W
Justin, chaplain, 94W

Kayninges, Andrew de, vicar of Stratton, 276
Kenilworth (Warwicks), Robert, prior of, 78W, 103W, 124W, 141W; Osbern, canon of, 141W
Kenn (Devon), ch. of, 308n.
Kent, mr John of, bp's official, lxx–lxxi, 219W, 225(2); archdn of Totnes, lxxi, pp. 308, 312
Kenteleya, I. de, bp's clerk, lxxv, 259
Kentisbeare (Devon), parson of, *see* Cole, Richard
Kenton (Devon), ch. of, 289n., 290
Kerswell (Devon), cell of, 281
Ketenor, Robert de, lxii
Kidknowle, Robert de, abbot of Tavistock, 326A
Kilham (Yorks, E. Riding), 55
Kilkenny, Andrew de, xci, p. 320 n. 79
—Henry de, Exeter canon, p. 320
—I. de, rector of St Winnow, 255, p. 320 n. 79
—William de, p. 320 n. 79
Knolle, mr Thomas de, Exeter canon, p. 321; *see also* Cnoll
Knotting (Beds), chapel of, 77
Knowstone (Devon), ch. of, 266; John, rector of, 266n.

L. mr, archdeacon of Surrey, 252W
Lakyng, Nicholas de, subdean of Salisbury, 289n.
Lambert, Exeter canon, p. 312
Lambeth, archiepiscopal palace, 186, p. 292
Lambrict, Osmod, wife of, 87n., 160n.
—Baldwin fitz, Exeter canon, 87W, 97, 104W, 116W, p. 316
—John, Exeter canon, 87n., 147W, 160W, 180(2), p. 317

Lameil, Peter de, tenant, 110
Lamerton (Devon), ch. of, 128, 136
Lamford, John de, Exeter canon, p. 320
Lanceles, Robert de, 167
Landeho, *see* St Kew
Landeschei, Adam de, tenant, 110
Landkey, chapel of Bishop's Tawton, 245-6
Landulph, Exeter canon, p. 321
Lanfranc, archbp of Canterbury, 3
Langahiw, William de, 170W
Langton, Stephen, archbp of Canterbury, xlvi–xlvii, lxixn., lxxn., 217, 226, 245, 291W, 286A
Lanherne (Cornw.), episcopal manor, 314; ch. of, *see* St Mawgan
Lanlivery (Cornw.), ch. of, 212
Lanteglos (by Fowey, Cornw.), ch. of, 234
Laon (Aisne) xxxv, xci; mendicant canons of, 12n.
Larcevesque, *see* Arcevesk
Launceston (Cornw.), pp. 294, 300, 310 n. 53A, *and see* Chercheton; castle, xliv
—college, 17A; dean of, *see* Pullo, Ralf
—St Stephen's priory, xxxiv, xxxvi, 17, 17A, 19n., 40, 111, 201A–C, 216A, 217B, 268–76; priors of, *see* Geoffrey, Osbert, Walter
—Adam, (? rural) dean of, 170n.
—Lanavatora, Roger de, military tenant, 110
—Lanretona, mr Benedict of, 140W
Laurence, abbot of Torre, 308n.
—monk of Holy Valley, Jerusalem, li, 277
—prior of Coventry, 107
—subdeacon, Exeter canon, p. 321
Lawhitton (Cornw.), 203, p. 296; deanery of, xxx
Leach, *see* North Leach
Lee, the (Bucks), canonry, and Ingelram of, 115
Leg', Ralf de, Exeter canon, 34W, p.315
Lega, Geoffrey de, knight, 33W, 134n; his son, William, 134
Leha (unidentified), Osbert clerk of, 82W
Leicester, Robert earl of, 38W
—Augustinian abbey, *see* Calwich, William abbot of
Leigh, Alexander lord of, 270W
—Michael de, clerk, lxxix
—All Saints, chapel in Harberton, 258n.
Leigh Barton (Milton Abbot, Devon), chapel of, 134
Lengres, mr Walter de, 180(2)
Leofled, Algar fitz, baron, 22n.
Leofric, bp of Crediton, Exeter, xxix, xxxii, liv–lv, lxxviii, 1–2, 25n., pp. 291, 302
Leofwine, mr, Exeter canon, 15W, 17W, 22n., p. 313

Leu, Luy, Ralf de, vice-archdn, 15W, 17AW, p. 311
—sons of, *see* Blethe; Strenn, Ailric; St Moth, Algar de
Lewannick (Cornw.), ch. of, 201A, 271; Lucas, vicar of, 201A
Lewes (Sussex), Benedictine priory, 18, 113
—archdn of, *see* Goscelin
Lichfield (Staffs), William dean of, 141W
Lidford, mr Nicholas de, and sons Richard and Robert, 159W
—Richard de, 97
—William de, 97
Lillebonne (Seine-Mar.), Hugh de, 178W; *and see* Hillabonna
Lilleshall (Salop), Augustinian abbey, abbot of, *see* William; John canon of, 141W
Limerick, bp of, *see* Patrick
Limesy, Ralf de, 16n.
—Roger de, mr, Exeter canon, lxx, lxxiii–lxxiv, lxxvin., 88n., 225(2, 5), 299n.; witness: 183, 206–7, 248, 252, p. 318
Linciis, mr Walter de, Exeter canon, lxix, witness: 189, 199, 203, 216, p. 317
Lincoln, bps of, *see* Alexander; Bloet, Robert; Wells, Hugh of
—Fulk of, mr William fitz, 78W
—Thomas of, 17AW
Lingèvres (Calvados), Lingefre, Linguive etc.; Lungefeir, John de, chaplain 201CW
—mr William de, lxxi, 225(2, 4); his daughter, 225(2)
Linham (unidentified), Richard, clerk of, 82W
Linkinhorne (Cornw.), ch. of, 268; parish of, 110A–B
Linleia, William de, 125W
Lire (Eure), Benedictine abbey, 114
Liskeard (Cornw.), ch. of, 217B, 225(2), 280
—Menheniot, hospital of St Mary Magdalene, 202, 218, 280, 323
Littlebury, Martin de, Exeter canon, p. 321
Littleham (Devon), ch. of, 253
—Roger of, lxxi
Liverlake (outside Exeter), 95
Llanthony Secunda (Gloucester), canonry, 37, 107–9
—mr Godfrey de, 107W
Loddiswell, Walter de, lxxix
Loders (Dorset), Benedictine priory, 66, 165
Loe (in St Feock, Cornw.), 44
Lombard, John, Exeter canon, p. 320
—William, lxvii–lxviii, 96W, 98W, 118W, 133W, 148W, 149
London, 125, 233, 324–5, pp. 291–2, 295–6, 299
—St Paul's, 324–5, pp. 297, 299–300

——bps of, *see* Basset, Fulk; Foliot, Gilbert; Neal, Richard fitz; Niger, Roger; St-Mère-Eglise, William de
——canons of, *see* Greenford, John of; Robert II, bp of Exeter
—Holy Trinity, Aldgate, Stephen prior of, 124W
—St Bartholomew's, Smithfield, p. 295
—(Londres) Henry de, archdn of Stafford, bp-elect of Exeter, xli, 149n., p. 303n.
—mr Henry de, Exeter canon (possibly the archdn of Stafford), lxviii; witness: 146, 148, 158–9, 165, 168, 174, p. 317
—mr Jordan de, 130W
—Philip de, 124W
—Robert de, Exeter canon witness: 144, 147, 158, ?159, ?166, 168, p. 317
Long, Geoffrey, vicar choral lvin., *and see* John; Walter
Longchamp, A. de, Exeter canon, 248W, p. 319
—Daniel de, Exeter canon, lxxiii, 299n., pp. 318 n. 72, 319
—S. de, 252W, p. 319
Lorraine, Lotharingian, Gwarin de, 98
—William de, Exeter canon, 15W, 17W, 22n., p. 313
Lostwithiel (Cornw.), chapel of, 312
Louis IX, king of France, lii
Lucius III, pope, 300
Lucy, Godfrey de, bp-elect of Exeter, bp of Winchester, xli–xlii, 222n., 249n.
—Richard de, royal justice, xli, 120, 193W
Ludbrook (Devon), tithes of, 53
—Baldwin of, 53
Luffa, Ralf, bp of Chichester, 4n.
Lungefeir, *see* Lingèvres
Lunor (in Halberton, Devon) moor, 315(1)
Lupel, Robert, 124W
Luscombe, Lulacumba (Devon), 118, 168; chapel of Harberton, 258n.
Lutebi, William, 97
Luton (Beds), ch. of, 125
—Alexander de, 125W
Luvel, Simon, archdn of Worcester, Exeter canon, p. 317
Luward, clerk, 73W
Lyons, general council of (1245), 286Cn.

Madworthy, estate, 43
Maidencombe (Devon), 104
Maker, Macra (Cornw.). ch. of, 168
Malet, William, Exeter canon, lxii, 104W, p. 315
Malger, bp William I's steward, p. 308 n. 34a

Malherbe, William, 134
Malmesbury (Wilts), Benedictine abbey, abbot of, see Robert de Veneys
Manalega, William de, and Sewacar, his brother, 96
Mandeville, Geoffrey I de, 46n.
—Godfrey de, Exeter canon, 17W, 22W, 22n., 34W, p. 313
—mr Peter de, Exeter canon, lxvii and n.; witness: 96, ?97, 98, 106, 118, 130, 134, 139, p. 316
—Roger I de, 46n.; Roger II de 46
—Stephen de, 33W, 46
—William de, earl of Essex, and his clerk William 170W
Margam (Glam), Cistercian abbey, abbot of, see William
Margaret, tenant, 110
Marisco, de, see Marsh
Mark, Exeter canon, 189W, p. 318
Marlborough, Thomas of, abbot of Evesham, lvii
Marmoutier (Tours), abbey, 219
Marsh, de Marisco, John de, lxix
—Richard de, royal clerk, bp of Durham, 223A, p. 309 n. 47
Marshal, Gilbert the, 110
—Henry, bp of Exeter, xxx, xliv–xlv, lx, lxviii–lxx, lxxxi, lxxxiii–lxxxiv, lxxxvi, lxxxix, 25n., 181–216A, 244, 251–2, 271, 279n., 283, 299, 320, pp. 296–7, 303, 317–18
—William the, xlv, xlvii, p. 306 n. 23; his wife Cristina, xlivn.
Martel, William, baron, 38W
Martin, 68W
—? archbp Baldwin's chamberlain, 150W
—archdn of Cornwall, lx, lxxivn., 249n., 250–1W, p. 311
—bp Bartholomew's clerk, lxvii, 98W, 118W
—monk of Tavistock, 326A
—mr, bp Brewer's clerk and official, lxxiii, 267, 283W, 292W, p. 312
—prior of Plympton, xln., 43n., 96n., 118, 133W, 166W, 168
—Robert fitz, and wife Matilda, 18, 126; nephew, Roger de Cockington, 126
—William, Exeter canon, p. 321
Maskerel, Thomas, 88
Matilda, abbess of Caen, lvi
—empress, xxxv, 110A
Matthew, Herbert fitz, lord of Chittlehampton, 296n.
—Manasser fitz, ? Exeter canon, 257W, p. 320

Mauclerk, Walter, rector of Bishops Nympton, lxx
Mauduit, Thomas, Exeter canon, lxxiii, 225(4), 299n., p. 318
Maurice, bp Henry's chaplain, 184W, 198W, 206n., 207W, 212W
Mawgan in Pyder (Cornw.), ch. of, 118n.
Mayenne, Walter of, and his wife Cecily, countess of Hereford, 108
Melawe, Henry de, succentor, 183n.
Melchbourne (Beds), ch. of, 77
Melhuish, Melewis, Meluis (in Tedbury St Mary), Genald de, Exeter canon, 106W, p. 316
—Henry de, archdn of Exeter xlin., xlvi, lx, lxix–lxxi, lxxvin. witness: 153, 183, 187, 189, 191, 193, 206, 225(2–4), pp. 304 n. 11, 307, 312 n. 59, 317
—Hugh de 201BW, p. 307, n. 32
Melun, Robert of, bp of Hereford, p. 307 n. 30
Menestre, Jordan de, tenant, 110
Meri, Richard de, 68W
Merih' (?Marwood), Henry de, 183n., 193W
Merton (Surrey), p. 299; Augustinian priory, lxvi, 14n.; Walter, prior of, 186
Methleigh (in Breage, Cornw.), 60
Meules, Baldwin (fitzGilbert) of, lord of Okehampton, sheriff of Devon, xxxv, 65n., 122n.; daughter of, see Adelis; granddaughter of, see Alice
—Richard fitzBaldwin, see Baldwin
Michael, abbot of Glastonbury, 264
—mr, steward, 225(5)
Middleton, Robert de, 134W
Mildenhall, Constantine de, Exeter canon, p. 320
Miles (?of Thorncombe), mr lxviii–lxx, 147, 161–4, 169n., 180(2), 201A; witness: 144, 146, 148, 153, 158–60, 165–72, 174, 178–9, 187, 189–92, 198, 201A, 206, p. 317
Milford Haven, p. 295
Millières (Manche), Peter de, xln.
Milton Abbot (Devon), ch. of St Constantine, 72, 136
Missenden (Bucks), Augustinian abbey, 115; abbots of, see Adam; John
—Ascatil, canon of, 141W
—Roger de, 115W
Modbury (Devon), Benedictine priory, 53, 171–3, 288; priors of, see Geoffrey; Richard; Walter; William
—Richard, rural dean of, 134W
Modr', Hervey fitz, knight, 73W
Molendino/is, see Moulins
Molland (Devon), ch. of, 265
—Thomas of, scribe, lxxix

Molton, Edmara de, 190W
—William de, provost of Exeter, 97, 190W
Monkleigh (Devon), ch. of, 281
Monkton Farleigh (Wilts), Cluniac priory, John, prior of, 124W
Montacute (Som.), Cluniac priory, 254, 281; prior of, *see* Thomas
—John of, ln.
Montebourg (Manche), abbey, 66, 116–17, 165, 203; abbot of, *see* Walter
Mont-Saint-Michel (Manche), Benedictine abbey, 197n., 206–7, 283–4; abbot of, *see* Jordan
Morchard Bishop, Morceth (Devon), 98; manor of, 91
Moresk (Cornw.), ch. of, 206, 283
Moreville, William de, 33W
Mortain, Robert of, 60n.; William count of, 254n.
Mortehoe (Devon), 16
Mortheshyll (outside Exeter), treasurer's land at, 88
Mortimer, Hugh II de, lord of Wigmore 56
Mortuna, Robert de, 96W
Morwenstow (Cornw.), ch. of, 234
Moses, mr, clerk, 139W, 141W
Mottisfont (Hants), Augustinian priory, John canon of, 251W
Moulins, Molendinis, mr William de, Exeter canon, treasurer, lxxv, 227n., 228W, 237W, ?278W, 315(2), pp. 306, 319
Mowbray, Robert de, earl of Northumberland, 76A
Musbury (Devon), Simon priest of, 66n.
Mustiers, William des, 33W

Naples, 286An.
Neal, Richard fitz, bp of London, 216W
Neath (Glam.), Cistercian abbey, abbot of, *see* Ralf
Necton, mr John de, Exeter canon, 251W, p. 319
Netherexe (Devon), ch. of, 225(4)
Neville, John de, 236
Newbury (Berks), 103, 142, p. 295
Newstead (Notts), Ansketil prior of, 78W
Newton, Alfred of, xlin.
Newton St Cyres (Devon), ch. of, p. 306 n. 28
Nicholas, carpenter, 179n.
—chamberlain, 179n.
—chaplain of Crediton, 58W
—choral clerk, lvin.
—clerk lxxiv, 291W
—clerk of Axminster, 66W
—hermit at Crediton 241
—monk and chaplain lxxiv, 292W

—nephew of bp Robert II, xxxviii, 64W, 68W
—St, of Myra, xlvii, xc
Nigel, Alfred fitz, knight, 12W; *see also* Neal
—bp of Ely, 31n., 56
—chaplain, 29W, 42W
—Iohel fitz, baron, 33n.
—Jocelin fitz, knight, 33W
Niger, Robert, bp of London, 325
Nonant, Guy (Wido) de, lord of Totnes, 22W and n., 41; wife Mabel, 41n.
—Roger I de, 49n.
—Roger II de, lord of Totnes, xxxv, 41n., 49n., 50
—William de, 41n.
Normandy, pp. 292, 294
Normanville, Robert de, 15W
—William de, Exeter treasurer, lvii, 15W, 41W, 49W, p. 305
Northampton, 120, pp. 293, 295;
—Henry of, abbot of Tavistock, 326A; Herbert, archdn of, 115W
—and Huntingdon, Simon de St Liz II, earl of, 38W
Northcote, Edil de, tenant, 110
North Leach (Glos.), manor of, 63
Northolt, William of, 115W
North Petherwin (manor of Werrington, Devon), ch. of St Paternus, 130, 136, 174, 216A
North Tawton (Devon), ch. of, 6
Norwich, cathedral priory, 219A; bps of, *see* Gray, John de; Ralegh, William; Suffield, Walter
Nottingham, p. 292
Nymet, Odo de, 64W

Oddington (Glos) manor of, 63
Odmar, Exeter canon, p. 312; see also Ordmaer
Odo, archdn of Barnstaple, 15W, 17–18W, 22n.; mr 17AW, p. 309
—archdn of Exeter, lv, p. 306
—bp's clerk, 49W, ?p. 308 n. 34a
Oger, Richard fitz, xxxviii
Ogwell, *see* East Ogwell
Okehampton (Devon), ch. of, 237; chapel of the castle, 237; G. official of, 207A
—lords of, xxxi, *and see* Meules, Baldwin de; Richard fitzBaldwin
Oliver, 68W
—albus, le Blonc 179n., 180(1)W
Orbec, Hugh de, Exeter canon, 17W, ?22n., ?32, p. 313
Ordmaer (Odmer), bp Leofric's brother, 1
Osbern fitzOsbern, bp of Exeter, xxix,

xxxii–xxxiii, lv, lxxxiii–lxxxv, lxxxvii, xci–xcii, 3–10, 15, 25n., 27n., pp. 291, 302, 312–3
—prior of Tywardreath, 73W
Osbert, abbot of Tavistock, 17AW
—archdn of Richmond, xxxvii
—*capellanus*, Exeter canon, 12W, 15W, 22n., p. 313
—chaplain of Braunton, xlviiin.
—Exeter canon, kinsman of canon Serlo, 96W, p. 316
—of Rouen, Exeter canon, p. 321
—prior of Launceston, 134W
Oseney (Oxon), Augustinian abbey, 103, 141; abbot of, *see* Edward; prior of, *see* Harding
Osmund, steward, 18W
Osulf, Richard fitz, tenant, 110
Otterton (Devon), ch. of, 283–4; priory, lxx, 168n., 206–7, 285
—its chapel of La Hedreland, 206, 283–4
Ottery, Roger de, ?Exeter canon, 134W, p. 316
—William of, bp's clerk lxvii, 98W
Otto, papal legate, lii, 279, 286An., p. 299
Oxford, p. 293
—John of, bp of Norwich, xliin.
—St Frideswide, Augustinian priory, xxxviiin., 25n.
—St Peter's le Bailey, ch. of, 25n.

Pagham (Sussex), p. 292
Paignton (Devon), 65, 142A, ?209, 275, 327, pp. 296, 300; deanery of, xxx; rector of, *see* Prudue, Martin
—Serlo of, 147W, 160W; *see also* Serlo Paine, Roger fitz, 96n.
Painswick (Glos), ch. of, 107
Paisforiere, Richard de, 105; *and see* Pasforere
Palerna, Peter de, 190n.
Pandulf Masca, papal legate, xlvi, lxxn., lxxi, 219W, 219A, 230n., p. 307 n. 32
Panson (Devon), tithes of, 272
Paris, St-Martin-des-Champs abbey, lxxxi, 12, 33, 227
Pasforere, Richard de, 42W; *and see also under* Poher, Hugh
Passelewe, William, royal clerk, 281n.
Patrich, Ralf, baron, 33W
Patrick, bp of Limerick, 32, 37W
Pawton (Egloshayle, Cornw.), deanery of, xxx
—manor of, 122n., 149, 212, p. 296
—John de, 242W

Payhembury (Devon), ch. and John rector of, 315(3)
Payn, *capellanus*, Exeter canon, his house in the close, xlviii; clerk 29W, 259n.; canon, 54W, 96W, 97, 99W, 110AW, 149W; pp. 302n., 316
—chaplain of Colebrook, 86
—portioner of Tiverton, 96W
—Richard fitz, 153W
Paz, family, lxin., 90
—mr John, Exeter canon, lxi–lxii, lxiv, witness: 33 and n.–4, 60, 82, 87, 122, 128, p. 315
—William, mr, lxin., lxix, witness: 190, 192–3, 198, 204, 208
Peccator, *see* Peche
Peche, Gille, lxiii
—Richard, xxxvi, lxi–lxiv, lxvi; witness: 49, 58, ?73, 87, 104, p. 315
—Richard, bp of Coventry, 78
—Robert fitzGille, *see* Gille
Pembroke, Roger de p. 310 n. 49
—Walter de, bp's official, archdn of Barnstaple, Totnes, lx, lxxixn., 237W, 259W, pp. 310, 312; rector of Rattery, 307
Pennart, Baldwin de, tenant, 110
Pennes, mr Robert de, 291
Penryn (Cornw.), 259n.; borough of, liii, 286, p. 299; peculiar deanery of, xxx, 208n.
Penwith (Cornw.), dean of, *see* Hervey
Pera, Hugh de, Exeter canon, p. 320
Perche, *see* Giles
Pere, Thomas de, 270W
Perranzabuloe (Cornw.), ch. of, 51, 92, 248
Peter, abbot of Quarr, 151
—bp Bartholomew's clerk, 124W
—canon of Plympton, bp's clerk, lxii, 64W, 66W, 73W
—Exeter canon, witness: 50, 58, 95, 97, p. 315; *see also below and* Mandeville, mr Peter de; Pichot, mr Peter; Richard (fitz Reinfred), Peter fitz
—Geoffrey fitz, p. 303n
—mr, brother of bp Robert, II, archdn of Cornwall, xxxviii, lx, lxii–lxiv, 63n., 151; witness: ?58, 60, 63–4, 66, 68, 73, 75, 87, pp. 310, 315
—mr, (? de Mandeville) Exeter canon, 95W, 97W, 167W
—*pincerna*, 106W
—prebendary of Teignton, 289
—priest, claimant to Carisbrooke, ch., 114
—prior of St Nicholas, Exeter, 225(2)
—Ralf fitz, p. 314 n. 67
—Walter fitz, cathedral treasurer, p. 306
Peterborough or Bury St Edmunds, *see* Bury
Petherwin (Cornw.), dean of, *see* Andrew; North Petherwin, ch. of, *see* North

Petrockstow (Devon), 29
Peverel, Hugh, 101n.
—Ralf, rector of Sandford, 101n., 315(1)
—Ranulf, 101n.
—Richard 99W, 101W
—Robert, xlvi
—Simon, 99W
—Walter, lxii
—William, of Sampford, 186n.
Peytevin, Osbert, 239
Philip, bp Henry's chaplain, 201AW, 203W
—(?fitzRoger), brother of bp Robert II, xxxviii, lxii, 64W, 68W
Phillack (Cornw.), ch. of, lxxixn., 139n.
Philleigh (Cornw.), 1n.
Picard, clerk of the earl of Gloucester, 139, 176, 321
Pichot, Geoffrey, 216
—mr Peter, Exeter canon, lxvii–lxviii, 167; witness: ?95, 96, 98, 111, 118, 133, 147, 149, 153, 180(2), p. 316
Pient, Simon de, 64W
Pilland (Devon), 12
Pilton (Devon), 12, 207A; ch., priory, chapel of St Margaret of, 207A; prior of, *see* Ralf
Pinhoe (Exeter), ch. of, 160
Pinu, Matthew de, 180W
Piriton, Walter de, archdn of Exeter, lix, 75; witness: 33, 40–2, 49–50, p. 306
Piun, mr Henry, 115
Plympton (Devon), 33n., p. 297; castle, xlix, 267
—deanery, xxx, 169
—lords of, xxxi, *and see* Reviers
—priory, xxxi, xxxiv, lxiv, 1n., 19–24, 27A, 41–6, 67, 104, 111A, 118–20, 142A, 166–70, 187n., 208, 225(3), 308n., p. 293
——canon of, *see* Peter
——priors of, *see* Geoffrey; Joel; John; Martin; Richard
——prior's fief, 110
—Jordan, chaplain of, 104W
—Nigel de, 308 n. 34a
Plymstock (Devon), chapel of, 20
Poer, John, Exeter citizen; his father Robert; his mother Emma and her grandmother Livena, his brother Bartholomew, his wife Mary and his children Roger and Emma, 95
Poher, Hugh; his daughter Emma; her first husband Richard Paisforere; her second husband Ralf fitzHelias; her sons Robert and Geoffrey, and Helias, Girard and Ralf, 105
Poier, Roger, knight, 12W
Pola, Maurice de, 41n.
Poldreset, Warin de, 174W

Polsloe (Exeter), nunnery, xxxixn., 121, 148, 326; prioress, *see* Brente, Isabella de
Pommeraye, family, 210n.
—Goscelin de la, baron, 112, 180(1)
—Henry de la, baron, 110, 112, 179n., 180(1)
—Ralf de, 65n.
Pontigny (Yonne), Cistercian abbey, 286A–C, p. 299
Pont l'Évêque, Roger of, archbp of York, lvii
Poore, Richard, bp of Salisbury 223A, 289n.
Porr', mr Gilbert, lxii
Portsmouth, p. 296
Postel, Robert, abbot of Tavistock, 33W, 70n.
Pott, Gilbert, vicar of Poughill (Cornw.), 270, 275, 283W
Poughill (Cornw.), ch. of, 269–70, 275, 276n.; vicar of, *see* Pott, Gilbert
—Pochelle (Devon), ch. of, 7, 225(2), 263
Prestecote, Richard de, 225(2)
Probus, Richard, 41n.
Prodom, Martin, Exeter canon, lxxi, lxxiv–lxxv, 259; witness: 241–2, 270, 278, 283, 292, 313, 315(3), pp. 311 n. 55, 319; Prudue, Martin, rector of Paignton, 228W
—Martin, mayor of Exeter, lxxivn.
—William, lxxi, lxxvi, 242W; *see also* Ralf, William fitz
Pruz, William le, junior, 241W
Puddington (Devon), 65
Pullo, Ralf, dean of Launceston college, 17A
Punchardon, family, 65n.
—Luke de, 65
—Reginald de, ?65W
—Richard de, 18W
—Roger de, baron, 42W
—William de, Exeter canon, p. 321
Put, Gilbert, bp's clerk lxxiv; *see also* Pott
Putford, Payn of, 74W
Pym, Herbert of, knight, 259

Quarr (I. of W.), Cistercian abbey 151–2; abbots of, *see* Peter; William
Quinel, Peter, provost of Exeter, liiin., lxxi
—Peter, mr, bp of Exeter, lii, lxxii, 299n.
—Richard, 150n.

R. (?Robert), archdn of Surrey, 141W
Raddeway, Robert de, clerk, 219W
Raddon, Richard de, bp's vassal, 110, 111
Ralegh, Hugh de, 85W
—William de, knight, 12W

—William de, sheriff, 267n.; Exeter cathedral treasurer, lxxv, 252W; bp of Norwich, Winchester, liii, 286A–B, 286Cn., pp. 306, 309 n. 47
Ralf, 54W
—133W
—abbot of Neath, 29W
—*anglicus*, Exeter canon, 63, ?p. 316
—brother of Herbert the butler, 47, 68
—*camerarius*, 99W, 101W
—clerk, 65W, 68W
——of archdn of Exeter, lxxiv, 237
—clerk, canon of Crediton, xlviii
—dean of Cornwall, xlin., lxiii, 73–4W
—de Hospitali, Exeter canon, xlin., xlvin., p. 317
—Hubert fitz, ? baron, 33
—janitor, 122W
—*medicus, see* Goscelin, Ralf fitz
—monk of Tywardreath, 73W
—mr, Exeter canon, 60W, 94W, p. 316
—prior of Pilton, 207A
—prior of Worcester, 141
—Richard fitz, 18W, 33W
—Robert fitz, 33W, 122W
—vice-archdn, lix; vice-archdn of Cornwall, 140W; sub-archdn of Exeter, 95W, 97W, 158W, p. 311
—William fitz, baron, 33W
—William fitz (Prodom), 94, 101, 159; his wife Aubrey, 101, 159; their son Walter, 159
Rame (Cornw., East archdeaconry), ch. of, 26n.
Ranulf, bp Robert II's chaplain, 58W; clerk, lxii–lxiii; witness: 64, 66, 68, 73–4; mr, Exeter canon, 60W, 65W, p. 315
—chaplain of Henry de Londres, xlvi
Rattery (Devon), ch. of, 307
Reading (Berks), Benedictine abbey, 123–4
Redgrave, mr Nigel de, 125W
Redmora, Reginald de, 150W
Reginald, bp of Bath, 124W, 178–9, p. 307 n. 30
—choral clerk, lvin.
—fitzRoy, earl of Cornwall, xxxv–xxxvi, 73n., 96n., 110A, 110B, 128n., 132n., 133, 217Bn., 268; his son Nicholas, 110AW; his son William, 96W
—mr, *see* Gupil
—prior of Christchurch, 81
—prior of St James, Exeter, 116W
Reimund, Exeter scholar, schoolmaster, lvi
Reiner, bp of St Asaph, 217
Reinfred, Exeter canon, xxxix; family, xxxix, lxin., p. 314 n. 67
—(Remfrey), Anger fitz, p. 314 n. 67

—Philip fitz, Exeter canon, 118W, 153n., p. 314 n. 67
—Ralf fitz, Exeter canon, p. 314 n. 67
—mr Richard fitz, Exeter canon, xxxixn., lxi–lxii, lxiv, lxxviin., 84, 153; witness: 49–50, 82, 87, 122, p. 314 n. 67
——Peter fitz, Exeter canon, lxvii–lxviii, 153; witness: 96, 99, 106–7, 118, 133–4, 149, ?167, pp. 314 n. 67, 316
——Ralf fitz, p. 314 n. 67
——Philip fitz, lxvii, 118W, 153n., pp. 314 n. 67, 316
——Thomas fitz, Exeter canon, ?60, 96W, 104W, 153, pp. 314 n. 67, 315
—Payn fitz, 29W; knight, 110
Reinger, Theobald fitz, baron, 22n.
Reinn, Richard, clerk, lxii
Renni, Robert de, lxii
Repton (Derbys), Stephen clerk of, 78W
Restold, Exeter canon, p. 312
—Walter fitz, Exeter canon, 22n., 34W, p. 314
Revelstoke, chapel of Yealmton (Devon), 290
Reviers, Redvers, Baldwin I de, lord of Plympton, earl of Exeter, xxxi, xxxv–xxxvi, lxxxi, 22W and n., 33, 43, 96, 101n., 289n., 308n., pp. 302n., 314 n. 66; his sons, Henry, Richard, William 33W; his steward, *see* Hubert
—Baldwin II de and widow Margaret, 267n.
—Richard de (d.1107), 46n., 66n.,
—Richard I de, xxxin., lxivn., 33W, 96, 101n., pp. 302n., 314 n. 66
—Richard II de and his wife Adeliza, 33
Rheims, p. 292
Rhingburga, ? Exeter citizen, 43
Richard, Andrew fitz and family, 314
—archdn of Wiltshire, xli
—*camerarius*, 106W
—chaplain of bp John, lxviii; witness: 144, 148, 158–9, 168, 178, 217B
—chaplain of Plympton, 85W
—clerk to bp Robert II, *see* Peche; Salisbury
—*dapifer*, 73W
—earl of Cornwall, lxxivn., 233, 321
—Exeter canon, p. 312, cf. 321
—I, king of England, xliv–xlv, p. 296
—Laurence fitz, 241W, 314
—monk, 33W
—Nicholas fitz, 22n.
—*persona*, 147W
—Peter, Philip, Thomas fitz, *see under* Reinfred, Richard fitz
—*pincerna*, 171–2W
—prior of Modbury, 288
—prior of Otterton, lxviin.
—prior of Plympton, 1, 85W, 169n., p. 302n.
—William fitz, Exeter scribe, lxxxi, 97

INDEX OF PERSONS AND PLACES 343

Ridel, Geoffrey, archdn of Canterbury, 120
Rillaton (in Linkinhorne, Cornw.), 110A
Robert, abbot of Forde, 150W, 171–2W
—(Postel), abbot of Tavistock, xcix, 33W
—abbot of Tewkesbury, 297n.
—bp of Bath, 31n., 63
—I (de Warelwast), archdn, bp of Exeter, xxxiv–xxxvii, lix, lxi–lxiii, lxxxiii, lxxxviii, xci, xcix; as archdn, 15W, 22n., 23W, 27AW; as bp 28–55, 64, 111A, 118–19, 166–8, 268n., 308n., pp. 293–4, 302, 306, 314–15
—II (of Chichester), dean of Salisbury, bp of Exeter, xxxvii–xxxix, xlii, lix, lxii, lxxxii–lxxxv, lxxxvii–lxxxviii, xci, xcix, 51–75, 96, 100, 118–19, 122, 144, 166, 168, 203, pp. 294, 302, 315
—*camerarius*, witness: 29, 40, 54, 60
—bp John's chaplain, 164W
—cathedral cantor, lxii, 33n., 40W
—choral clerk, lvin.
—*dispensator*, 147W, 163W
—earl of Gloucester, 139n.
—Exeter canon, p. 312
—the hermit, 42n.
—*hostiarius*, lxiii, 68W
—John fitz, bp's official, lxxix, p. 312
—monk, 141W
—priest, ?of Exeter, 97
—prior of St James, Exeter, 180(2)
—*scriptor*, lxxx, 60W
—'de Veneys', abbot of Malmesbury, xl–xli
—vice-archdeacon of Cornwall, p. 311
Roc(ha), William de, 171–2W, 178W
Roche, de Rupe, Hugh de, Exeter canon, p. 320
—Ralf de, xli; knight 110
Roches, Peter des, bp of Winchester, li–lii, 217, 222A, 267A, pp. 298, 303n., 319 n. 75
Rochester, bps of, *see* Benedict; Glanvill, Gilbert; Sandford, Henry; Walter
Rof, mr John, archdn of Cornwall, dean of Exeter, lx, lxxi, lxxiv, lxxvin., lxxixn., 183n., 237W, 242W, 250W, 252W, 259n., 263–4W, pp. 303, 310 n. 49, 311, 319
—Martin, Samson and William, Exeter city dignitaries, lxxi, lxivn.
Roger, 97
—228W
—the almoner, lxvi, 101W, 104W, 122W; mr, Exeter canon, 141W; archdn of Barnstaple, lix, lxviii; witness: 95–8, 111, 118, 124, 134, 148, 158, 166–7, p. 309
—archdn of Barnstaple, *see* the almoner
—bp of Salisbury, lxiii, 38W
—bp of Worcester, xl, 76An., 108, 110AW, 120n., 125, 139, 141, 142W
—chamberlain, lviii, 22W
——147W, 163W, 171–2W

—chaplain of earl Reginald, 110AW
—clerk of archdn of Exeter, lxxiv, 237W
—dean (? in Cornwall), 73W
—Herbert fitz, provost of Exeter, lxxvin.; *and see* Herbert
—knight, nephew of bp Robert II, xxxviii, lxii, 60W, 64W, 68W
—monk of St James, Exeter, 97
—Philip fitz and nephew Roger, 65W
—poet, ? abbot of Forde, lvin., 74W
—priest of Bythaham, 122W
—Theobald fitz, Exeter canon, 104W, p. 316
Rome, pp. 292–4, 297, 299; popes, *see* Adrian IV; Alexander III; Celestine ?III; Clement III; Eugenius III; Gregory IX; Honorius III; Innocent III, IV; Urban III
Romney, New (Kent), ch. of, 286A
Rotlamnus, archdn of Exeter, p. 306
Rouen pp. 292–3; archdn of, *see* Giles; cathedral chapter, 55
—John of, 44; knight, 110
—Osbert of, Exeter canon, p. 321
—Robert of, 15W, 22W and n.
—mr, 170W
—William of, lord of Trevilla, 44
Rousdon (Devon), chapel of St Leonard, 165; chapel of St Pancras, 66, 116–17, 203
Ruan Lanihorne (Cornw.), ch. of, 168 *see* St Mawgan
Rudway, Robert de, lxxi
Ruffinus, Exeter canon, p. 321
Ruffus, Thomas, 174W
Rufus, William, Exeter vicar choral, lvin.
Russignol, Peter, precentor of York, 219A

St Albans (Herts), Benedictine abbey, 76A, 125; abbot of, *see* Simon
——Nicholas of, prior of Wallingford, 103W
—Anthony (in Roseland, Cornw.), 1, 168, 208n.
—Asaph, bp of, *see* Reiner
—Aubin, Albinus, Malger de, knight, 12W
—Austell (Cornw.), ch. of, 74
—Breward (Cornw.), ch. of, 186; vicar of, *see* Ger'
—Bride, mr Adam of, cathedral precentor, lxxiii, lxxv, 252W, 263W, 268W, 299n., p. 304
—Buryan (Cornw.), ch. of, 287, pp. 299, 308 n. 38
—Cadix, Cirici, in St Veep, cell of, 281–2
—Calais, William of, bp of Durham, 76A
—Cirix, *see* Cadix
—Columb Major (Cornw.) ch. of, 314
—Cuni, Robert de, 134W
—David's, bp of, *see* Bernard; *see also* Exeter, city's churches

—Dogmells (Pembroke), Benedictine abbey 126, 307; Richard, abbot of, 126
—Erth (Cornw.), ch. of and Hervey vicar of, 191
—Evroult (Orne), p. 292
—Faith, William de, precentor of Wells, 130W, 150W
—Feock (Cornw.), ch. of, 44
—Gennys, ch. of and chapels of St Juliot and Crackington (Cornw.), 111, 273–4
—Germans (Cornw.), 208, pp. 294, 297; ch. of, xxix, 44, 127; priors of, see Alfred, Anger, William; manor of, 157; deanery of, xxx
—Gerrans (Cornw.), ch. of, 208
—Giles on the Heath (Werrington, Devon), 216A
—Goran, mr John de, bp's official, lxxiv–lxxv, 251W, 259, 270n., 315(3)W, pp. 312, 320
—Hilary (Cornw.), ch. of, 206, 283
—Issey, Egloscruch (Cornw.), 69, 122; ch. of, 93, 149, 194, 248; parson of, see Lombard, William
—Jacob, Roger de, 190W
—John (Cornw., East archdeaconry), ch. of, 26n., 71
—Juliot (Cornw.), chapel of, 111, 274
—Just (in Roseland, Cornw.), ch. of, 1, 168, 170, 187
—Keverne (Cornw.), ch. of, 233; Benedict, vicar of, 233
—Kew, Landeho (Cornw.), ch. of, 24, 168; manor of, 24n.
—Leonard's (Exeter), Avicia of, 33n., 97; land at, 95
——Almar, priest of, 97
——Reginald of, Exeter scholar, lvin.
——Stephen of; his wife Cristina; his heir Adam; his brother Robert fitzNigel, 97
—Lô, Geoffrey de, Exeter canon, 15W, 22n., ?42W, p. 313
—Martin, Ralf de, 150W
——William de, precentor of Crediton, p. 320 n. 78
—Marychurch (Devon), ch. of, 32, 248
—Mawgan (Pyder, Cornw.), ch. of, 314
—Michael's Mount (Cornw.), Benedictine priory, 2, 206n., p. 294
—Motho, Algar de, 17AW
—Nectan's see Hartland
—Neot (?), ch. of, and Roger chaplain of, 281
—Nonna (Altarnon, Cornw.), ch. of, 282
—Ouen, Audoeno, Roger chaplain of, 107W
—Petroc, mr Peter of, l
—Pierre-sur-Dives (Orne), abbey, 171, 288
—Probus (Cornw.), ch. of, 256, p. 308 n. 38
—Sidwell's (Exeter), 95

—Stephen's (nr Trematon, Cornw.), ch. and Philip parson of, 171
—Teath, Egglostetha (Cornw.), lxxiin., 24n.
—Veep (Cornw.), ch. of, 281–2
—Wenn (Cornw.), ch. of, 296–8, p. 303n.; parsons of, see Anagni, Stephen d'; Stanwey, William de
——Benedict of, parson of Crowan, 296
—Winnow (Cornw.), ch. of, 255; rector of, see Kilkenny, I. de
——Iohel de, 110
Ste-Mère-Église, William de, bp of London, 217, 223A
Salcombe (Devon), ch. of, 248
Salisbury (Wilts), 83; cathedral, 141, 289–90; bps of, see Bingham, Robert; Bohun, Jocelin de; Roger; Poore, Richard; York, William of
—archdns of, see Bridport, Giles of (Berkshire); Ernald; Richard
—dean of, see Robert II, bp of Exeter
—sub-dean of, see Laking, Nicholas de
—prebend of Teignton (Devon), xxx, lxiiin., 289–90
—precentor of, see Salisbury, Roger of; Walter
—John of, Exeter treasurer, xxxviiin., xxxix, xli, lxiii–lxvi, lxxx, 76An.–Dn., 114, 259n.; witness: 78, 81, ?94, 103, ?106, 125, 130, 139, 141, 142A, pp. 305, 316
—mr Richard of, Exeter canon, xxxixn., lxiii, lxvi, 87W, p. 315
—Roger of, precentor, 289n.; bp of Bath, 289n.
Salmonville, Philip de, 221n.
Salsomari, Saltem', William de, Exeter canon, 104, 116W, p. 316
Salvage, Roger, 68W
Samson, clerk, 170W
Sancreed (Cornw.), ch. of, 139, 257, 297n.
Sancta Christina, Walter de, Exeter clerk, canon lxxv, 278W, p. 319
Sanctusrige (? Cornw.) 47, 68
Sandford (Devon), rector of, see Peverel, Ralf
—Henry, bp of Rochester, p. 298
Sandwich (Kent), p. 298
Sanfort, Henry de, official of the archdn of Totnes, 225(2)
Saucei, Sassy (Saussey, Manche), Hugh de, 118, 168
Savaric, bp John's chaplain, 144W; Exeter canon, 166W, p. 317
—bp of Bath and Glastonbury, 213
Savigny (Manche) abbey, abbot of, see Serlo
Savoy, Boniface of, archbp of Canterbury, 316n.

INDEX OF PERSONS AND PLACES 345

Saxo, Ralf, 96W
Scaccario (exchequer), Helias de, 115W
Scaccis, Roger de, 189W, p. 318; cf. Scocis
Scild, Sildune, ?Sheldon, Jordan de, 64W, 68W
Scilly (Cornw.), 131–3; St Mary's, 131; Benedictine priory of St Nicholas, 131, 133
Scocis, Robert de, baron, 33W; cf. Scaccis
Scor, Robert de, 41n.
Scott, Ælric, Exeter canon, p. 312
Seaborough (Som., Dorset), 105
Sechevill, Robert de, 179n.; *see also* Siccavilla
Sefred, dean of Chichester, 124W
Sens (Yonne), p. 295
Seric, Alfred fitz, 57, 144
Serlo, abbot of St Peter's Gloucester, 10
—abbot of Savigny, 29
—Benedict fitz, 259n.
—chaplain, lxx, witness: 183, 201C, 208, 212–4; archdn of Totnes, lx, 225(3); archdn of Exeter, lx, 225(5); dean of Exeter, xlix–l, lxxi, lxxiii, 245–9, 263W, 268W, 284W, 299n., pp. 303, 307, 308, 310 n. 48, 318
—'collector' of Devon, lxiiin., 289n., p. 319 n. 76
——Richard fitz, lxiiin., 289n.
—Exeter canon 95–7W, 189W; subdeacon p. 316
—of Paignton, 147W, 160W
—William fitz and sons Serlo, Benedict, 259n.
Seward, monk of St James, Exeter, 95W, 97
Shaugh Prior (Devon), 41n.
Shebbear (Devon), ch. of 223, 299n., 309, p. 309 n. 46; P. chaplain of, 223
Sheldon, mr Godfrey de, 195n; Roger de 195; Jordan de, *see* Scild'
Shelford (Notts), Augustinian priory, prior of, Remigius/?Raymond, 141W
Sherborne (Dorset), Benedictine abbey, 253
Sherford, *see* West Sherford
Sheviock (Cornw.), ch. of, 71; honour of, 26, 48
Shorenton(?), William de, Exeter canon, p. 321
Shute (Colyton, Devon), chapel of, 193; Aymer of, 193
Siccavilla, James de, Exeter canon, p. 320; *see also* Sechevill
Sidbury (Devon), 150n.; ch. of, 32, 248; rector of, *see* Chaplain, Roger fitz
—Richard of, 183n.
—Roger of, Exeter canon (?Chaplain, Roger fitz), lxii, lxiv, 34W, 58W, 87W, 128W, p. 315

Sidmouth (Devon), ch. of, 206–7, 283
—Richard of, lxxi
Sildune, Jordan de, *see* Scild'
Silverton (Devon), 96n.
Silvester, ? decretalist, 139W, 141W
Simberne, Ralf de, canon of Crediton, 255W
Simon, abbot of St Albans, 103W, 125
—acolyte, Exeter canon, p. 321
——29W, p. 321
—archdeacon of Cornwall, lxxi, 195n., pp. 310 n. 48, 311
—bp of Chichester, 185
—bp of Worcester, 36–7; mr Simon, archdn of Worcester, 139W, 141W
—*dapifer*, 106W
—of Apulia, dean of York, bp of Exeter, xlvi–xlvii, lx, lxx–lxxii, lxxxiii–lxxxiv, lxxxvi, xc, 195n., 217–25, 230n., 299, pp. 297, 303, 318–19
—Exeter vicar choral lvin., 87W
Slaughter, *see* Upper Slaughter
Slebech (Pembr.), chapel of, 142; preceptory of, 142n.
Smisby (Derbys), tithes of, 78
Socrat', Geoffrey 49W
Soisy-en-Brie (Yonne), Augustinian priory, 286An., 286B
Somercotes, mr Walter de, 291W
Sonka, Walter and Paulina, lxxi, p. 308 n. 39
Sopley (Hants), ch. of, 81
Sor, family, 187; John le, 1, 170; Osbert, William, 1
South Brent (Devon), Richard vicar of, 258n.
Southease (Sussex), ch. of, 113
Spare, Richard, 97
Spineto, Geoffrey de, baron, 33W
Spittle, family, *see* Hospitali
Stafford, archdeacon of, *see* London, mr Henry de
Standish (Glos), manor of, 63
Stannga, Ralf de, 110
Stansted (Sussex), 124n., p. 296
Stantora, Stephen de, 110
Stanwey, mr William de, parson of St Wenn, dean of Exeter, 296, 297n., p. 303
Staverton, Stovretona (Devon), ch. of, 32, 248
—Roger clerk of, 82
Stephen, bp John's clerk, lxviii, 148W, 207A
—king xxxvi, 38W
—*pictor*, 95
—prior of Taunton, 105W, 116W
—Ralf fitz, 69, 110, 122
—serjeant, 96W
—William fitz, 104, 222
Stoca, Ralf de, priest, 134W
Stockleigh Pomeroy (Devon), ch. of, 112

346 INDEX OF PERSONS AND PLACES

Stoke Canon (Devon), 17n, 32; ch. of, 248; rector of, see Godfrey, Richard fitz
Stokeinteignhead (Devon), ch. of, 168
Stokeley (Stokenham, Devon), 42, 118, 168
Strange, see Walensis
Stratford Langthorne (Essex), Cistercian abbey, abbot of, see William
Stratton (Cornw.), ch. of, 276; vicar of, see Kayninges, Andrew de
Strete (in Blackawton, Devon), 46
Struguil, Gilbert de, Exeter canon, p. 320
Suffield, Walter, bp of Norwich, 286An.
Surrey, archdns of, see mr L.; R(?Robert)
Sutton (Plymouth, Devon), ch. of St Andrew, 23, 120; history of, 23n.; hereditary priests of, Alfheah, Sladda, Alnod, Dunprust, William Bacini, 23n.
—mr G. de, ? chaplain of bp Henry, witness: 207A, 208, 213–14; ? = Thomas, 208n.
—Thomas, clerk of, 23n.
—mr Walter de, ? Exeter canon, 189W, 206W, 207A, ?208W, p. 318
Sutwille, Simon de, Exeter canon, p. 321
Suweton, (? Staverton, Devon), Bartholomew parson of, 284W
Swimbridge (Devon), chapel and cemetery of, 52, 245–6
Swindon (? Wilts), Henry de, 279W
—mr Hugh de, l
—mr R. de, 279W
—William, clerk of, 201CW, 203W; Exeter canon, lxix–lxxi, lxxiii, 225(5), 299n.; witness: 183, 187, 190–1, 198–9, 201B, 204, 206–7A, 213–4, p. 318
Sydenham Damerel (Devon), W. rector of, Roger vicar of, 272
—(Marystowe, Devon), ch. of, 168

Talaton, Taleton, mr Adam de, Exeter canon, 160W, 163W, 179W, 190W, p. 317
Talcarne (Minster, Boscastle, Cornw.), Benedictine priory, lxix
Tale (Devon), Forde abbey's chapel at, 315(3)
Talenar, Geoffrey, 170W
Talunna, Talumpna, John de, 110
Tamerton Foliot (Devon), ch. of, 168
Taunton (Som), archdns of, see Baldwin; Wilton, mr Hugh de
—Augustinian priory, priors of, see Stephen; William
—canon of, see Aszo, Richard fitz
—William of, Exeter canon, 170n., 193W, p. 318
Tavistock (Devon), Benedictine abbey, xxxi, xlviiin., 26, 48, 70–2, 128–36, 174–5, 216A, 291–2, 326A; abbots of, see Geoffrey; Herbert; John; Kidknowle, Robert de; Northampton, Henry of; Osbert; Postel, Robert; Walter; prior of see Alfred; monk of see Martin
—John, chaplain of, 133–4W, 140W
Tawstock, Taustoca (Devon), ch. of, 12, 227, 227A; parson of, see Chagford, Henry de; vicar of, see Amisius
—John de, 130W
Tawton, Taut', Daggulf of, 64W
Tawton, see North Tawton
Tedburn St Mary (Devon), p. 307 n. 32
Teignmouth, Teingemuda (Devon), ch. of, 32, 248
Teignton (Devon), prebend of, xxx, lxiiin., 289–90, p. 319 n. 76
—Alfred of, 134W
—mr Ralf de, 190W, 203W
—Thurstin of, 130W, 140W
Teignwick (? Highwick, Devon), chapel of Kingsteignton, 290
Telscombe (Sussex), tithes of, 113
Templars, l
Temprenoise, mr Robert, 130W
Terry, Turri, Andrew, lxxi, 150n., 259 and n.
—Geoffrey fitz, 118W, 259n.
—Jordan, 190W
Tessun, mr H., Exeter canon, 250W, p. 319
Tetteburn, Thomas de, knight, 241W
Tewkesbury (Glos), Benedictine abbey, 137–9, 176, 257, 293–8, 315(2), 321n.; abbots of, see Fromund; Robert
Thanet (Kent), ch. of, 30
Thebaldus, dean, 49W
Theobald, archbp of Canterbury, xxxvii, xxxix, xl, lvii, lxvii, 13n., 30–1, 38W, 46, 49n., 56, p. 302n.
—Baldwin fitz, Exeter canon, p. 320
—John fitz, 97
—prior of Tywardreath, 110B
—Ralf fitz, baron, 22n.
—William fitz, Exeter canon, 17W, pp. 313–14
Theoderic, Exeter canon, 17AW, p. 313
Theophania, sister of Exeter canon, p. 315
Thesaur', William, steward, 54W
Thesaurario, Nicholas de, 187
Thierville, William de, lxvii
Thomas, archdn of Barnstaple, lxix, 149W, 170W, pp. 304 n. 9, 309
—Becket, St, archbp of Canterbury, xxxvii, xxxix–xli, xliii, lvii, lxiv, lxvii, lxxx, 123n., 177, 286A, 287, p. 294
—brother of bp Robert II, xxxviii, 64W, 68W
—the Butler, archdn of Totnes, lx, lxxii,

lxxv, 259; 270n.; witness: 237, 241–2, 252, 313, 315(3), p, 309
—Exeter canon, 60W, p. 315; *see also* Richard, Thomas fitz
—bp Brewer's chaplain, lxxiv–lxxv, 241W
—clerk of Sutton, 23n.
—bp William's clerk, 237W, 257W
—bp Blund's pantler and son Reginald, lxxix
—mr, prebendary of Ashclyst, 308
—cathedral precentor, 146W, 158–9W, 165W, 178W, p. 304
—prior of Montacute, 116W
Thorncombe (Devon, Dorset), ch. of, lxviii, 161–2; manor of, 105; rector of, *see* Miles; *see also* Forde abbey
Thorverton (Devon), ch. of, parson Serlo, vicar Julian, 219
Thurstan, archdn of Worcester, 36
—clerk, 122W; Exeter canon, 96W, 99W, 106W, 141W, 149W, 153W, 189W, p. 316
—Richard fitz, 54
—William fitz, 54W
Thurstin, clerk of William of Pont-de-l'Arche, 27, 54n.
Ticknall (Derbys), William priest of, 78W
Tirim, Payn de, 180W
Tiverton (Devon), ch. of, 33, 96
Tockenham (Wilts), ch. of, 36n.; Roger de, 36
Tolverne, Tauuren (in Philleigh, Cornw.), 1
Topsham (Devon), 33, 98n.; ch. of, 248; chapel of St Margaret, 190
Toriz, mr Roger de, canon, archdn, dean of Exeter, lxxv, 241W, 259, 320n., pp. 307, 311 n. 56, 319
Torkarigga, Geoffrey de, 110
Torre Mohun (nr Paignton, Devon), Premonstratensian abbey, xlv, lxxiin., 46n., 209–11, 220–3, 260, 327, pp. 299, 309 n. 46; abbots of, *see* Adam; Lawrence; W.
—ch. of, 209, 299; rector of, *see* Brewer, Richard
Totnes (Devon), archdeaconry of, xxix, xlin., 245, *and see* Baldwin, mr; Bartholomew; Basset, Gilbert; Bernard; Bridport, John de; Ernald; Eu, Hugh d'; Gille, Robert fitz; Gray, Walter de; Isaac, mr; John; Kent, John of; Serlo; Thomas the Butler; William; William, provost of St-Omer; Winkleigh, Roger de
—ch. of St Mary, 49; Benedictine priory, 49–50; prior of, *see* Walter
—dean (rural) of, *see* Richard, vicar of South Brent
—lords of, xxxi, 49, *and see* Iudichael; — Alfred fitz; Nonant, Guy of; Roger II de
—Ralf of, Exeter canon, 203W, p. 318

—mr Richard of, lxxix, 96W
Tours (Indre-et-Loire), p. 295
—Walter le, 259n.
Townstall (Devon), ch. of, 222, 299n., 310–13, 327; Hugh, vicar of, 327
Tracy, Alan de, clerk, 180(1)
—Henry I de, lord of Barnstaple, xxxv
——II de, lord of Barnstaple, 179n., 227–9
—Oliver de, lord of Barnstaple, 179–80
—William II de, lord of Bradninch, 65n., 110, 180, p. 314 n. 66
Trecarl, Jordan de, 110
Tregear, Treger (Cornw.), episcopal manor of, 1, 208n.; hundred of, 44n.
Trelask, Richard de, 201An.
Tremearne (Cornw.), chapel of, 60n.
Treminet, de tribus minutis, family, 34n.; Goscelin de, 178; Walter de, 34
Treneglos (Cornw.), 73
Tresloske, R. de, knight, 259
Treuthem, Adam, clerk, 201C
Trevalga (Cornw.), ch. of, 137, 257, 297n.
Trevilla (in Tregear, Cornw.), manor of, 44
Tubertin, Exeter canon, p. 315; Tubert, priest, 58W, p. 315
Tuffley (Glos), 10
Tunbridge, Geoffrey de, 98
Turbert, Walter, mayor of Exeter, lxxi
Turberville, Ralf de, lxxixn.
Turold, Richard fitz, 73n., 140n.; wife Emma, son William fitzRichard, 140n.
Tydnig, Gilbert de, Exeter canon, p. 320
Tynemouth (Northumb.), ch. of, 76A
—mr John of, 213–14
Tywardreath (Cornw.), Benedictine priory, 73–4, 140, 186n., 212, ?260; priors of, *see* Baldwin; Osbern; Theobald; monks of, *see* Baldwin; Ralf

Ugborough (Devon), ch. of, 168
Umberleigh (Devon), ch. of, and incumbent Andrew, 137
Umfraville, Gilbert de, 165
Unfred, 97
Uplyme (Devon), ch. of, 264; Alveret, priest of, 66n.
Upottery (Devon), ch. of, 278–9
Uppaton, Alwi de, 134
Upper Slaughter (Glos), Alan clerk of, 107
Urban, mr, lxii
—III, pope (Hubert Crivelli), lxvn., 145, 177, 300

Val, le (Calvados), Augustinian abbey, 112, 210, 220, 278–9; abbot of, *see* Bernard
—Beatrice du, wife of William Brewer, 209n.
Valence (Drôme), p. 293
Vallegrent, William de, 180(1)W
Vautortes, Valletorta, lords of Trematon, Juhel de, 120; Ralf I de, 120n., 171; Reginald I de, 23, 53, 122n., 173; II de, 120n.; III de, 288; Roger I de, 53n., 171; Simon de, 200n.
Vaux, Vals, Vaus, Hubert, de 22W, 33W
—William de, clerk, 105W
——Hospitaller, 85W
Veneys, Robert de, abbot of Malmesbury, xl
Venn Ottery (Devon), chapel of, 206, 283
Ver-à-Val (Seine-Mar.), xxxiii, lxv *and see* Warelwast
Vercelli, abbey of St Andrew, 223A
Vere, Aubrey de, 38W
Vincelin, William, 147W
Virginstow (Devon), Gilbert rural dean of, 134W
Vitalis, Ralf (fitz), 15W, 22n., p. 314
Vitellius, 17AW
Vivian, Exeter canon, cathedral treasurer, lv–lvi, pp. 305, 308, n. 34a, 313
Vorly, Osbert de, Hospitaller, 85W

W. abbot of Torre, p. 309 n. 46
—mr, cathedral precentor, 279W, p. 304
—sub-chamberlain, 150W
Wadeton, Osbert de, knight 110; Wdeton, Hamelin de, 174W
Walcher, bp of Durham, 76A
Wales/Welsh, Walensis, Waluesis, John, 133W, 153, 190 and W
—R. de, 270n.; Richard de, clerk, parson of Upottery, 278–9
—Robert of, lxviii, 148W
Wallingford (Berks), Benedictine priory, mr Nicholas prior of, 103W, 125W
Walter, abbot of Montebourg, 66
—abbot of Tavistock, xcix, 70–2, 116W, 129, 131n.
—bp of Rochester, 56, p. 294
—*capellanus*, Exeter canon and seneschal, 257, p. 320
——94
—chaplain to bp John, lxviii; witness: 146, 148, 165, 168, 171, 174, 178
—clerk to bp John, lxviii, 148W, 172W, 193W
—mr, clerk, 207W
—clerk of St Pancras, Rousdon, 66

—de . . . lor, Exeter canon, p. 321
—Exeter canon, and sister Theophania, p. 315
—Gilbert fitz, ? choral clerk, 87W
—Hubert, archbp of Canterbury, xlv, 181, 184, 186, 195n., 205n., 213n., p. 303n.
—Longus, Exeter canon, p. 314
—precentor of Salisbury, 124W
—prior of Bath, 179W
—prior of the Hospital of St John, 85–6
—prior of Launceston, 201C, 203W
—prior of Modbury, 186
—prior of Totnes, 53W
Waltheof, earl of Northumbria, 76A
Walton, *see* East Walton
Wance, Wanci, Richard de, Exeter canon, 34W, 49, p. 314
Warelwast, Robert de, archdn and bp (I) of Exeter, *see* Robert
—William de, archdn, bp of Exeter, xxix, xxxiii–xxxiv, lv–lvi, lviii, lxi, lxv, lxxxi, lxxxiii–lxxxv, lxxxvii–lxxxviii, xci, 11–27A, 42–5, 47, 110n., 118–19, 166, 168, pp. 292–3, 302, 306, 313–14
—William de, bp William's nephew and steward, xxxiv, 42, p. 308 n. 34a; his wife Aliz, 42n.
Warin, Richard fitz, p. 318 n. 71a
Warner, Robert fitz, chaplain of Gamlingay, 83
Warwick, mr Henry de, Exeter canon, chancellor, lxix–lxxi, lxxiii, 225(2, 4, 5), 245n., 259, 299n.; witness: 183–4, 187, 189, 191, 198, ?206, 208, 248, 268, pp. 305, 306 n. 24, 318
—Roger, earl of, 38W
Washbourne, chapel of Harberton, 258n.
Waudestr, Geoffrey de, 179W
Waverley (Surrey), Cistercian abbey, Henry abbot of, 124W
Wedmore (Som) ch. of, 9
Wells (Som), cathedral, 178–9, 213–15, 224, p. 314 n. 66
—bp of, *see* Giso; dean and chapter of, 214; prebends of Awliscombe, Holcombe Burnell, xxx
—Henry de, bp Brewer's clerk, lxxiv–lxxv, 237W
—Hugh of, bp of Lincoln, 217, 223A
—William de, *scriptor*, 179n.
Wenmene, Robert de, 110
Wera, Thomas de, clerk, lxxv, 259
Werri, Robert, bp's clerk, lxii
Werrington (Devon), chapel of St Martin, 216A
West Alvington (Devon), ch. of, 289n., 290
West Down (Devon) ch. of, lxxixn.

West Sherford (Brixton), 41
Westbourne (Sussex), p. 292
Westminster, pp. 291–8; Benedictine abbey, 216; chapel of St Margaret, Longditch St., 216
Weston-on-Trent (Derbys), Richard priest of, 78W
Weston (? Peverel), William de, his brother Gilbert and their parents, 142A
Wexham, Ralf de, parson of Gwennap, 249
Wherwell, Ralf, archdn of Barnstaple, lx, lxx, 223n., 225(2–4), 227n., 270W, p. 309
Wiard, 68W
Wich, Richard, bp of Chichester, 286An., 286Cn.
Wichi, Aluric fitz, 43
Wika, Hugh de, 131n.
—Richard de, constable of Scilly, 131–3
William, abbot of Buckfast, 151, 180(2), 216AW
—abbot of Combermere, 37W
—abbot of Lilleshall, 78, 141W
—abbot of Margam, 29W
—abbot of Quarr, 29W
—abbot of Stratford Langthorne, 151
—archdn of Totnes, 158W, p. 308
—provost of St-Omer, archdn of Totnes, p. 308
—Baldwin fitz, Exeter canon, 87n., p. 315
—chaplain to bp Simon, lxx, 217BW, 219W
—chaplain to bp William de Warelwast, 22n.
—chaplain to bp Brewer, lxxiv; witness: 251, 263, 283, 291, 315(3)
—clerk of bp John, lxviii, 148W, 178W; see also Axmouth, mr William de
—clerk, 97W
—clerk of mediety of Tiverton, 96
—*dapifer*, 34W
—Exeter canon, deacon, p. 321
—Exeter canon, priest, p. 301
————, p. 314
—Exeter priest, 22n., 54W, 65W; ?fitzAzo
—(II) Exeter treasurer, lxiii, 73–4W, p. 305
—Exeter vicar (of Eustace), 225(4), p. 310 n. 48
—Hugh fitz, 242W
—I, king, xxxi–xxxii, 4
—II, king, xxxiii
—prior of Bodmin, 64W, 73W, 140W
—prior of Cowick, lxxi
—prior of Modbury, 50W
—prior of St Germans, 180(1)
—prior of Taunton, 18W
—Robert fitz, 73–4, 212
—scribe, lxxxi, 95n., 97; *see also* Richard, William fitz
Wilton, p. 296; mr Hugh de, Exeter canon,

archdn of Taunton, lxix–lxxi, lxxiii, 186, 201B, 225(2, 4, 5), 299n.; witness: 183–4, 193, 198, 204, 206, 207A, 208, 212–14, 216, 248, 252, 263, p. 317
—Peter de, xli
Wiltshire, archdn of, *see* Richard
Wimund, goldsmith and his heirs, lxxvin., 168
—Gunnhilda, daughter of, lxxvin.
—Peter, Exeter canon, precentor of Crediton, lxxv, lxxvi, 255W, 257W, p. 320
—William fitz and son Peter, lxxvin.
—William fitz, tenant, 110
Wincelm, William, 153W, 163W
Winchal, Roger de, 40W
Winchester, pp. 291, 293, 296; bps of, *see* Blois, Henry de; Ilchester, Richard of; Lucy, Godfrey de; Ralegh, William; Roches, Peter des
—Baldwin of, Exeter canon, 87W, p. 315
—Geoffrey of, notary, 180(1)W
Windsor (Berks), pp. 291–2, 295
Winesham, Roger de, chancellor of Wells, 197, 207
Winkleigh (Devon), ch. of, 137, 257, 287, 293–4n., 297n., 315(2), p. 306 n. 25; Roger incumbent of, 137, *and see* Capella, Robert de; Moulins, William de
—Roger de, archdn of Totnes, dean of Exeter, lx, lxxiv–lxxv, canon, ?250; official of Barnstaple, 207A; archdn, 251W, 263W, 284W; dean, 265n., 289, 293; witness: 237, 252, 292, 313; pp. 303, 309, 319
Winnow (Cornw.), ch. of, *see* St Winnow
Winterhill (in or nr Exeter), 97
Wiston (Pembr.), ch. of, 142
Witast, Richard de, lxii
Witewell (Tale, Devon), 315(3)
Wivelshire, *see* East Wivelshire
Wl'icus, abbot of Hartland, 227n.
Wolborough (Devon), ch. of, 211, 299n.
Wolveston, Wllaneston, William de; Exeter canon, 259, p. 320
Woodbury (Devon), ch. of, 196–8, 251
—mr A. de, 207W
—David de, Exeter scholar, lviii.
Woodstock (Oxon), 124, pp. 293, 295–6
Worcester, 141; bps of, *see* Cantilupe, Walter; Gray, Walter de; Roger; Simon
—archdn of, *see* Simon
—prior of, *see* Ralf
Worms, pp. 298–9
Worton (Oxon), tithes of, 103
Wotholca, Edward de, 110
Wulward, Walter fitz and heir Edith, 33
Wurthe, Reginald de la, 180(1)W
Wurye, Roger de la, knight, 225(4)

Yarcombe (Devon), ch. of, 206, 283; its chapel of Donnington, 206
Yealmton (Devon), ch. of, 289n., 290
York, archbp of, *see* Geoffrey
—chapter of, 63; deans of, *see* Marshal, Henry; Simon of Apulia; precentor of, *see* Russignol, Peter
—St Mary's abbey, abbot of (Clement), 76A
—Benedict of, Exeter canon, *see* Benedict
—Gilbert of, lxx, 160W
—mr Gregory of, Exeter canon, 180(2), p. 317; *see also* Gregory
—William of, bp of Salisbury, 324
Ysaac, *see* Isaac
Yvo, vice-archdn, p. 311; *see also* Ivo

Zeoing, Alfred de, 12W

INDEX OF SUBJECTS

Arabic numerals (occasionally with extra items distinguished as A, B etc.) indicate the continuous series of acta and small roman numerals refer to the pages of the introduction.

address, xciii
admission and institution to churches, 150, 192, 213–14, 221, 223–4, 225(2), 278, 288, 290–1, 296, 326;
 see also institution
advowson, dispute over, 170
—grant of, 66, 128, 200
—owner of, 85
ale, 98
almoner, see name Roger
altarage, 298, 302, 305, 309, 326–7
anathema, 86, 120
—clause, 5–7, 13, 15, 17, 22, 30, 32, 40, 75
appropriation of churches, lxxxiv, 12, 30, 32, 34, 50, 71, 111, 128–9, 160–1, 173, 179, 183, 191–2, 198–9, 201A–B, 206, 209, 211–12, 217B, 221, 223, 227–8, 233–5, 237, 243, 253, 255–8, 263–5, 279, 281, 283–4, 291–2, 297, 303, 310–13, 321
arbitrators, 141
archdeacons/archdeaconries, xxix–xxx, xxxiii, liv–lvii, lix–lx, lxxviii, lxxx, 190, 252, and see names under Barnstaple, Cornwall, Exeter, Totnes
—customs, 198, 237
archives, Exeter episcopal, lxxxi–lxxxii
arenga, xciv, 13, 15, 17, 30–2, 40, 55, 72, 75, 81, 111, 115, 118, 123, 135, 168, 172, 175, 189, 198, 201A, 217B, 237, 251, 264, 291–2, 299, 310–12

baker, see under names Birde, Algar fitz; Fered'; Godwin; Henry
bells, Exeter cathedral, 88
—permission to sound, 8
boundaries, estate, 12, 82, 95
breve rolls, lvi
burgage tenure, 286
burial rights, 25, 33n.
butlers, see under names Peter; Richard

capitular consent, 5, 15, 18, 20, 22, 22n., 24, 84, 98, 100, 119, 169, 193, 198, 208, 228, 237, 243, 245, 250, 265n., 270, 281–2, 284, 292, 297, 299n., 312, 315(3), 319, 321
carpenter, see under name Nicholas
cellarer, lv
chamberlains, lxvii, and see under names Martin, Nicholas, Ralf, Richard, Robert, Roger
chancellor, episcopal, lxxix–lxxx
chancery, Exeter bishops', lxxviii–lxxxii
chantry, 296n.
chapels, licences for, 25, 131, 216, 225(1), 239, 296n.
chirographs, xcvii, 208, 225(4–5)
churchscot, 109
churchwarden, lv
collections for Exeter lazar-house, 98
compositions/concords, 25, 59, 63, 167, 170, 182, 185, 201C, 208, 216A, 225(3–5), 315(1, 3)
coneys, tithes of, 132–3
confirmations, episcopal, lxxxiii–lxxxiv, xcii, 4–7, 12–16, 20, 24, 26, 30, 33–4, 40, 44–5, 49–51, 58, 66–7, 73–5, 82, 92, 94–7, 99–102, 107, 111–12, 117–19, 128–30, 133, 135, 137, 144, 146, 151, 153, 158–9, 161, 163–70, 172–5, 178–9, 183, 193, 196, 200, 201A–C, 203–4, 206–7, 217B, 219–20, 222, 233, 242, 248–9, 251–2, 260, 263, 265–6, 268, 283–6, 291, 294, 306–8, 314, 320–1, 327
cooks, see under names Eswar; Henry; John
Cornish acres, 44
corporal possession, putting into, 225(2)
corroboratio clause, xciv
corrody, 201C
Crusade, xlix, lxxii, lxxiv, 264A, 277A
customs, episcopal xxxi, 20, 50, 96, 129, 135

INDEX OF SUBJECTS

danegeld, 41 and n.
darrein presentment, assize of, 161, 200
dating formulae, xcv
—the acta, xcviii–xcix
deans, cathedral, lxxiii, *and see names under* Exeter, Salisbury, York
—(rural), xxix–xxx, *and see under names* Bartholomew, Modbury, Ralf, Virginstow
dedication, 139, 287
dictatores, lxxx
diplomas, xci–xcii
diplomatic, xci–xcvii
dispenser, *see under name* Robert
doctors, physicians, *see under names* Baldwin; Clarembald; Gille, Robert fitz; Goscelin, Ralf fitz
doorkeepers, *see under names* John; Ralf; Robert

English, use of in acta, xci
excommunication, absolution from, 152
—notification of, xcvii, 318
—threat of, 132, 188, 287
—exemptions/peculiars, xxx, *and see under names* Chudleigh; Crediton; Lawhitton; Paignton; Pawton (Egloshayle); Penryn; Plympton; St Germans
Exeter Book, the, xxxii
—cathedral church, building of, xxxiv, xliv, xlvii, 18, 59, 79, 100, 102, 191
——commons xlix, lviii, 32, 34, 60, 84, 86–7, 98, 147, 149, 156, 189, 192, 195
——lights of lvii, lxxvin., 86–9, 228n., 248, 256, p. 309 n. 41
Exon Domesday, xxxi

fabric fund, 59, 61–2, 95n.; *and see under names* Adam; Alfred, *operis custodes*
fairs and tolls in Exeter, 98
farmers of the chapter's estates, 84
fasti of Exeter cathedral, pp. 301–21
fishery on R. Exe, 225(5)
forgeries, 2, ?4, ?15, 136
foundation charters, 17, 19
frankalmoin, 126
fraternity/confraternity, 66n., 85, 95, 97, 141, 202

gardens, 90, 144, 168, 207A, 248, 279, 281 (curtilage), 326, *and see* orchards
grants in serjeanty, 39, 64

—of churches, lxxix, 9–10, 32, 36–7, 87, 111, 148, 191, 210, 254–5, 257, 259
—of custody of an episcopal fief, 314
—of lands etc., 1, 21–2, 27, 29, 35, 42 and n., 47, 57, 60, 69, 90, 106, 144, 147, 157, 195, 241, 246
—of pensions, 36–8, 98, 121, 187, 282

hearth-tax, 188
hereditary succession to benefices, 279
hospitals, *see under names* Bridgwater, Exeter, Liskeard, Pilton

incense, 187
induction into possession of a church, 221
indulgences, xlix, lxxxiv, 2, 123, 202, 217A, 218, 235A, 238, 240, 262, 280, 287, 295, 317, 323–5
influenza, remedy for, lxvii
inquest of fiefs, 110
inspeximuses, lxxxiv, xcvi–xcvii, 97, 144, 146, 158–9, 163, 165, 167, 170–1, 174, 179, 207, 230–2, 240, 244, 251–2, 271, 283, 286A–B, 289, 299, 300, 320
institution to a parsonage, 36, 54, 96; *see also* admission

lampreys, 109
law cases in the bp's court, 18, 23, 27A, 42, 53, 85–7, 96, 104–5, 110B, 116, 126, 134, 140, 142A, 151, 180, 190, 201C, 207A, 216A, 220, 225, 272, 274, 315
legacies, 88, 128, 189, 259, 301, 304–5, 309, 319, 327
lepers, 98
letters close, lxxxiii
London, legatine council of (Nov. 1237), 279

Magna Carta, 318
mandates, to appear in court, 131
—to hold an inquisition, 273
—to induct, 247, 269
—to pay tithes, 132
—to restore possession, 46
manumission, 27A
Martyrologium Exoniense, xcviii
mass-pennies, 327
mills on R. Exe, 225(5)

INDEX OF SUBJECTS 353

mort d'ancestor, assize of, p. 318 n. 71a
murdrum, 41 and n.

notary, *see under name* Winchester, Geoffrey de, *and also* scribes

obits, xcviii
oblations on the cathedral altars, 88
official, episcopal, lxxviii, 172 and n., *and see under* fasti
orchards, 88, 106, 118, 163, 248, *and see* gardens
ordinances, 15, 84, 156, 188, 244, 250; *see also* statutes

papal judges-delegate, judgments of, lxxxiv, 63, 76A, 77–8, 81, 83, 103, 107–9, 110B, 113–14, 120n., 124–5, 141–2, 180(2), 190n.
parsons/parsonages, 36, 116, 130, 176, 221
paschal customs, 20
peculiars, *see* exemptions
pensions, 36–8, 85–7, 96, 99–101, 124–5, 130, 137, 139, 141–2, 148, 150–1, 164, 170, 180(1–2), 190–3, 197, 207, 210, 219, 221, 223, 241, 257, 265–6, 270, 272, 278, 294
per manum formula, xcv
pig-keepers, episcopal, 42n.
pluralism, 293
poet, *see under name* Roger
porter, gatekeeper lv *and see* doorkeeper
postulation for canonization, 286C
precentor lv, *and see* list, pp. 304–5
prescription, 126
presentation, of a ch., 99, 101
—to a ch., 36, 96, 295–6, 315
priests, married, xxxiv, 23n.; stipendiary, l
processions, 8, 25, 88, 188, 244
proctor, appointment of, 186
profession of obedience, lxxxv, 3, 11, 28, 56, 76, 143, 181, 217, 226, 316
prognostics, xxxiv
protection, 118, 168
provost of Exeter, liv–lv

recognitions, 116, 128, 134, 171
rent-charges, 95, 97–8; rents 57–8

resignation, notice of, 17A, 205
restoration, 70

sacristan, lv
saddler, *see under name* John
salmon, 109
salutation, xciii–xciv
sanctuary, 298, 304
saving-clauses, xciv, 13, 20, 29, 32–4, 49–50, 66, 75, 97, 99, 101, 111, 129–30, 135, 172, 179, 199, 201A–B, 203, 206, 209, 211, 217B, 221, 223, 228, 233, 252–3, 260, 268, 281, 283–4, 292, 303, 308, 310, 321, 326
scribes, lxxix–lxxxi *and see under names* Richard, William fitz; Wells, William de; Robert; William
seals, sealing, episcopal, lxxix–lxxxi, lxxxvi–xci, 7n., 82, 87
seneschal, *see under name* Capell', Walter
sequestration, 274
sesters (36 to the bushel), 84
signet rings, xlvii, xlix
Significavit, writ of, xcvii, 322
singular/plural, use of xcii
statutes, for the chapter, 84
—for St Mary Magdalene's lazar-house, 98; *see also* ordinances
stewards, *see under names* Osmund; Richard; Simon; William
synodals, 20, 129, 301; synods, lxiii, 18, 73, 75, 116, 140

testimonies, 138, 162, 176, 219A
tithes, 53, 109, 113, 147, 204
titles, xcii–xciii
tolls on corn and bread sold in Exeter, 98
treasurer lv *and see* list, pp. 305–6

utibanna, royal service, 64, 73, 126

vicarages, taxation of, lxxvi, lxxxiv, 128, 173, 204, ?208, 217Bn., 228, 233, 237, 254, 258, 276, 281, 298, 301–5, 309, 313, 321, 326–7; cf. 50, 72
vicars choral, calendar, xcviiin.

—perpetual, lxviii, 32, ?50, 62, 72, 102, 128, 135, 150
—stipendiary l, ?160, 172, 198, 284

wardens, church lv, 88
—of the fabric fund, *see* fabric fund

wax, 207A
wills, 259, *and see also* legacies
witness-lists, lix–lx, lxxx, xcvi
writs, xcii, 26

year, commencement of, xcviii